QUANGUOJIANSHEHANGYE
ZHONGDENGZHIYEJIAOYUGUIHUA
TUIJIANJIAOCAI

全国建设行业中等职业教育规划推荐教材【园林专业】

董南 ◎ 主 编
李莹 齐海鹰 孟丽 ◎ 参 编
解万玉 ◎ 主 审

中国建筑工业出版社

图书在版编目(CIP)数据

园林制图/董南主编. —北京：中国建筑工业出版社，2008（2025.5重印）
全国建设行业中等职业教育规划推荐教材（园林专业）
ISBN 978-7-112-09906-1

Ⅰ.园… Ⅱ.董… Ⅲ.园林设计—建筑制图—专业学校—教材 Ⅳ.TU986.2

中国版本图书馆CIP数据核字(2008)第032619号

责任编辑：王玉容　吕小勇
责任设计：董建平
责任校对：王雪竹　陈晶晶

全国建设行业中等职业教育规划推荐教材（园林专业）

园 林 制 图

董 南 主 编
李 莹　齐海鹰　孟 丽 参 编
解万玉 主 审

*

中国建筑工业出版社出版、发行（北京西郊百万庄）
各地新华书店、建筑书店经销
北京千辰公司制版
北京圣夫亚美印刷有限公司印刷

*

开本：787×1092毫米　1/16　印张：25½　字数：458千字
2008年6月第一版　2025年5月第十次印刷
定价：39.00元（含习题集）
ISBN 978-7-112-09906-1
(16714)

版权所有　翻印必究
如有印装质量问题，可寄本社退换
（邮政编码 100037）

本系列教材编写委员会
(按姓氏笔画排序)

编委会主任： 陈　付　沈元勤

编委会委员： 马　垣　王世动　刘义平　孙余杰　何向玲

张　舟　张培冀　沈元勤　邵淑河　陈　付

赵岩峰　赵春林　唐来春　徐　荣　康　亮

梁　明　董　南　甄茂清

前　言

《园林制图》课程是园林规划、设计、施工及相关人员必修的专业基础课，我们根据教育部中等职业学校园林专业教学指导方案提出的园林制图教学基本要求和最新颁布、施行的国家制图标准编写了本教材，使其更加适用于中等职业教育园林制图专业的教学。

本书适用于中等职业学校园林专业，也适用于中专学校建筑学、城市规划等专业开设制图课程使用。

全书共有七章，分为四部分：第一部分为园林制图的基本知识和基本技能；第二部分为画法几何，包括投影的基本知识，点、直线、平面和体的三面投影，轴测投影，剖面图与断面图；第三部分为建筑阴影和透视图；第四部分为园林设计施工图，并与教材配合编纂一套实用的习题集。

本教材由山东城市建设职业学院董南主编，参加编写工作的有：山东城市建设职业学院孟丽（第1章、第2章1、2节）、董南（第2章3节、第5章）、李莹（第3章、第6章）、齐海鹰（第4章、第7章）。

本教材由山东城市建设职业学院解万玉主审，并参考了部分同行的相关文献，在此一并表示衷心感谢。

由于编者水平所限，教材中难免出现不当之处，恳请广大读者给予指正并提出宝贵意见，对此我们深表感谢。

目 录

第1章 园林制图的基本知识和基本技能 /1
  1.1 制图的基本知识和基本技能/2
  1.2 制图一般步骤/24
  1.3 几何作图/28

第2章 三面投影图 /37
  2.1 投影的基本知识/38
  2.2 点、直线和平面的投影/43
  2.3 体的投影/66

第3章 轴测投影 /95
  3.1 轴测投影的基本知识/96
  3.2 正轴测投影/97
  3.3 斜轴测投影/101
  3.4 曲面体的轴测投影/103
  3.5 轴测图的选择/106

第4章 剖面图与断面图 /109
  4.1 剖面图/110
  4.2 断面图/115

第5章 建筑阴影 /117
  5.1 阴影的基本知识和基本规律/118
  5.2 平面立体的阴影/127
  5.3 曲面立体的阴影/129
  5.4 建筑细部阴影/132
  5.5 轴测图中的阴影/137

第6章 透视图 /139
  6.1 透视图的基本知识/140
  6.2 透视图的基本画法/141
  6.3 建筑透视/148
  6.4 透视图中的阴影和倒影/154

第7章 园林设计施工图 /159
  7.1 概 述/160
  7.2 园林设计图/160

7.3 园林工程施工图/167
7.4 园林植物种植设计图绘制/180

主要参考文献/185

第1章　园林制图的基本知识和基本技能

本章学习要点：
图幅及图标格式规定，图线类型和用途及尺寸标注方法
常用制图工具的使用方法及常见几何图形的绘制方法
常用字体规定和书写规则及制图一般步骤

1.1 制图的基本知识和基本技能

1.1.1 图幅与图标

图幅是指图纸本身的大小规格。园林制图中采用国际通用的 A 系列幅面规格的图纸。A0 幅面的图纸称为 0 号图纸（A0），A1 幅面的图纸称为 1 号图纸（A1），以此类推，相邻幅面图纸的对应边之比符合 1∶1.732 的关系，如图 1-1 所示。

以短边作垂直边的图纸称为横幅（横式），以长边作垂直边的图纸称为竖幅（竖式、立式），一般 A0～A3 图纸宜为横幅，如图 1-2 所示。必要时也可采用竖幅，如图 1-3 所示。A4 以下的图幅通常采用竖幅，如图 1-4 所示。一个工程设计中，每个专业所使用的图纸不宜多于两种幅面（不含目录及表格所采用的 A4 幅面）。

对需要微缩复制的图纸，为了便于定位，其一个边上应附有一段精确米制尺度，四个边上均应有对中标志，对中标志应画在图纸各边长的中点处。其线宽不小于 0.5mm，线长从纸边界开始至伸入图框内约 5mm。当其处在标题栏范围时，则伸入标题栏部分省略不画。

使用预先印刷的图纸时，为了明确绘图与看图方向，应在图纸的下边对中符号处画出一个标准规定的方向符号。必要时，可以按标准规定用细实线在图纸周边内画出分区。

对于用作微缩摄影的原件，可在图纸的下边设置不注尺寸数字的米制参考分度。米制参考分度用粗实线绘制，线宽不小于 0.5mm，总长为 100mm，等分为 10 格，格高为 5mm，对称地布置在图纸下边的对中符号两侧，如图 1-5 所示。

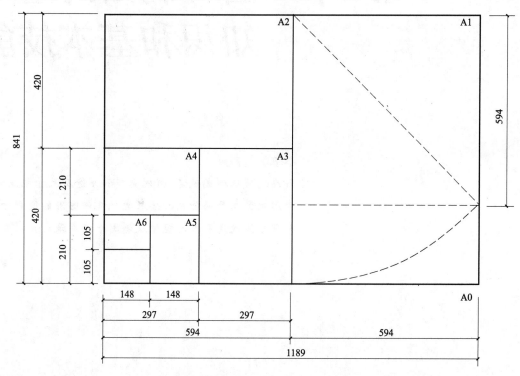

图 1-1　图纸幅面标准尺寸（A 系列）

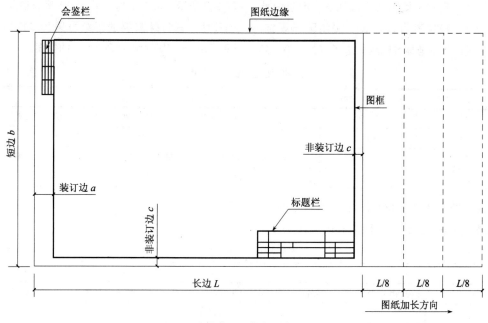

图1-2 图幅与图框

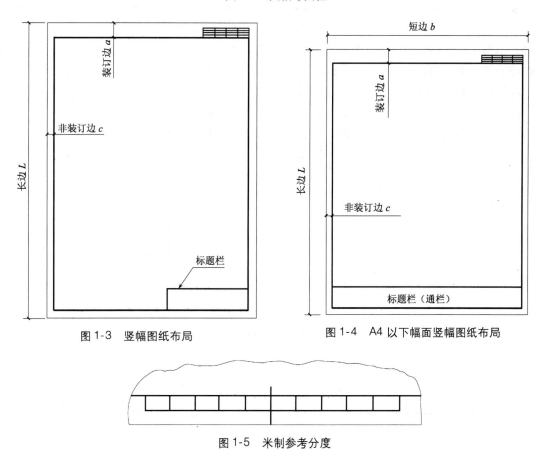

图1-3 竖幅图纸布局　　图1-4 A4以下幅面竖幅图纸布局

图1-5 米制参考分度

另外，只有横幅图纸可以加长，而且只能长边加长，短边不可以加长。按照国标规定，每次加长的长度是标准图纸长边长度的1/8，如图1-2所示。表1-1列出了一些图纸长边加长后的尺寸，有特殊需要的图纸可采用841mm×891mm与1189mm×1261mm的幅面。

图纸长边加长尺寸　　　　　　　　　　　表1-1

幅面代号	长边尺寸（mm）	长边加长后尺寸（mm）
A0	1189	1486、1635、1783、1932、2080、2230、2378
A1	841	1051、1261、1471、1682、1892、2102
A2	594	743、891、1041、1189、1338、1486、1635、1783、1932、2080
A3	420	630、741、1051、1261、1471、1682、1892

在图纸中还需要根据图幅大小确定图框，图框是指在图纸上绘图范围的界限（图1-2）。图框尺寸参见表1-2。

图纸幅面及图框尺寸　　　　　　　　　　　表1-2

尺寸	A0	A1	A2	A3	A4
b×L	840mm×1189mm	594mm×840mm	420mm×594mm	297mm×420mm	210mm×297mm
a	25mm				
c	10mm			5mm	

图纸的标题栏简称"图标"，放在图纸的右下角，其格式、大小及内容如图1-6所示。通常将图纸的右下角外翻，使标题栏显现出来，便于查找图纸。标题栏主要介绍图纸相关信息，如设计单位、工程名称、设计人、制图人、审批人及图名、图号、比例、日期等内容。图标长边的尺寸应为240（200）mm，短边的长度宜采用30（40、50）mm。图标根据工程需要确定其尺寸、格式及分区，制图标准中给出了两种形式，如图1-7（a）、（b）所示。本书中根据教学需要设立课程作业专用标题栏形式，如图1-7（c）所示，仅供参考。

图1-6　标题栏格式和尺寸

（a）

图1-7　标题栏（一）

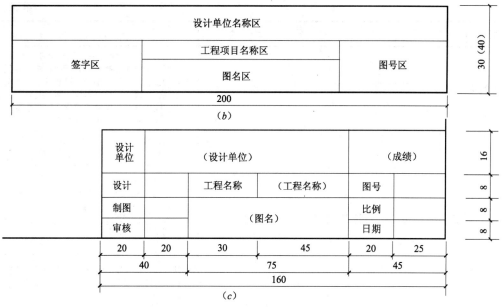

图 1-7 标题栏（二）

对涉外工程的图标应在内容下方附加外文翻译，设计单位名称上面应加"中华人民共和国"中文字样。

会签栏位于图纸左上角，应按图 1-8 的格式用细实线绘制，其尺寸应为 75mm×20mm，包括项目、主要负责人的专业、姓名、日期。一个会签栏不够用时，可另加一个，两个会签栏应并列。不需会签的图纸可不设会签栏,在学习阶段也可不设会签栏。图框线、标题栏线和会签栏线的宽度，应按表 1-3 选用。

图 1-8 会签栏

图框线、标题栏线和会签栏线的宽度（mm）　　表 1-3

幅面代号	图框线	标题栏外框线	标题栏分格线及会签栏线
A0、A1	1.4	0.7	0.35
A2、A3、A4	1.0	0.7	0.35

1.1.2 图线及画法

图纸中的线条统称为图线。按照图线宽度分为粗、中、细三种类型。工程图中的内容，必须采用不同的线型和线宽来表示。图线线型粗、细关系及用途具体见表 1-4。

线 型 表　　表 1-4

名　称	线　型	线　宽	一　般　用　途
粗实线	———	b	主要可见轮廓线：平剖面图中被剖切的的主要建筑构造（包括构配件）的轮廓线；建筑立面图或室内立面图的外轮廓线；详图中主要部分的断面轮廓线和外轮廓线；平、立、剖面图的剖切符号；总平面图中新建建筑物±0.00 高度的可见轮廓线；新建的铁路及管线；图名下横线

续表

名 称	线 型	线 宽	一 般 用 途
中粗实线	———	0.5b	建筑平、立、剖面图中一般构配件的轮廓线；平、剖面图中次要断面的轮廓线；总平面图中新建构筑物、道路、桥涵、围墙等设施的可见轮廓线；场地、区域分界线、用地红线、建筑红线、河道蓝线；新建建筑物±0.000高度以外的可见轮廓线；尺寸起止符号
细实线	———	0.25b	总平面图中新建道路路肩、人行道、排水沟、树丛、草地、花坛等可见轮廓线；原有建筑物、构筑物、铁路、道路、桥涵、围墙的可见轮廓线；坐标网线、图例线、索引符号、尺寸线、尺寸界线、引出线、标高符号、较小图形的中心线等
粗虚线	— — — —	b	新建建筑物、构筑物的不可见轮廓线
中粗虚线	— — — —	0.5b	一般不可见轮廓线；建筑构造及建筑构配件不可见轮廓线；总平面图计划扩建的建筑物、构筑物、道路、桥涵、围墙及其他设施的轮廓线；洪水淹没线、平面图中起重机（吊车）轮廓线
细虚线	- - - - -	0.25b	总平面图上原有建筑物、构筑物和道路、桥涵、围墙等设施的不可见轮廓线；图例线
粗单点长画线	—·—·—	b	起重机（吊车）轨道线；总平面图中露天矿开采边界线
中粗单点长画线	—·—·—	0.5b	土方填挖区的零点线
细单点长画线	—·—·—	0.25b	分水线、中心线、对称线、定位轴线
粗双点长画线	—··—··—	b	地下开采区坍落界线
细双点长画线	—··—··—	0.25b	假想轮廓线、成型前原始轮廓线
折断线	—/\—	0.25b	无须画全的断开界线
波浪线	～～～	0.25b	无须画全的断开界线；构造层次的断开界线

线 宽 组　　　表1-5

线宽比	线宽组（mm）					
b	2.0	1.4	1.0	0.7	0.5	0.35
0.5b	1.0	0.7	0.5	0.35	0.25	0.18
0.25b	0.5	0.35	0.25	0.18	—	—

每个图样，应根据复杂程度与比例大小，先选定粗实线宽度 b，b 宜从下列线宽中选取：0.13、0.18、0.25、0.35、0.5、0.7、1.0、1.4、2.0mm，该数系的公比为 $1:\sqrt{2}$（≈1:1.4），常用的 b 值为 0.35~1.0mm。每一粗线宽度对应一组中线和细线，每一组合称为一个线宽组。选定基本线宽 b 后，即可选用表1-5中相应的线宽组。

应当注意：需要微缩的图纸，不宜采用 0.18mm 及更细的线宽；在同一张图纸内，各不同线宽中的细线，可统一采用较细的线宽组的细线。

此外，绘图时对图线还有如下要求：

1) 同一张图纸内，相同比例的各图样应选用相同的线宽组。

2) 图纸的图框和标题栏线，可随图纸幅面大小的不同而不同，具体可采用表1-6的线宽。

图纸的图框线和标题栏线线宽　　　　　表 1-6

图纸幅面	图框线	标题栏外框线	标题栏分格线
	线　宽　（mm）		
0号、1号	1.4	0.7	0.35
2号、3号、4号	1	0.7	0.35

3）相互平行的图线，其间隙不宜小于其中的粗线宽度，且不宜小于 0.7mm。

4）单点长画线和双点长画线的线段长度应保持一致，约为 15～20mm，线段间隔宜相等，约为 2～3mm，中间的点画成短划，如图 1-9（a）所示。当在较小图形中绘制单点长画线或双点长画线有困难时，可用实线代替，如图 1-10 所示。

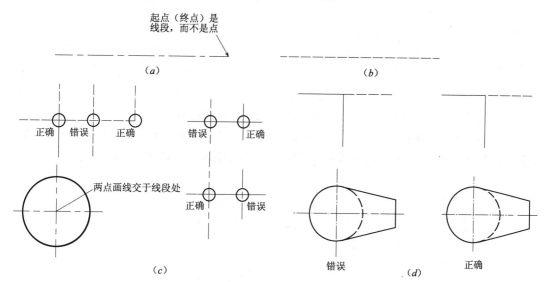

图 1-9　画线的方法

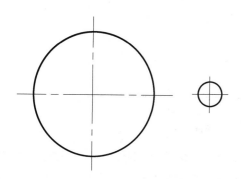

图 1-10　大小圆中心线的画法

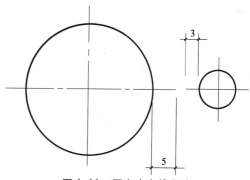

图 1-11　圆心中心线画法

5）单点长画线或双点长画线的两端是线段而不是点。

6）虚线的线段和间隔应保持长短一致，虚线长约 3～6mm，间隔约为 0.5～1mm，如图 1-9（b）所示。

7）虚线与虚线、点画线与点画线、虚线或点画线与其他图线相交时，应是线段相交，如图 1-9（c）所示。圆心也应以中心线的线段交点表示，中心线应超出圆周约 5mm，当圆直径小于 12mm 时，中心线可用细实线画出，超出圆周约 3mm，如图 1-11 所示。

8）虚线与虚线、点画线与点画线、虚线

或点画线与其他图线相交时，若相交于垂足处为止时，垂足处不应留有空隙，如图1-12所示。

的宽度，如图1-13所示。

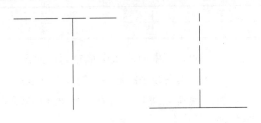

图1-12 虚线相交画法

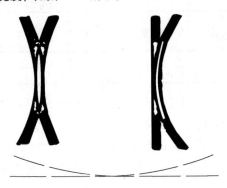

图1-13 圆与圆或与其他图线相切画法

9) 虚线与实线交接，当虚线在实线的延长线上时，需要留有空隙，不得与实线连接。如图1-9（d）所示。

10) 图纸中有两种以上不同线宽的图线重合时，应按照粗、中、细的次序绘制；当相同线宽的图线重合时，按照实线、虚线和点画线的次序绘制，且重合处的图线正好是单根图线

11) 图线不得与文字、数字或符号重叠、混淆，不可避免时，应首先保证文字等的清晰。

12) 波浪线及折断线中断裂处的折线可徒手画出，且应画出被断开的全部界线，折断线在两端分别应超出图形的轮廓线，而波浪线应画至轮廓线为止，如图1-14所示。

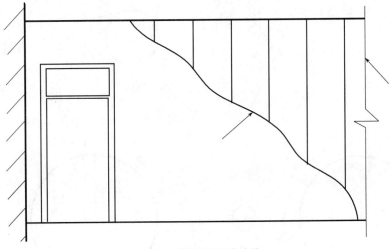

图1-14 折断线和波浪线

1.1.3 制图工具和用品

(1) 绘图笔

1) 绘图铅笔

铅笔有木质铅笔和自动铅笔两种类型。绘图铅笔中常用的是木质铅笔，如图1-15（a）所示。通常铅芯有不同的硬度，分别用B、H、HB表示。标号B、2B、……6B表示软铅芯，数字越大表示铅芯越软；标号H、2H、……6H表示硬铅芯，数字越大表示铅芯越硬；HB表示不软不硬。绘制底稿一般用H或2H；徒手绘图时，可用HB或B；图形加深常用B、2B或HB。此外，还要根据绘图纸选用绘图铅笔，绘图纸表面越粗糙选用的铅芯应该越硬，表面越细密选用的铅芯越软。

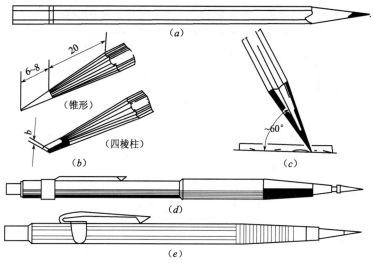

图 1-15 绘图铅笔

削铅笔时，铅芯露出 6~8mm，注意不要削有标号的一端。根据需要，绘细线和写字时，铅芯一般削成锥状；绘粗实线时，可削成锥状，也可削成四棱柱（扁铲）状，如图 1-15（b）所示。绘线时，笔身前后方向应与纸面垂直，而向绘线方向倾斜约 30°，如图 1-15（c）所示。这时，从正面看，笔身倾斜约 60°。同时，绘图用力要均匀，用力过小则绘图不清楚，用力过大则会划破图纸或在纸上留下凹痕甚至折断铅笔。绘长线时，要一边绘一边旋转铅笔，使线条始终保持粗细一致。

除了木质铅笔还有自动铅笔，自动铅笔根据外观形式又分为咬合式自动铅笔（图 1-15d）和套管式自动铅笔（图 1-15e）。

2）鸭嘴笔

鸭嘴笔又称为直线笔或者墨线笔，笔头由两扇金属叶片构成，如图 1-16 所示。绘图时，在两扇叶片之间注入墨水，注意每次加墨量以不超过 6mm 为宜。通过调节笔头上的螺母调节叶片的间距，从而改变墨线的粗度。执笔画线时，螺帽应该向外，小指应该放在尺身上，笔杆向画线方向倾斜 30°左右。

图 1-16 鸭嘴笔

3）针管笔（绘图墨水笔）

针管笔也称为自来水直线笔，形状与普通钢笔差不多，笔尖为一针管，内有通针，针管有不同的规格，通过金属套管和其内部金属针的粗度调节出墨量的多少，从而控制线条的宽度，如图 1-17 所示。笔尖口径有多种规格，如 0.1、0.3、0.6、0.9……1.2mm，在绘图中根据需要选择不同型号的针管笔。

针管笔由于构造不同，添加墨水的方式有两种：一种可以像普通钢笔那样吸墨水；另一种带有一个可以拆卸的小管，可以向里面滴墨水。由于针管笔可以存储墨水，所以在绘图中无须经常加墨水，并且对于线宽的调控更为方便，所以已经逐步取代鸭嘴笔。

为保证墨水能顺利流出，应使用不含杂质的碳素墨水或专用绘图墨水。绘图时笔的正面稍向前倾，笔杆沿绘线方向倾斜 20°左右，笔的侧面垂直纸面。长期不使用时，应将笔管和笔尖清洗干净，防止墨水在笔内干涸，影响下次使用。

利用鸭嘴笔或针管笔描图线的过程称为上墨线，在绘制的过程中应按照一定次序进行：

先曲后直，先上后下，先左后右，先实后虚，先细后粗，先图后框。

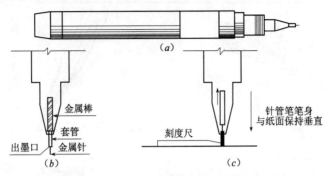

图 1-17 针管笔及其构造示意图

(a) 针管笔；(b) 悬垂时；(c) 落笔时

(2) 图板、制图工具

1) 图板

图板是用质地较软的木材制成的，板面通常采用表面平坦光滑的胶合板，板的四周（或左右两等边）镶有平直的硬木边框，如图 1-18 所示。图板用于固定图纸，作为绘图的垫板，板面一定要平整，图板工作边要保持笔直。

图板有大小不同的规格，一般有 0 号（1200mm × 900mm）、1 号（900mm × 600mm）、2 号（600mm × 450mm）。图板通常比相应的图幅略大。绘图时，选取光滑表面作为绘图工作面，板身略微倾斜，与水平面倾斜约 20°，图纸的四角用图钉或透明胶带固定于图板之上，位置要适中。使用时要注意保护，防止潮湿、暴晒及重压等对图板的破坏。

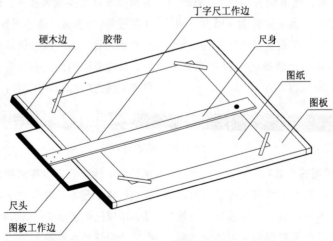

图 1-18 图板与丁字尺

2) 丁字尺

丁字尺是用木材或有机玻璃等材料制成的，其规格尺寸有 600、900、1200mm 等数种，是用来与图板配合画水平线的工具。

丁字尺由尺头和尺身组成，有固定式和可调式两种。绘图时尺头与尺身结合牢固不能松动，且尺头的内侧边应与尺身上边保持垂直，尺身的工作边（有刻度的一边）必须保持平直、光滑，如图 1-18 所示。在画图时，尺头只能紧靠在图板的左边（不能靠在右边、上边或下边）上下移动至尺身上边（不可用尺身的下边缘绘线）对准绘线位置，按住尺身，从左到右、自上而下绘制一系列水平线，如图 1-19（a）所示，或结合三角板绘制垂直线及 15°倍数的倾斜线，如图 1-19（b）所示。

丁字尺在使用时，切勿用小刀靠近工作边裁纸，用完之后要挂置妥当，防止尺身变形。

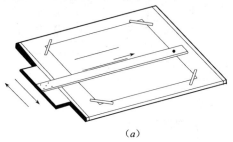
（a）

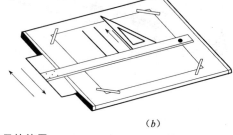
（b）

图 1-19　丁字尺的使用

3）三角板

一幅三角板有 30°×60°×90° 和 45°×45°×90° 两块。三角板的长度有多种规格，如 25cm、30cm 等。绘图时应根据图样的大小，选用相应长度的三角板。三角板与丁字尺配合使用，可绘铅垂线和 15°角成倍角的斜线，如图 1-20（a）、（b）所示。垂直线时将三角板的一直角边紧靠待绘线的右边，另一直角边紧靠丁字尺工作边，然后左手按住尺身和三角板，右手持笔自下而上绘线。同时，还可相互配合对圆周进行 4、6、8、12 等分，并可画任意斜线的平行线和垂直线。

4）直尺

直尺是常见的绘图工具，作为三角板的辅助工具，用于绘制一般直线。直尺的用法比较简单，在此不作介绍了。

5）比例尺

很多时候需要根据实际情况选择适宜的比例将形体缩放之后绘制到图纸上。人们将常用的比例用刻度表现出来，用来缩放图纸或者量取实际长度，这样的度量工具称为比例尺。

常见的比例尺有三棱尺和比例直尺两种，如图 1-21 所示。

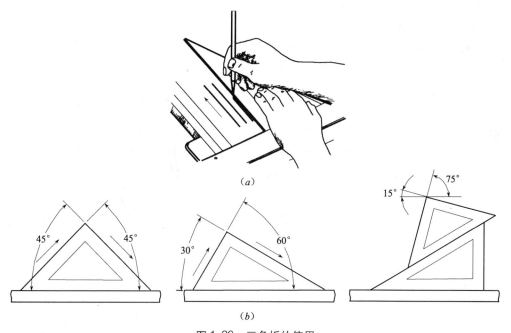

图 1-20　三角板的使用

（a）铅垂线的绘制；（b）画 15°、30°、45°、60° 及 75° 的斜线

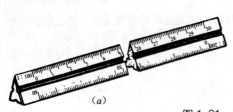 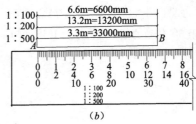

图1-21 比例尺及其用法

(a) 三棱尺; (b) 比例直尺

三棱尺呈三棱柱状,通常有六种比例刻度,分别对应1∶100、1∶200、1∶300、1∶400、1∶500和1∶600,如图1-21(a)所示。比例直尺外观与一般直尺没有区别,通常有一行刻度和三行数字,分别对应三种比例:1∶100、1∶200和1∶500,如图1-21(b)所示。比例尺上的数字均以米(m)为单位。

下面讲述两种换算关系:

①比例尺换算。比例尺是图上距离与实际距离之比,分子为1,分母为整数,分母越大比例尺越小。实际距离=图上距离×M,M为比例尺分母。图纸比例尺主要根据图纸的类型和要求来确定。

②图纸缩放计算公式。$X = a \cdot M_1/M_2$,其中X代表缩放后图上距离,a为原图上对应距离,M_1、M_2分别为原图、新图比例尺的分母。

采用比例尺直接量度尺寸,尺上的比例应与图样上的比例相同,其尺寸不用通过计算便可直接读出,如图1-21所示。以比例直尺的使用为例,已知图形的比例是1∶200,想知道图上线段AB的实长,就可用比例尺上1∶200的刻度量取。将刻度上的零点对准点A,而点B在刻度13.2处,则可读得线段AB的长度为13.2m,即13200mm。1∶200的刻度还可作1∶2、1∶20和1∶2000的比例使用。如果比例改为1∶2时,读数应为13.2×2/200=0.132m;比例改为1∶20时,应为13.2×20/200=1.32m;比例改为1∶2000时,则为13.2×2000/200=132m。

比例尺只用来量取尺寸,不可用来绘线,尺的棱边应保持平直,以免影响使用。

(3) 圆规和分规

1) 圆规

圆规主要用于画圆和圆弧,也可配以针尖插脚作分规使用,用来量取线段长度、等分线段以及基本的几何作图等。常见的是三用圆规,如图1-22所示,有一支活动腿和一支固定腿。固定腿上装有钢针,两边都为圆锥形,应选用台肩的一端(圆规针脚一端有台肩,另一端没有)确定圆心,并可按需要适当调节长度。活动腿上可选用三种插腿:铅芯插腿用来绘制铅笔线圆(弧);针管笔专用接头用来绘制墨线圆(弧);钢针插腿作为分规使用。此外,在活动腿上还可接上延长杆,用以绘大圆或大圆弧,如图1-23所示。

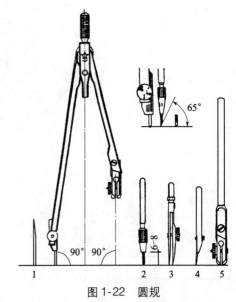

图1-22 圆规

1—钢针;2—铅笔插腿;3—直线笔插腿;
4—钢针插腿;5—延长杆

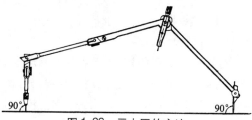

图 1-23 画大圆的方法

当使用铅芯绘图时，选用的铅芯要比绘线用铅笔的铅芯软一级，并且将铅芯削成斜圆柱状，斜面向外，并且应将定圆心的钢针台肩调整到与铅芯（或墨水笔头）的端部平齐，一般应伸出芯套 6~8mm，如图 1-24 所示。

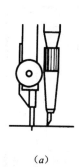
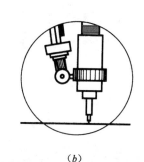

图 1-24 圆规的用法

（a）钢针台肩与铅芯或者墨线笔头端部平齐；
（b）绘制墨线圆时圆规与针管笔连接方式；（c）利用圆规绘制圆弧运笔方向为顺时针

同时，不论所绘圆的直径多大，针尖和插腿应尽可能垂直纸面。绘图时，先将圆规按所绘圆的半径大小分开，然后将圆规针尖送放在圆心上，使铅芯接触纸面，再用右手的食指和拇指转动圆规端杆，按顺时针方向作等速旋转绘圆。旋转时，保持圆规沿绘线方向稍微倾斜。切勿重复旋动，具体使用方法如图 1-25 所示。

针，用来等分直线段或圆弧、量取线段长度和移置线段。常用的有大分规和弹簧分规两种，使用时两个针尖必须平齐，如图 1-26 所示。

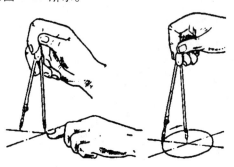

图 1-25 圆规的使用方法

2）分规

分规形状与圆规相似，只是两腿都装有钢

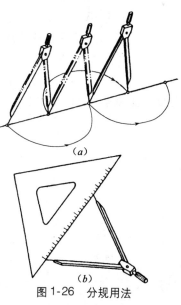

图 1-26 分规用法

（a）等分线段；（b）量取尺寸

用分规量取尺寸时，注意不应把针尖扎入尺面，如图 1-26（b）所示，用分规等分线段时，先凭目测估计，使两针尖张开距离大致接近等分段的长度，然后在线段上试分，如有差额，则将两针头距离再进行调整，直到恰好等分为止，如图 1-26（a）所示。

分规常用于机械制图，在园林制图中用得比较少。园林制图中分规常可用圆规代替。

(4) 模板类

1) 建筑模板

建筑模板主要用来绘制各种建筑标准图例和常用符号，如柱、墙、门的开启线，厕具，污水盆，详图索引符号，标高符号等。模板上镂空的符号和图例符合比例，绘图时，只要直接用笔在镂空的图形里绘一周就可以了，如图 1-27 所示。

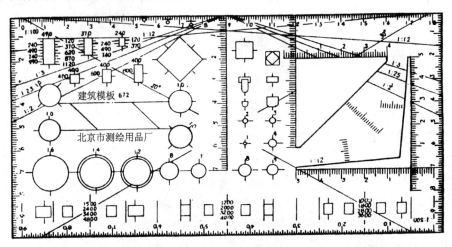

图 1-27　建筑模板

2) 曲线板

曲线板是用于画非圆曲线的工具，曲线板形式有很多，如图 1-28 所示。制图常用曲线板，如图 1-29 所示。为了保证曲线的圆滑程度，使用曲线板的时候应注意其使用方法：首先定出曲线上足够数量的点，徒手将各点连成曲线，然后在曲线板上选取相吻合的曲线段，从曲线起点开始，第一段连线的原则是找四点连三点，即找与点 1、2、3、4 吻合的曲线，但是只连接点 1、2、3 三个点。以后部分连线的原则是找五点连三点，并向前回退一个点，如第二段曲线，找到与点 2、3、4、5、6 吻合的曲线然后顺次连接点 3、4、5，以后以此类推，如图 1-30 所示。

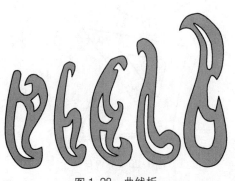

图 1-28　曲线板

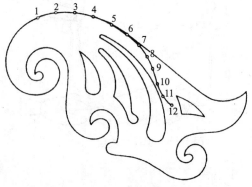

图 1-29　制图常用曲线板

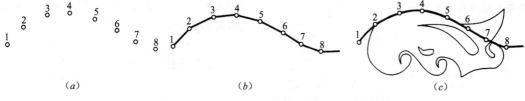

图 1-30　曲线板使用

3）圆板

在园林设计中有很多圆形，如广场、种植地、树木的平面图例等，如果都借助圆规来绘制，工作量大而且繁琐，这时可以借助圆板，如图 1-31 所示。使用时，根据需要按照圆板上的标注找到合适直径的圆，利用标识符号对准圆心，沿镂空的内沿绘制圆周即可。

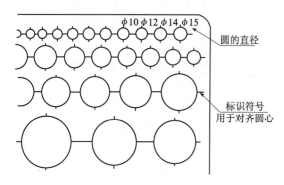

图 1-31　圆板

4）椭圆板

除了圆板之外，还有用于绘制不同尺度椭圆的椭圆板。椭圆板形式与圆板相似，只不过镂空的图形是一系列椭圆，使用方法也与圆板相同。

(5) 图纸

制图图纸种类比较多，例如：草图纸、硫酸纸、制图纸，各种图纸有着各自的特点和优势，使用时可根据实际需要加以选择。

1）草图纸（拷贝纸）

价格低廉，纸薄、透明，一般用来临摹、打草稿、记录设计构想。

2）硫酸纸

一般为白色，半透明、光滑，纸质薄且脆，不宜保存，但由于硫酸纸绘制的图纸可以通过晒图机晒成蓝图进行保存，所以硫酸纸广泛应用于设计的各个阶段，尤其是需要备份图纸份数较多的施工图阶段。

3）制图纸

纸质厚重、不透明，一整张为标准 A0 大小（1189mm×840mm），绘图时根据需要进行裁剪。

此外还有牛皮纸和绘图膜等制图用纸。

(6) 其他

1）橡皮、清洁刷、擦线板（擦图片）

橡皮最好选用专用的制图橡皮，并配合清洁刷清除橡皮屑。清洁刷可以根据需要选择，清洁、柔软即可。

为了防止擦掉有用的线条，可以选配擦线板，外形如图 1-32 所示，有塑料的和金属的，也可以自己制作。

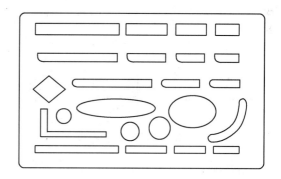

图 1-32　擦线板

2）细砂纸、量角器、铅笔刀、胶带纸、排笔、专业模板、数字模板、字母模板、图钉等均为绘图辅助用具，如图 1-33 所示。

3）墨水

由于制图使用的是针管笔，一定要采用碳

素墨水或者专门的制图墨水。

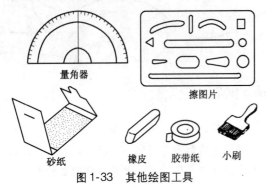

图1-33　其他绘图工具

1.1.4　比例

工程制图中，为了满足各种图样表达的需要，有些需缩小绘制在图纸上，有些又需放大绘制在图纸上。因此，需对缩小或放大的比例作出规定。

图样的比例，是指图形与实物相对应要素的线性尺寸之比。比例的符号为"∶"，比例应以阿拉伯数字表示，例如，原值比例1∶1，放大比例5∶1，缩小比例1∶5等。比例的大小，是指其比值的大小，例如，1∶50的比例大于1∶100。相同的构造，用不同的比例所画出的图样大小是不一样的，如图1-34所示。

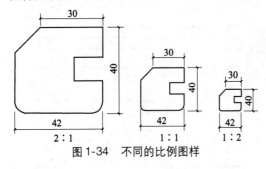

图1-34　不同的比例图样

按规定，在图样下边应用长仿宋字体写上图样名称和绘图比例。比例宜注写在图名的右侧，字的基准线与图名取平；比例的字高宜比图名字高小一号或两号，图名下应画一条粗横线，其粗度不应粗于本图纸所画图形中的粗实线，同一张图纸上的这种横线粗度应一致，其长度应与图名文字所占长度相等。

如图1-35所示。必要时，图样的比例可采用比例尺的形式。

图1-35　比例尺注写

当一张图纸中的各图只用一种比例时，也可把该比例统一书写在图纸标题栏内。

1.1.5　尺寸标注与索引
(1) 基本规则

为了满足工程施工的需要，除了画出形状外，还要对所绘的建筑物、构筑物、园林小品以及其他元素进行精确、详尽和清晰的尺寸标注，图纸中的标注应该按照国家制图标准中的规定进行标注，标注要醒目、准确。

国标规定，各种设计图标注的尺寸，除标高、总平面图或特殊要求采用米（m）为单位外，其余均以毫米（mm）为单位。因此，设计图中尺寸数字不用注写度量单位。如采用其他单位时必须注明单位的代号或名称。

图样上尺寸的标注应整齐划一，数字应写得工整、端正、清晰，以方便看图。

制图标准中规定图样上的尺寸应包括尺寸线、尺寸界线、尺寸起止符号和尺寸数字，如图1-36所示。

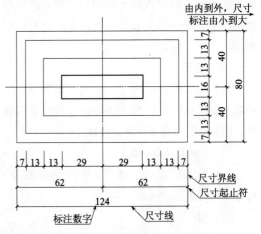

图1-36　尺寸标注方法示例

1）尺寸线：表示图形尺寸设置方向的线。

①尺寸线用细实线绘制，并与被注长度的方向平行，且不宜超出尺寸界线，若超出尺寸界线以超出2~3mm为宜。图样本身的任何图线均不得用作尺寸线。

②图样轮廓线以外的尺寸线，距图样最外轮廓线之间的距离不宜小于10mm。平行排列的尺寸线的距离宜为7~10mm，并保持一致，如图1-36所示。

③互相平行的尺寸线，应从被注的图样轮廓线由近向远整齐排列，小尺寸应离轮廓线近，大尺寸应离轮廓线远，以避免尺寸线相交，如图1-36所示。

2）尺寸界线：表示图形尺寸范围的界限线。

①尺寸界线用细实线绘制，一般与被注长度垂直，一端应离开图样轮廓线不小于2mm，另一端超出尺寸线2~3mm，如图1-36所示。必要时，图样轮廓线、对称线、中心线、轴线及它们的延长线可用作尺寸界线。

②总尺寸的尺寸界线应靠近所指部位（离开轮廓线不小于2mm），中间部分尺寸的尺寸界线可稍短，但其长度应相等，如图1-36所示。

3）尺寸起止符号：表示尺寸范围的起讫。尺寸线与尺寸界线的交点为尺寸的起止点，尺寸起止符号应画在起止点上。

①尺寸起止符号一般应用中粗斜短线绘制，其倾斜方向应与尺寸界线成顺时针45°，长度宜为2~3mm，如图1-37（b）所示。

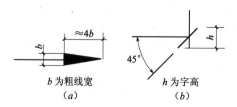

图1-37 尺寸箭头及起止符号的画法

②当相邻的尺寸界线的间隔很小时，起止符号可以绘成小圆点。

③半径、直径、角度和弧长的尺寸起止符号，宜用箭头表示。箭头及起止符号的画法如图1-37（a）所示，箭头的长度约为图中宽实线宽度的四倍，并予涂黑。

4）尺寸数字：表示尺寸的大小。

①图样上的尺寸，应以尺寸数字为准，不得从图上直接量取。

②图样上的尺寸单位，除标高及总平面图以米（m）为单位外，其他必须以毫米（mm）为单位，图上尺寸数字不再注写单位。

③图样上标注尺寸时，一般采用3.5号数字，最小不得小于2.5号数字。尺寸数字应按设计规定书写，同一张图纸上，尺寸数字号应一致，形体的每一尺寸一般只标注一次，并应标注在反映该形体最清晰的图形上。

④尺寸数字的注写方向，应按图1-38规定注写，应当尽可能不在图示30°角范围内标注尺寸。若尺寸数字在30°斜线区内，宜按图1-39所示形式注写。

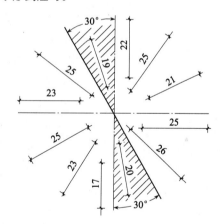

图1-38 尺寸数字的注写方向

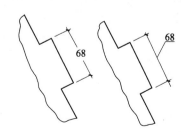

图1-39 尺寸数字的注写方向的特例

⑤尺寸数字应依据其读数方向注写在靠近尺寸线的上方中部，如没有足够的注写位置，

最外边的数字可注写在尺寸界线的外侧，中间相邻的尺寸数字可错开注写，也可引出注写，如图1-40所示。

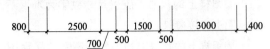

图1-40　尺寸界线较密时的尺寸标注形式

⑥尺寸宜标注在图样轮廓线以外，不宜与图线、文字及符号相交。

⑦任何图线不得穿过尺寸数字，不可避免时，应将尺寸数字处的图线断开。

(2) 曲线标注

园林设计或施工中经常会用到不规则曲线，对于简单的不规则曲线可以用截距法（又称坐标法）标注，较为复杂的可以用网格法标注。

1) 截距法——为了方便放样和定位，通常选用一些特殊方向和位置的直线，如永久建筑物的墙体线、建筑物或构筑物的定位轴等作为截距轴，然后绘制一系列与之垂直的等距的平行线，标注曲线与平行线交点到垂足的距离，如图1-41所示。当标注曲线轮廓上有相关点的坐标时，可将尺寸线或其延长线作为尺寸界线，如图1-42所示。

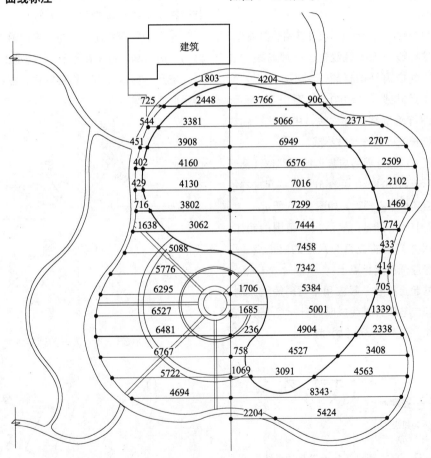

图1-41　截距法标注

2) 网格法——用于标注复杂的曲线，所选网格的尺寸应该能够保证曲线或者图形放样精度的要求，精度要求越高，网格划分应该越细，网格边长应该越短，如图1-43所示。园林施工放线图常常采用网格法。

其中，图1-43（a）采用"格数×格宽尺寸

="总长"的形式标注。图1-43（b）采用从原点出发，按竖、横方向分别标注。这时原点为基准点，竖、横轴为两相互垂直的基准线。图1-43（c）采用分段标注出各分段尺寸来表示。图1-43（d）采用比例尺表示。在示意图上多采用此种表达形式，因为示意图对具体尺寸要求不高。

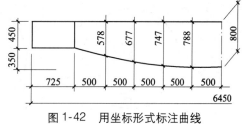

图1-42 用坐标形式标注曲线

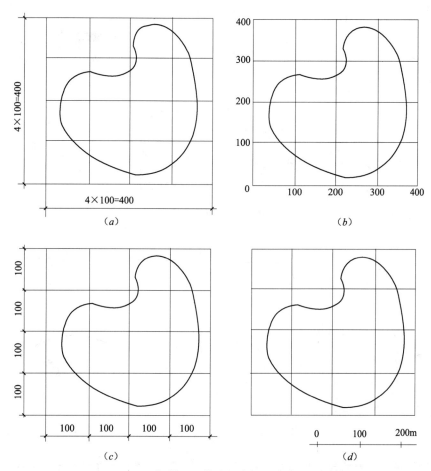

图1-43 网格法尺寸标注形式

曲线标注的方法与线段标注相同，但为了避免小短线起止符号的方向影响到尺寸的标注和读图，标注曲线的时候通常用小圆点作为尺寸起止符号。

（3）圆、圆弧、球的尺寸标注

圆和大于半圆的弧，一般标注直径。在圆内标注的直径尺寸线应通过圆心，用箭头作尺寸的起止符号，指向圆弧，并在直径数字前加注直径符号"ϕ"。较小圆的尺寸也可以利用线段标注方式标注在圆外，如图1-44所示。

半圆和小于半圆的弧，一般标注半径。其尺寸线的一端从圆心开始，另一端用箭头指向圆弧，在半径数字前加注半径符号"R"。较小圆弧的半径数字，可引出标注在圆外；较大圆弧的尺寸线也可画成折线状，但必须对准圆心，如图1-45所示。

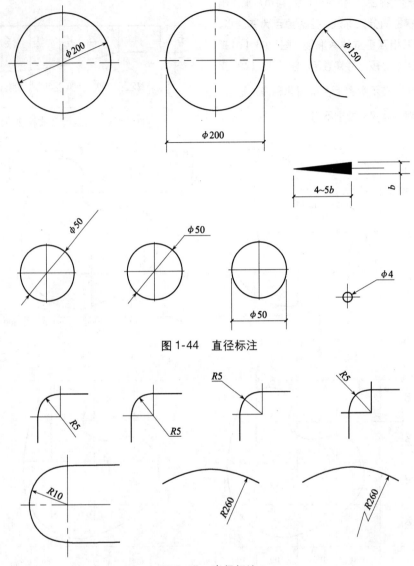

图1-44 直径标注

图1-45 半径标注

球的尺寸标注与圆的尺寸标注基本相同，只是在半径或直径符号（R或φ）前加注"S"，如图1-46所示。

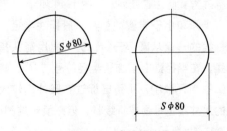

图1-46 球径标注

另外，直径尺寸还可标注在平行于任一直径的尺寸线上，此时需画出垂直于该直径的两条尺寸界线，且起止符号改用45°中粗短斜线，如图1-44所示。

(4) 角度、弧长、弦长的尺寸标注

角度的尺寸线应以圆弧线表示，该圆弧的圆心应是该角的顶点，角的两条边为尺寸界线，角度的起止符号应以箭头表示，如没有足够位置画箭头，可用圆点代替。角度数字应水平方向注写，如图1-47（a）所示。

弧长的尺寸线为与该圆弧同心的圆弧，尺寸界线应垂直于该圆弧的弦，起止符号用箭头表示，弧长数字上方应加注圆弧符号"⌒"，如图1-47（b）所示。

圆弧尺度有时还可以利用弦长的尺度进行量度，弦长的尺寸线应以平行于该弦的直线表示，尺寸界线应垂直于该弦，起止符号应以中粗斜短线表示，如图1-47（c）所示。

于这一点的高度，主要用于建筑单体的标高标注。标高符号采用等腰直角三角形表示，图1-48（a）所示的方式用细实线绘制，如果标注空间有限，也可按图1-48（b）所示形式绘制。第二种形式是绝对标高，是以大地水准面或某一水准点为起算点，多用在地形图或者总平面图中。标注方法与第一种相同，但是标高符号宜用涂黑的等腰三角形表示，如图1-48（c）所示。

此外，在标高标注时还应该注意以下几点：

1）标高符号的尖端应指至被注高度的位置。尖端一般应向下，也可向上，如图1-48（d）所示。

2）标高数字应以"米"为单位，注写到小数点以后第三位。在总平面图中，可注写到小数点以后第二位。

3）零点标高一定注写成"±0.000"，正数标高不注"+"，负数标高应注"-"，例如地面以上3m应该注写为"3.000"，地面以下0.6m应该注写为"-0.600"。

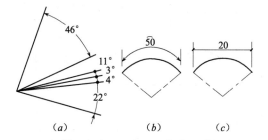

图1-47 角度、弧长、弦长的尺寸标注

（a）角度标注；（b）弧长标注；（c）弦长标注

(5) 标高的标注

标高（某一位置的高度）的标注有两种形式：第一种形式是相对标高，是将某一水平面如室外地坪作为基准零点，其他位置的标高是相对

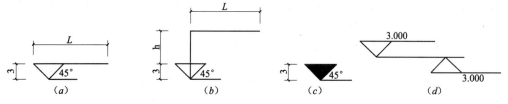

图1-48 标高的标注方法

(6) 坡度的标注

在工程图中，对倾斜部分的倾斜程度，"国标"规定用坡度（即斜坡）来表示，如表1-7所示。表1-7中，箭头表示倾斜方向，"i"为代号。坡度可以用百分数、比例或者比值表示，在坡度数字下，应加注坡度符号，

坡度符号的箭头（单面）一般应指向下坡方向，如图1-49（a）、（b）所示。在平面上还可以用示坡线表示，如图1-49（c）所示。立面上常利用比值表示坡度，除了用箭头标示之外，还可以用直角三角形标示，如图1-49（d）所示。

坡度的几种表示形式　　　　　　　　　表1-7

名　称	标志形式	标志举例	说　明
建筑中的坡度标志	直角三角形，底边1，高n	三角形组合图示	坡度较大时采用

续表

名 称	标志形式	标志举例	说 明
建筑中的坡度标志	$1:n$ $\xleftarrow{\frac{1}{n}}$	$1:4$ $\xleftarrow{\frac{1}{50}}$	坡度一般时采用 坡度平坦且坡度方向不明显时采用
道路及路面的坡度标志	$\xleftarrow{\frac{n(‰)}{L(m)}}$	$\frac{4}{105}$	本图例适用于总图
管道的坡度标志	$i=$	$i=0.005$	管道图中采用

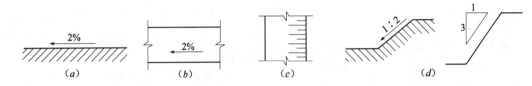

图 1-49 坡度的标注方法

(7) 尺寸的简化标注

在标注时,可能会遇到一系列相同的标注对象,这时可以采用简化的标注方法。如正方形可以采用"边长×边长"或者"□"正方形符号等方式进行标注,如图 1-50(a)所示;连续排列的等长尺寸,可用"个数×等长尺寸=总长"的形式标注,如图 1-50(b)所示;对于多个相同几何元素的标注可采用如图 1-50(c)的方式,标注为:相同元素个数×一个元素的尺寸。

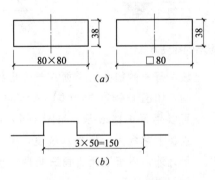
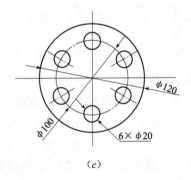

图 1-50 简化标注

1.1.6 字体及书写方法

图纸上所需书写的各种文字、数字、拉丁字母或其他符号等,均应用黑墨水书写,且要达到字体工整、笔画清晰、间隔均匀、排列整齐,标点符号应清楚、正确。

文字的字高、大小用号数表示,即字号。字号应从以下系列中选取:3.5、5、7、10、14、20。如需书写更大的字体,其高度应按$\sqrt{2}$的比值递增。

(1) 汉字

图样及说明中的汉字，宜采用长仿宋体，并应采用国家正式公布推广的简化字。字体的号数就是字体的高度（单位：mm），且汉字长仿宋体的某号字的宽度，即为小一号字的高度。其宽度与高度的关系应符合表 1-8 的规定。

长仿宋体字体规格及其使用范围（mm） 表 1-8

字高（字号）	20	14	10	7	5	3.5
字宽	14	10	7	5	3.5	2.5
(1/4) h			2.5	1.8	1.3	0.9
(1/3) h			3.3	2.3	1.7	1.2
使用范围	标题或封面文字		各种图标题文字		①详图数字和标题用字；②标题下面的比例数字；③剖面代号；④一般说明文字	
			①表格名称；②详图及附注标题		尺寸、标高及其他	

为了保证美观、整齐，书写前可先打好网格，字格的高宽比为 3：2，字的行距为字高的 1/3，字距为字高的 1/4。一般高度不应小于 3.5mm，长仿宋字的特点是：笔画横平竖直、起落分明、笔锋饱满、布局均衡，如图 1-51、图 1-52 所示。

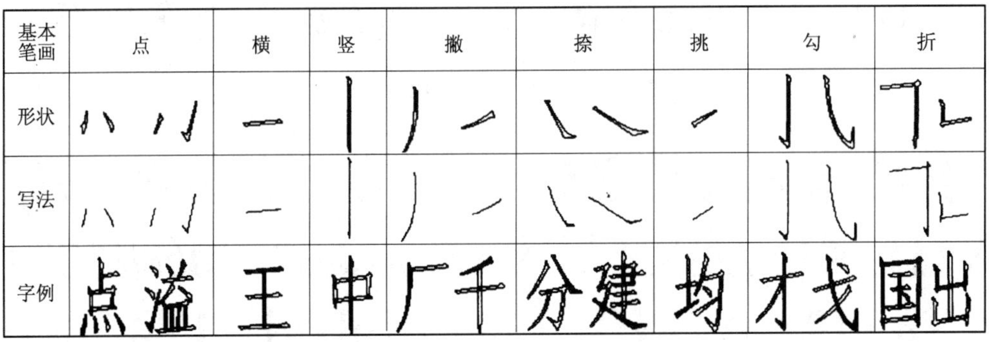

基本笔画	点	横	竖	撇	捺	挑	勾	折
形状	丶丿	一	丨	丿	㇏	㇀	亅	㇕
写法	丶丿	一	丨	丿	㇏	㇀	亅	㇕
字例	点溢	王	中	厂千	分建	均	才戈	国出

图 1-51　长仿宋体书写方法

园林规划设计方案绿地小品平立剖面详图结
构施工说明比例图号日期单位项目负责人审
核绘制道路广场铺装钢筋混凝土花架座凳照
明假山上下高低左右

图 1-52　长仿宋体书写示例

(2) 拉丁字母和数字

拉丁字母、阿拉伯数字或罗马数字同时与汉字并列书写时，它们的字高宜小一号或两号，且应用正体字，字高不应小于 2.5mm。

拉丁字母、阿拉伯数字或罗马数字都可以写成竖笔铅垂的直体字或竖线与水平线成75°的斜体字，如图1-53所示。小写的拉丁字母的高度应为大写字母高度 *h* 的7/10，字母间距为2*h*/10，上下行基准线间距最小为15*h*/10。

字母和数字分A型和B型。A型字宽（*d*）为字高（*h*）的1/14，B型字宽（*d*）为字高（*h*）的1/10。在同一图样上，只允许选用一种形式的字体。用于题目或者标题的字母和数字又分为等线体（图1-54）和截线体（图1-55）两种写法。

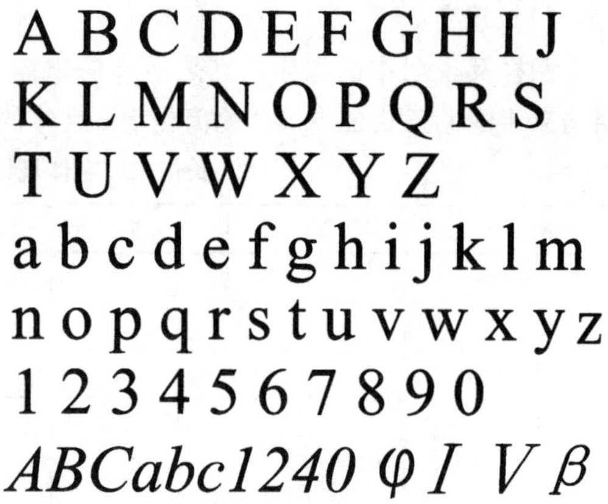
A B C D E F G H I J
K L M N O P Q R S
T U V W X Y Z
a b c d e f g h i j k l m
n o p q r s t u v w x y z
1 2 3 4 5 6 7 8 9 0
ABCabc1240 φ I V β

图1-53　拉丁字母、数字示例

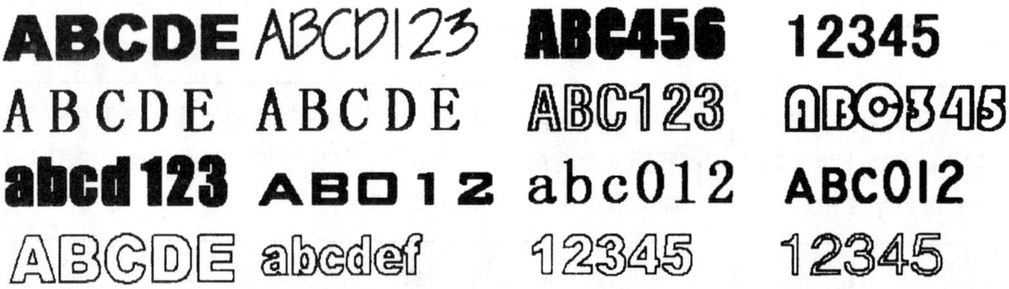
ABCDE ABCD123 ABC456 12345
ABCDE ABCDE ABC123 ABC345
abcd123 ABO12 abc012 ABC012
ABCDE abcdef 12345 12345

图1-54　等线体字母和数字示例

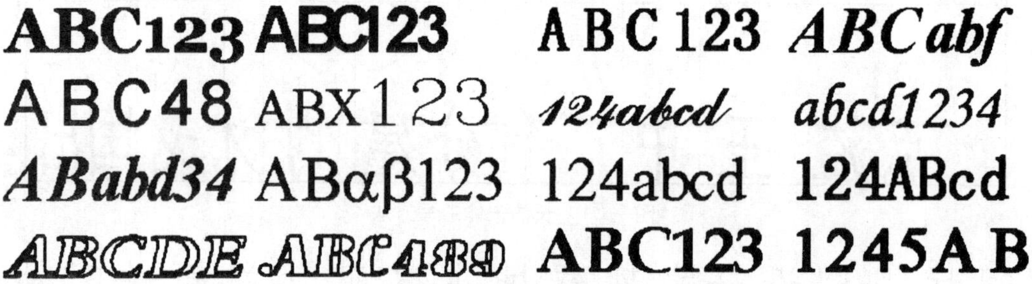
ABC123 ABC123 ABC123 ABCabf
ABC48 ABX123 124abcd abcd1234
ABabd34 ABαβ123 124abcd 124ABcd
ABCDE ABC489 ABC123 1245AB

图1-55　截线体字母和数字示例

表示数量的数值，应用正体阿拉伯数字书写；各种计量单位凡前面有量值的，均应采用国家颁布的单位符号注写，例如三千五百毫米应写成3500mm，三百五十二吨应写成352t，五十千克每立方米应写成50kg/m³。

表示分数时，不得将数字与文字混合书写。例如四分之三应写成3/4，不得写成4分之3；百分之三十五应写成35%，不得写成百分之35。表示比例数时，应采用数学符号，例如一比二十应写成1：20。

当注写的数字小于1时，必须写出个位的“0”，小数点应采用圆点，齐基准线书写，如0.15、0.004等。

1.2　制图一般步骤

1.2.1　仪器作图

利用绘图仪器绘制图纸的过程称为仪器作图。

在要求比较严格、对精确度要求较高的时候采用仪器作图。绘制的方法与步骤可以概括为：先底稿，再校对，上墨线，最后复核签字。下面针对仪器作图的方法作一具体介绍。

需要注意的是仪器作图并非尺规作图。尺规作图仅限于有限次地使用没有刻度的直尺和圆规进行作图，由于作图工具的限制，使得一些看起来很简单的几何作图问题变得难以解决。

(1) 打底稿

打底稿的时候采用2H的铅笔轻轻绘制，并按照以下步骤进行：

1) 确定比例、布局，使得图形在画面中的位置适中。先按照图形的大小和复杂程度确定绘图比例，选择图幅，绘制图框和标题栏；然后，根据比例估计图形及其尺寸标注所占的空间，再布置图面。

2) 确定基线。绘制出图形的定位轴、对称中心、对称轴或者基准线等。

3) 绘制轮廓线。根据图形的尺度绘制主要的轮廓线，勾勒图形的框架。

4) 绘制细部。按照具体的尺寸关系，绘制出图形各个部分的具体内容。

5) 标注尺寸。按照国家制图标准的规定，根据图样的实际尺寸进行标注。

6) 整理、检查。对所绘制的内容进行反复的校对，修改错线和添加漏线，最后擦除多余的线条。

(2) 定铅笔稿

如果铅笔稿作为最后定稿，铅笔图线加深一定要做到粗细分明，通常宽度b和$0.5b$的图线常采用B和HB的铅笔加深，宽度为$0.25b$的图线采用H或者2H的铅笔绘制。

加深过程中一般按照先粗线，再中线，最后绘制细线的过程。为了保证线宽一致，可以按照线宽分批加深。

(3) 上墨线

如果最后采用的是墨线稿，则在打底稿之后可以直接描绘墨线。在上墨线的时候，可以按照先曲后直、先上后下、先左后右、先实后虚、先细后粗、先图后框的顺序进行。

(4) 复核签字

对于整个图面进行检查，并填写标题栏和会签栏，书写图纸标题等。

1.2.2 徒手作图

在园林工程图中，因树木花草、山石、水体等造园要素的外形及质感是活泼、生动、自由变化的，所以徒手绘线条能更贴切地表达出自然要素的性质。因此，在绘制造园要素时，为了更好地表达其特性，主要运用线描法，通过目测比例徒手描绘出变化的线条来实现。如运用线条粗细、形式上的变化来表示素材的复杂轮廓、空间层次、光影变化、色调深浅等。又如将线条的轻重、虚实相结合来表示素材的质感和量感。因此，要表现好园林的造园素材，绘好园林工程图，除了要掌握好绘图仪器作图外，还必须熟练掌握徒手绘图方法、技能和技巧；必须通过徒手绘图的练习，掌握线条运行、轻重、粗细的运笔控制技巧，使运笔自如、轻重适度，使线条粗细匀称、灵活多变、自然和富有情感，实现运用线条将景园之自然意境表达于图。

不借助绘图仪器，徒手绘制图纸的过程称为徒手作图，所绘制的图纸称为草图。草图是工程技术人员交流、记录设计构思，进行方案创作的主要方式，工程技术人员必须熟练掌握徒手作图的技巧。徒手作图的制图笔可以是铅笔、针管笔、普通钢笔、速写笔等，可以绘制在白纸上，也可以绘制在专用的网格纸上。

(1) 拿笔和运笔

在徒手绘图时，图线的方向不同，拿笔的方法和运笔的方向也不同；对长短不同的图线，运笔的方法也不一样。因此，正确的拿笔和运笔的方法，对练好、绘好徒手图特别重要。各种情况下，执笔的手势和运笔的方向如图1-56所示。图1-57所示为绘较大面积图面时的手势。

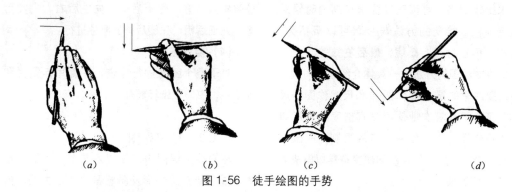

图 1-56 徒手绘图的手势

(a) 画水平线；(b) 画垂直线；(c) 向左画斜线；(d) 向右画斜线

图 1-57 绘较大面积图面时的手势

徒手绘图时拿笔和运笔应做到：目测准确而肯定，目手配合自然而准确；执笔稳而轻松，起落轻而妙巧，运笔匀而灵活。应注意：

1) 拿笔的位置要高一些，以利目测控制方向。

2) 起落动作要轻，起落笔要肯定、准确，有明确的始止，以达到线条起止整齐。下笔笔杆垂直纸面，并略向运动方向倾斜，方便笔在纸上滑动，便于行笔。

3) 运笔时，根据线条深浅要求用力；注意行笔自然流畅、灵活；线条间断和起止要清楚利索，不要含糊；驳接短线条，中间深两端淡；表示不同层次，要达到整齐而均匀的衔接。

4) 绘线时，小手指可微触纸面，以控制方向。绘长线以手臂运笔。绘短线以手腕运笔。

(2) 对于徒手作图应该注意以下问题

1) 草图的"草"字只是相对于仪器作图而言，并没有允许潦草的意思。草图上的线条也要粗细分明，基本平直，方向正确，长短大致符合比例，线形符合国家标准。画草图用的铅笔要软些，例如 B、HB；铅笔要削长些，笔尖不要过尖，要圆滑些；画草图时，持笔的位置要高些，手要放松些，这样画起来比较灵活。

2) 画草图时要手眼并用。作垂直线，等分线段或圆弧，截取相等的线段等，都是靠眼睛估计决定的。

3) 徒手画平面图形时，不要急于画细部，先要绘制出轮廓。画草图时，既要注意图形整体轮廓的比例，又要注意整体与细部的比例是否正确，草图最好画在方格纸（坐标纸）上，图形各部分之间的比例可借助方格数的比例来确定。

(3) 徒手绘图的方法

徒手绘图，需要用目测估计形体各部分尺寸和比例徒手绘制。因此，要绘好图，首先要目测尺寸准确，估计比例正确。下笔不要急于绘细部，要先考虑大局，注意图形长、宽及整体与细部比例。图 1-58 表示各种方向成组的平行线（图示为绘水平线）的绘法，及目测分线段的方法。图 1-59 表示根据 45°、30°和 60°的斜率，按近似值绘斜线。图 1-60 为利用圆与正方形相切的特点绘圆。图 1-61 为利用椭圆与长方形相切的特点绘椭圆。

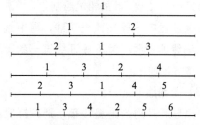

图 1-58 练习绘平行线并分成不同的等份

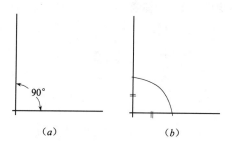 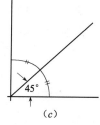 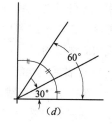

图 1-59　徒手绘角度

(a) 先徒手画一直角；(b) 在直角处作一圆弧；
(c) 分圆弧为二等分，作45°角；(d) 分圆弧为三等分，作30°和60°角

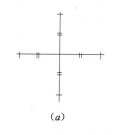 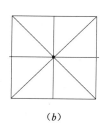 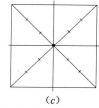 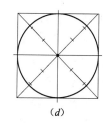

图 1-60　徒手绘圆

(a) 徒手过圆心作垂直等分的两直径；
(b) 画外切正方形及对角线；(c) 大约等分对角线的每一侧为三等分；
(d) 以圆弧连接对角线上最外的等分点（稍偏外一点）和两直径的端点

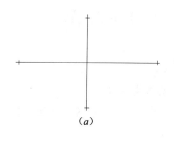 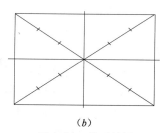 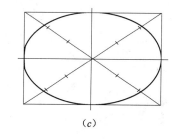

图 1-61　徒手绘椭圆

(a) 先徒手画出椭圆的长、短轴；(b) 画外切矩形及对角线，等分对角线的每一侧为三等份；
(c) 以圆滑曲线连对角线上的最外等分点（稍偏外一点）和长、短轴的端点

1）直线的绘制

学习徒手线条图的绘制可以从简单的直线开始练习。在练习中应该注意运笔的速度、力量、方向和支撑点。运笔速度要保持均匀平稳，用笔力量应该适中，基本运笔方向为从左至右、从上至下。运笔的支撑点：第一种以手掌一侧或者小指关节与纸面接触的部分作为支撑点，适合于作较短的线条；第二种以肘关节为支撑点，靠小臂和手腕的转动，同时小指关节轻轻接触纸面，适用于绘制较长的直线；第三种是将整个手臂和肘关节架空或者肘关节和小指轻触纸面，可以作出更长的线条。

画水平线时，铅笔要放平些，初学画草图时，可先画出直线两端点，然后持笔沿直线位置悬空比划一两次，掌握好方向，并轻轻画出底线。然后眼睛盯住笔尖，沿底稿线画出直线，并改正底稿线不平滑之处。画铅垂线和倾斜线的方法与绘制水平线的方法相同，要特别注意眼睛要盯住线的终点。

通过直线徒手绘制练习,掌握绘图的技巧后,就可以进行线条的排列、交叉和叠加的练习,在这个练习中要尽量保证整体排列和叠加的块面均匀。

2)曲线的绘制

在徒手绘制曲线的时候,可以先确定曲线上一系列点,然后将这些点顺次连接。一定要注意曲线的光滑度,尽量一气呵成,如果中间不得不中断,断点处不能出现明显的接头。

3)圆和椭圆的绘制

绘制大圆可以按照图1-62的方法:绘制出圆心以及垂直的两条对称轴线,并确定好圆周上四个分点,将小指放置在圆心位置,以小指支撑点为圆心,绘图笔放置在其中一个点上,顺时针旋转纸张,保持笔长不变,就可以绘制出所需的圆周。

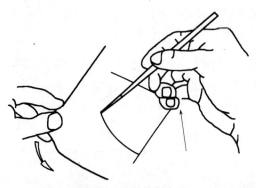

图1-62 徒手绘制大圆

如果绘制小圆的话,方法较为简单。首先将圆心确定出来,经过圆心作相互垂直的径向射线,并在射线上目测半径长度,绘制出圆周的四个分点,然后用曲线将四个点连接起来,即得圆周,如图1-63(a)所示。对于稍大的圆周可以采用如图1-63(b)所示的方法绘制,即作出圆周上8个或者12个点后连接成圆。

徒手绘制椭圆的方法如图1-63(c)所示,按照椭圆的长短轴绘制出矩形,连接对角线,在椭圆中心到每一个矩形顶点的线段上,通过目测得到7∶3的分点,最后将四个分点和长短轴端点顺次连接成椭圆。

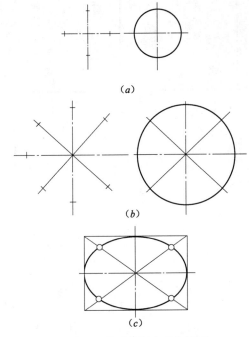

图1-63 徒手绘制小圆和椭圆

1.3 几何作图

1.3.1 直线

(1)作平行线和垂直线

1)利用三角板绘已知直线的平行线和垂直线的方法,如图1-64所示。

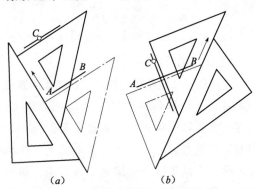

图1-64 用两块三角板画已知直线的
平行线和垂直线

(a)过已知点C作已知直线AB的平行线;
(b)过已知点C作已知直线AB的垂直线

具体作图方法如下：

①将三角板的一边靠准 AB，再靠上另一三角板；移动前一三角板，使其靠准 C 点，过 C 点画一直线即为所求直线，如图 1-64（a）所示。

②先把三角板一直角边靠准 AB，再靠上另一三角板，移动前一三角板，并把它的另一直角边靠准 C 点，过 C 点画一直线即为所求直线，如图 1-64（b）所示。

2）利用几何作图方法过直线外一点 C 作直线 AB 的平行线，如图 1-65 所示。

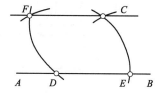

图 1-65　过直线外一点作直线的平行线

具体作图方法如下：

①以 C 点为圆心，取大于 C 到 AB 距离的任意长度为半径作弧，交 AB 于 D 点；

②以 D 为圆心，用同半径 CD 作弧，交 AB 于 E 点；

③以 D 为圆心，CE 长度为半径作弧，交 DF 于 F 点；

④连接 F、C，则 FC 即为所求的平行线。

3）过已知直线外一点作该直线的垂直线。

图 1-66 所示为过 C 点作 AB 直线的垂直线。
具体作图方法如下：

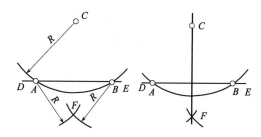

图 1-66　过直线外一点作直线的垂直线

①以 C 为圆心，取大于 C 点到 DE 距离的任一长度为半径作弧，交 DE 于 A、B 两点；

②分别以 A、B 为圆心，大于 AB/2 为半径作弧交于 F；

③连接 C、F，则 CF 即为所求的垂直线。

(2) 作直线的垂直平分线

1）图 1-67 所示为用丁字尺和三角板作水平位置直线的垂直平分线。

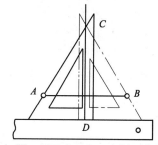

图 1-67　用丁字尺和三角板画直线的垂直平分线

2）图 1-68 所示为直线垂直平分线的几何作图方法：

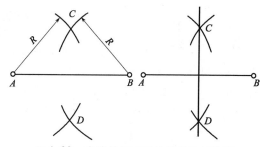

图 1-68　直线的垂直平分线的几何作图

①分别以 A、B 为圆心，大于 AB/2 为半径作弧，分别交于 C、D 两点；

②连接 C、D，则 CD 即为所求的垂直平分线。

(3) 等分直线段

已知：直线 AB。求：将其五等分，如图 1-69 所示。

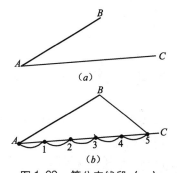

图 1-69　等分直线段（一）

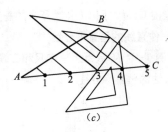

图 1-69 等分直线段（二）

作法：过 A 点作任意直线 AC（图 1-69a），用圆规（或者直尺）在 AC 上从点 A 开始依次截取相等的 5 段长度，得 1、2、3、4、5 各点，连接 B、5（图 1-69b），然后过各等分点分别作直线 B5 的平行线，交 AB 于四个等分点，即为所求（图 1-69c）。

此外，利用等分线段的方法还可以将直线按比例分段。

(4) 等分两平行线之间的距离为已知等份

已知：平行线 AB 和 CD。求：将其间的距离五等分，如图 1-70 所示。

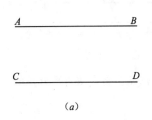
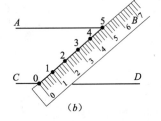
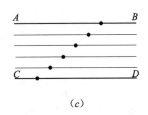

图 1-70 等分两平行线之间的距离

作法：置直尺 0 刻度于直线 CD 的任意位置上，摆动尺身，使刻度 5（或者 5 的倍数）落在直线 AB 上，截得 1、2、3、4 各等分点（图 1-70b），过各等分点作 AB（或 CD）的平行线，即为所求（图 1-70c）。

1.3.2 直线角度的任意等分

任意等分一已知角，一般采用近似作法。现以图 1-71 所示的五等分已知∠AOB 为例说明。作图方法如下：

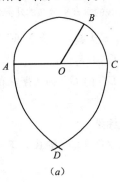
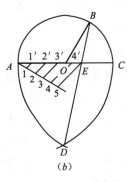
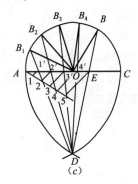

图 1-71 角的任意等分

① 以 O 为圆心，任意长度（图中以 AO）为半径，作半圆弧分别交 AO 延长线于 C，交 BO 于 B（图 1-71a）；

② 分别以 A、C 为圆心，AC 为半径作弧，交于 D（图 1-71a）；

③ 连接 BD 交 AC 于 E（图 1-71b）；

④ 五等分 AE，得分点 1′、2′、3′、4′（图 1-71b）；

⑤ 过 D 点分别与 1′、2′、3′、4′各点连接，并延长交圆弧 ABC 于 B_1、B_2、B_3、B_4（图 1-71c）；

⑥ 过 O 点分别与 B_1、B_2、B_3、B_4 各点连接，即得各等分角（图 1-71c）。

1.3.3 过已知三点作圆

已知：点 A、B、C，求：过这三点作一个圆，如图 1-72 所示。

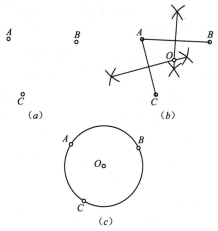

图 1-72 过已知三点作圆

作法：如图 1-72（b）所示，连接 AB、AC（或 BC），分别作出它们的垂直平分线，并交于点 O，以 O 点为圆心，以 OA 为半径，作一个圆，必然通过 B、C 两点，此圆周即为所求，如图 1-72（c）所示。

1.3.4 作已知圆的内接正多边形（又称圆周的等分）

(1) 内接正方形（如图 1-73）

作法如下：

①如图 1-73（b）所示，用 45°三角板斜边过圆心作直径，交圆周于 1、3 点。

②移动三角板，用直角边作垂线 14 和 23，如图 1-73（c）所示。

③用丁字尺画 12 和 34 两水平线，如图 1-73（d）所示。

(2) 内接正五边形（图 1-74）

作法如下：

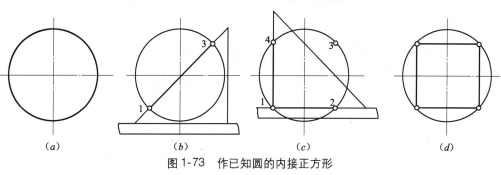

图 1-73 作已知圆的内接正方形

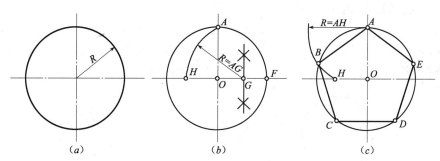

图 1-74 作已知圆的内接正五边形

①如图 1-74（b）所示，作出半径 OF 的中点 G，以点 G 为圆心，以 AG 为半径作弧，交直径于点 H。

②如图 1-74（c）所示，以 A 为圆心，AH 为半径画弧，交圆周于点 B，则 AB 长度即为五边形的边长。

③以点A为起点，用AB长度依次截取五边形的各个顶点，各点连接成线，即得圆的内接正五边形，如图1-74（c）所示。

（3）内接正六边形（图1-75）

1）已知圆O，如图1-75（a）所示。

是圆周上的任一点）开始将圆周截取为六等分，顺次连接A、B、C、D、E、F、A即为所求，如图1-75（b）所示。

（4）内接正七边形（近似作法）

1）已知圆O，如图1-76（a）所示。

2）作图步骤：

①将已知圆O的垂直直径AN 7等分，得等分点1、2、3、4、5、6，如图1-76（a）所示。

②以N为圆心，NA为半径作弧，与圆O水平中心线的延长线交得M_1、M_2，如图1-76（a）所示。

③过M_1、M_2分别向等分点2、4、6引直线，并延长到与圆周相交，得B、C、D、G、F、E，如图1-76（b）所示。

④由A点开始，顺次连接A、B、C、D、E、F、G、A即为所求，如图1-76（b）所示。

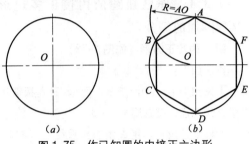

图1-75 作已知圆的内接正六边形

2）作图步骤：

以圆O半径R为截取长度，由A点（可以

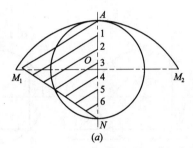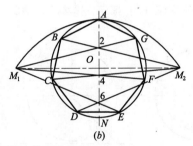

图1-76 作已知圆的内接正七边形

1.3.5 过已知点作圆的切线

1）已知圆O以及圆外一点A，如图1-77（a）所示。

2）作图步骤：

①连接AO，作AO垂直平分线，得中点N，如图1-77（b）所示。

②以N为圆心，NA（NO）为半径画圆，与已知圆O交于B、C两点，连接AB、AC即为所求，如图1-77（c）所示。

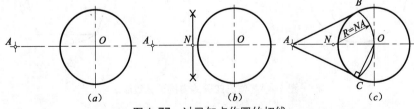

图1-77 过已知点作圆的切线

1.3.6 圆弧连接

在绘制建筑物的平面图形时，常遇到用已知半径的圆弧光滑地连接两条已知线段（直线或圆弧）的情况，其作图方法称为圆弧连接。圆弧连接要求在连接处要光滑，所以在连接处两线段要相切。作图的关键是要准确地求出连接圆弧圆心和连接点（切点）。作图步骤概括为3点：①求连接圆弧的圆心；②求连接点；③连接并擦去多余部分。

圆弧连接的基本作图如下：
(1) 作一圆弧连接一点与一直线

1) 已知一点 A 和一直线 L，连接圆弧半径为 R，如图 1-78 (a) 所示。

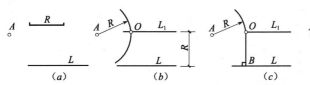

图 1-78 作一圆弧连接一点与一直线

2) 作图步骤：

①以 A 为圆心，R 为半径画弧。作与直线 L 距离为 R 的平行线 L_1，与所作圆弧交于 O 点，如图 1-78 (b) 所示。

②过 O 作直线 L 的垂线，垂足为 B，如图 1-78 (c) 所示。

③以 O 为圆心，R 为半径画弧，使圆弧通过 A、B 两点，擦去多余部分即为所求，如图 1-78 (d) 所示。

(2) 作一圆弧连接两直线

1) 已知两直线 L、M，连接圆弧半径为 R，如图 1-79 (a) 所示。

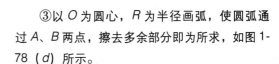

图 1-79 作一圆弧连接两直线

2) 作图步骤：

①分别作与直线 L、M 距离为 R 的平行线 L_1、M_1，相交于 O 点，如图 1-79 (b) 所示。

②过 O 分别作直线 L、M 的垂线，垂足为 A、B，如图 1-79 (c) 所示。

③以 O 为圆心，R 为半径画弧，使圆弧通过 A、B 两点，擦去多余部分，完成作图，如图 1-79 (d) 所示。

两直线 L、M，可以是正交，也可以是斜交，作图方法是一样的。

(3) 作圆弧连接一点与另一圆弧

1) 已知一点 A 和一圆弧 O_1，连接圆弧半径为 R，如图 1-80 (a) 所示。

2) 作图步骤：

①分别以 A、O_1 为圆心，以 R、$R+R_1$ 为半径画弧，相交于 O 点，如图 1-80 (b) 所示。

②连接 O_1、O，交已知圆弧于 B 点，如图 1-80 (c) 所示。

③以 O 为圆心、R 为半径画圆弧通过 A、B 两点，擦去多余部分，完成作图，如图 1-80 (d) 所示。

(4) 作圆弧连接一直线与另一圆弧

1) 已知一直线 L 和一圆弧 O_1，连接圆弧半径为 R，如图 1-81 (a) 所示。

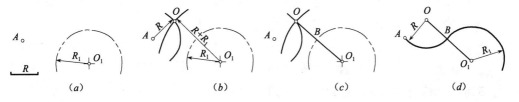

图 1-80 作圆弧连接一点与另一圆弧

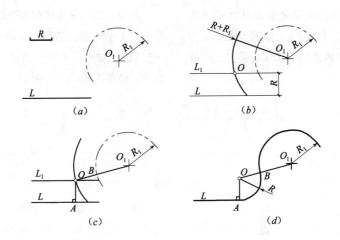

图 1-81　作圆弧连接一直线与另一圆弧

2）作图步骤：

①作与直线 L 距离为 R 的平行线 L_1，以 O_1 为圆心，$R+R_1$ 为半径画弧，交 L_1 于 O 点，如图 1-81（b）所示。

②过 O 作直线 L 的垂线，垂足为 A；连接 OO_1，交已知圆弧于 B 点，如图 1-81（c）所示。

③以 O 为圆心，R 为半径画弧，使圆弧通过 A、B 两点，擦去多余部分，完成作图，如图 1-81（d）所示。

(5) 作圆弧与两已知圆弧外切连接

1）已知两圆弧 O_1、O_2，连接圆弧半径为 R，如图 1-82（a）所示。

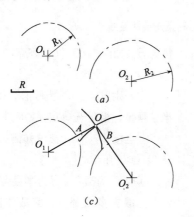
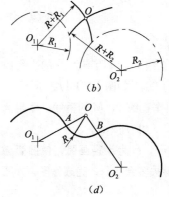

图 1-82　作圆弧与两已知圆弧外切连接

2）作图步骤：

①分别以 O_1、O_2 为圆心，以 $R+R_1$、$R+R_2$ 为半径画弧，相交于 O 点，如图 1-82（b）所示。

②连接 OO_1，交圆弧 O_1 于 A 点；连接 OO_2，交圆弧 O_2 于 B 点，如图 1-82（c）所示。

③以 O 为圆心，R 为半径画弧，使圆弧通过 A、B 两点，擦去多余部分，完成作图，如图 1-82（d）所示。

(6) 作圆弧与两已知圆弧内切连接

1）已知两圆弧 O_1、O_2，连接圆弧半径为 R，如图 1-83（a）所示。

2）作图步骤：

①分别以 O_1、O_2 为圆心，以 $R-R_1$、$R-R_2$ 为半径画弧，相交于 O 点，如图 1-83（b）所示。

②连接 OO_1 并延长，交圆弧 O_1 于 A 点；

连接 OO_2 并延长，交圆弧 O_2 于 B 点，如图 1-83（b）所示。

③ 以 O 为圆心，R 为半径画弧，使圆弧通过 A、B 两点，并擦去多余部分，完成作图，如图 1-83（c）所示。

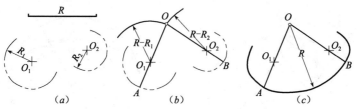

图 1-83 作圆弧与两已知圆弧内切连接

(7) 作圆弧与一已知圆弧内切连接，与另一圆弧外切连接

1) 已知两圆弧 O_1、O_2，连接圆弧半径为 R，如图 1-84（a）所示。

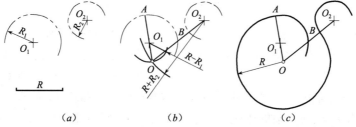

图 1-84 作圆弧与一已知圆弧内切连接，与另一圆弧外切连接

2) 作图步骤：

① 分别以 O_1、O_2 为圆心，以 $R-R_1$、$R+R_2$ 为半径画弧，相交于 O 点，如图 1-84（b）所示。

② 连接 OO_1，交圆弧 O_1 于 A 点；连接 OO_2，交圆弧 O_2 于 B 点，如图 1-84（b）所示。

③ 以 O 为圆心，R 为半径画弧，使圆弧通过 A、B 点，擦去多余部分，完成作图，如图 1-84（c）所示。

1.3.7 椭圆的近似画法

椭圆画法较多，如八点法、四点法、同心圆法，在绘制中根据精度的要求加以选择。

(1) 八点法（图 1-85）

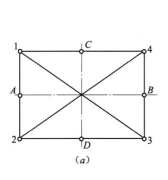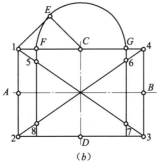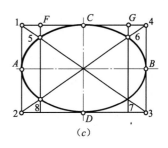

图 1-85 八点法作椭圆

① 过长短轴的端点 A、B、C、D 作椭圆外切矩形 1234，连接对角线，如图 1-85（a）所示。

② 以 $1C$ 为斜边，作 45°等腰直角三角形 $1EC$，以点 C 为圆心，CE 为半径作弧，交 14 于点 F、G；再从 F、G 引短边的平行线，与对

角线交于点 5、6、7、8 四个点，如图 1-85 (b) 所示。

③用圆滑曲线连接点 A、5、C、6、B、7、D、8、A 即得所求椭圆，如图 1-85 (c) 所示。

(2) 四点法（四心法）（图 1-86a）

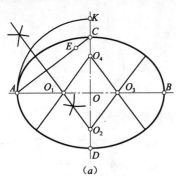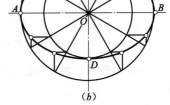

图 1-86 四点法和同心圆法作椭圆

①画长短轴 AB、CD，延长 OC，在延长线上截取 OK = OA；连接 AC，并取 CE = CK（长短轴差）。

②作 AE 的中垂线与长、短轴交于两点 O_1、O_2，在轴上取对称点 O_3、O_4 得四个圆心。

③分别以 O_1、O_2、O_3、O_4 为圆心，以 O_1A、O_2C、O_3B、O_4D 为半径，顺序作四段相连圆弧，即为所求。

(3) 同心圆法（图 1-86b）

以 O 点为圆心，分别以长轴 AB 和短轴 CD 为直径，作两个同心圆。过点 O 作若干射线，一条射线交两个圆周于 E_1 和 E_2，其中 E_1 位于小圆周上，E_2 位于大圆周上。过 E_1 点作水平线，过 E_2 点作铅垂线，两直线交点 E 即为椭圆上的一个点。按照相同方法作出椭圆上的一系列点，用圆滑的曲线将这些点连接起来，即得椭圆。

第2章 三面投影图

本章学习要点：
投影的概念和种类及正投影的特性
三面投影体系的建立及三面投影规律
点、直线、平面和体的三面投影

2.1 投影的基本知识

2.1.1 投影的基本概念与分类

(1) 投影

影子的形成是身边非常常见的一种现象。如图2-1(a)所示,在光源的照射下,形体会在平面上投下影子,影子可以反映出物体的外部轮廓特征,正是基于这一点,人们根据影子的形成原理,抽象出一种用以表现物体形态特征的方法,但是仅仅表现其外部轮廓还是不够的,还要表现出物体的所有形态特征才可以,这也是制图学中的投影法与影子形成原理的不同之处。如图2-1(b)所示,通过几何形体上一点的投影线与投影面相交,所得的交点就是这一点在这个平面上的投影。光源 S 称为投影中心,影子投落的平面 P 称为投影面。连接投影中心与形体上的点的直线称为投影线。这种利用投影表现几何形体的方法,称为投影法。

(2) 投影构成要素

如图2-1(b)所示,投影要素包括:投影中心(发出投影线)、几何形体(表现对象)、投影面,缺少其中任意一项都无法形成投影。由于构成要素的不同,也就形成了不同的投影形式。

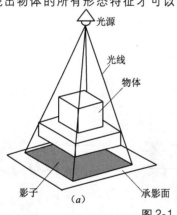
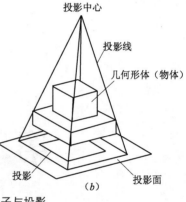

图2-1 影子与投影
(a) 影子的形成;(b) 投影的形成

(3) 投影的分类

按照投影线是否平行,将投影分为中心投影和平行投影两种形式:中心投影的投影中心距离投影面有限远,从投影中心发散出投影线,所有的投影线都汇交于一点,也就是说投影线是积聚的,这样的投影方式与人眼发出视线比较相似,形成的投影也与人观看的效果相似,最主要的应用就是透视效果图,但是中心投影一般无法反映几何形体的实际大小;平行投影的投影中心距离投影面无限远,所有的投影线可以近似看成相互平行,尽管无法象中心投影表现得那么逼真,但是平行投影可以表现出形体的尺寸和比例,所以在施工图、结构图等需要精确尺度测量的时候要采用平行投影,最主要的应用是三视图(三面正投影)。根据投影线与投影面的倾角不同,平行投影法又分为斜投影法和正投影法两种。

1) 斜投影法:当投影线倾斜于投影面时,称为斜投影法,如图2-2(a)所示。用这种方法所得的投影称为斜投影。

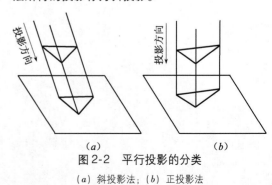

图2-2 平行投影的分类
(a) 斜投影法;(b) 正投影法

2）正投影法：当投影线垂直于投影面时，称为正投影法，如图2-2（b）所示。用这种方法所得的投影称为正投影。

在中心投影和平行投影分类基础上还分出若干不同的投影形式，具体内容参见表2-1。

投影的分类 表2-1

投影	平行投影	正投影	三面正投影	投影线互相平行，并垂直于投影面
			正轴测	
			标高投影	
		斜投影	斜轴测	投影线互相平行，倾斜于投影面
	中心投影	透视图	一点透视	投影线积聚于一点
			两点透视	
			三点透视	
			鸟瞰图	

平行投影法中的三面正投影（三视图）是研究其他投影形式的基础，所以我们在下面首先针对三面正投影进行介绍。

2.1.2 正投影的基本特性

（1）同素不变性

点的投影仍为点，如图2-3（a）所示；直线的投影仍为直线，如图2-3（b）所示；面的投影仍为面，如图2-3（c）所示，平面ABCD的投影为平面abcd。

（2）实形性

当直线线段或平面图形平行于投影面时，其投影反映实长或实形，如图2-4（a）、（b）所示。

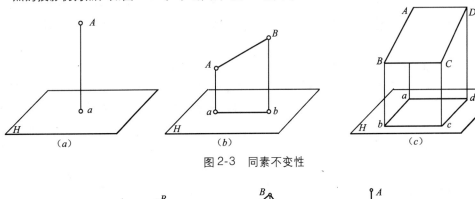

图2-3 同素不变性

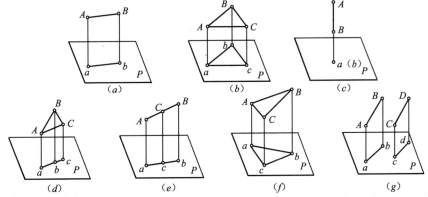

图2-4 正投影特性

(3) 积聚性

当直线或平面平行于投影线时（在正投影中垂直于投影面），其投影积聚为一点或一直线，如图2-4（c）、（d）所示。

(4) 重影性

两个或两个以上的点（或线、面）的投影，叠合在同一投影上叫做重合，如图2-5所示。投影中的这种性质称为重影性。

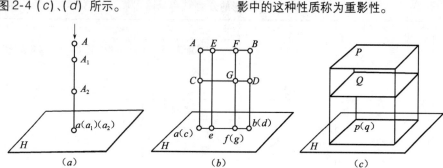

图2-5 正投影特性（重影性）

(5) 类似性

当线段或平面，既不平行于投影面，又不平行于投影方向时，其平行正投影小于其实长、实形，为类似形。但其平行斜投影则可能大于或小于其实长、实形，亦为类似形，投影的这种性质称为类似性，如图2-4（e）、（f）所示。还必须指出，在平行斜投影中，在上述条件下，它们的投影还可能等于其实长、实形。

(6) 平行性

空间互相平行的两直线在同一投影面上的投影保持平行，如图2-4（g）所示，$AB\mathbin{/\mkern-6mu/}CD$，则$ab\mathbin{/\mkern-6mu/}cd$。

(7) 从属性

若点在直线上，则点的投影必在直线的投影上，如图2-4（e）中C点在AB上，C点的投影c必在AB的投影ab上。

(8) 定比性

直线上一点所分直线线段的长度之比等于它们的投影长度之比；两平行线段的长度之比等于它们没有积聚性的投影长度之比，如图2-4（e）中$AC:CB=ac:cb$，图2-4（g）中$AB:CD=ab:cd$。

以上性质，虽以正投影为例，但也适用于平行投影。

在三面正投影图中，承影面是三个相互垂直的平面，构成三面投影体系。这三个平面分别为：V面，垂直于地面，又称为正立投影面，简称正面；W面，称为侧立投影面，简称侧面；H面，与地面平行的平面，称为水平投影面，简称水平面。

V面和H面相交得到OX轴，H面与W面相交得到OY轴，V面与W面相交得到OZ轴。OX轴、OY轴和OZ轴相互垂直，相交于一点——原点O点，并规定向左、向前、向上为正方向，三个平面分空间成8个分角，其中只有第一分角三个轴向全为正值。所以通常将形体放置在第一分角内，分别向三个投影面投影，这就构成了最基本的三面投影体系，如图2-6所示。

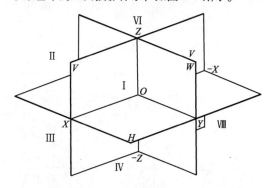

图2-6 三面投影体系的构成

2.1.3 三面正投影

(1) 三面投影体系的构成

其实，三面投影体系在我们身边比比皆是，例如盛物体的方盒子、教室、房间等，任何一个六面体都可以看成三面投影体系，在学习过程中不妨结合实物来加深理解。

(2) 投影体系的展开

三维投影体系展开的过程如图 2-7（a）所示，V 面保持不变，H 面绕着 OX 轴向后旋转，W 面绕着 OZ 轴向后旋转，令 V 面、H 面、W 面三个投影面在同一个平面中，如图 2-7（b）所示。由于平面是无限延展的，所以投影面的边界可以省略，仅绘制投影轴、原点，并标注投影面、投影轴以及原点的符号就可以了，如图 2-7（c）所示。

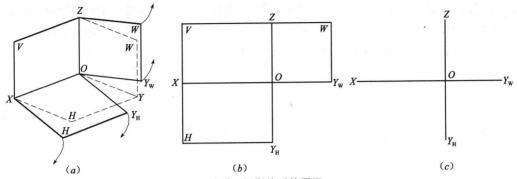

图 2-7 投影体系的展开
(a) 投影体系展开；(b) 投影体系展开之后；(c) 省略画法

对于展开之后的三面投影体系，需要注意以下问题：

① 展开之后，三面投影体系中三个投影面所表现的内容没有改变，尤其是尺度关系没有变。

② 展开之后，三面投影体系中三个轴向所指示的方向没有改变，即顺着 OX 轴方向向左，顺着 OY 轴方向向前，顺着 OZ 轴方向向上。

③ 展开之后，OY 轴被一分为二，虽然对应的仍然是同一条 OY 轴，即所指向的方向没有改变，但是两条 OY 轴分别属于不同的投影面，在 H 面中的称为 OY_H 轴，在 W 面中的称为 OY_W 轴。

(3) 三面正投影的形成及其特征

将几何形体（点、线、面或者立体）放在三面投影体系（一般是第一分角）中，分别向三个投影面作投影。由于三面正投影投影线相互平行，并且与投影面保持垂直，所以几何形体的投影相当于经过几何形体上的某一点向投影面作垂线，垂足就是这一点所对应的投影，如图 2-8（a）所示。如图 2-8（b）、(c) 所示，根据前面所介绍的方法，将三面投影体系展开，得到几何形体的投影。

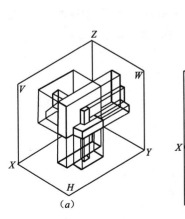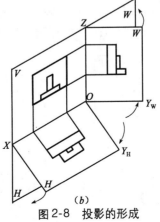

图 2-8 投影的形成
(a) 投影；(b) 投影体系展开；(c) 投影图

三面正投影具有以下特性：

1）可量度性：V、H、W面体系中，平行于投影面的直线、平面在投影面中的投影反映实长和实形。如果将某一物体想像成为空间立体，V面投影就反映立体的长度和高度，以及立体上与V面平行的所有平面的实形；H面反映立体的长度和宽度，以及与H面平行的所有平面的实形；W面反映立体的高度和宽度，以及与W面平行的所有平面的实形。这样就可以根据投影图进行尺度的度量。

2）指向性：OX轴、OY轴、OZ轴表示三个方向，OX轴表示左右关系，OY轴表示前后关系、OZ轴表示上下关系，并且投影图还可以表现形体的上下左右前后六个朝向。根据这些关系就可以确定形体各个部分的相对位置关系，有助于识图，如图2-9所示。

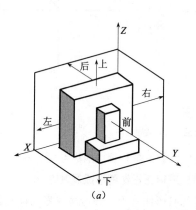 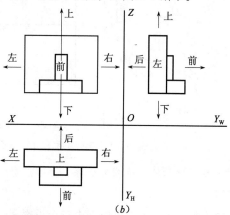

图2-9 投影图的指向性

（a）轴测图；（b）投影图

另外，在展开的投影图中OY轴被分成两条轴，H面中的OY_H轴图中位置竖直向下，W面中的OY_W轴图中位置水平向右，而实际上这两条轴对应同一条OY轴，表现的仍然是前后的位置关系。

3）三等原则：由于V面、H面投影都表现了几何形体的长度，也就是OX轴上的长度相等，所以V面、H面的投影左右对齐，即"长对正"；V面、W面投影都表现几何形体的高度（OZ轴方向），所以两投影高度平齐，即"高平齐"；H面、W面投影都表现几何形体的宽度（OY轴方向，其中H面对应的是OY_H轴方向，W面对应的是OY_W轴方向），所以"宽相等"。也就是说在投影体系中，同一几何形体的三面投影遵循"长对正，高平齐，宽相等"的原则，这称为三面正投影的三等原则，如图2-10所示。

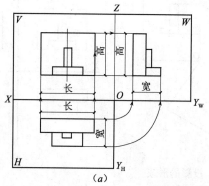 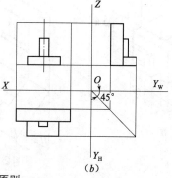

图2-10 投影原则

在投影图中,"长对正,高平齐"利用丁字尺和三角板就可以作出,而"宽相等"则要借助圆规(图2-10a)或者45°线(图2-10b)进行H面、W面投影的转换。

通常情况下,采用三面投影表现形体的特征已经足够了,所以V面、H面、W面投影称为基本投影,但也有例外。投影图的多少主要取决于所表现对象自身的特点,对于简单的可采用两面投影(V面和H面投影);而对于复杂的对象,如建筑物、园林景观等,则需要利用多面投影,表现其更多的特征。无论怎样,其投影都要遵循基本的投影关系。

2.2 点、直线和平面的投影

2.2.1 点的投影

(1) 点的一面投影

点的一面投影不能确定其在空间的位置,它至少需要两面投影。如图2-11所示,若投影方向确定后,A点在H面上就有惟一确定的投影a;反之,仅凭B点的水平投影b,并不能确定B点的空间位置,故需要研究点的多面投影问题。

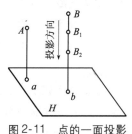

图2-11 点的一面投影

(2) 点的两面投影

1) 两面投影体系

如图2-12所示,取互相垂直的两个投影面H和V,两者的交线为OX轴,在几何学中,平面是广阔无边的。使V面向下延伸,H面向后延伸,则将空间划分为四个部分,称四个分角。在V之前,H之上的称为第一分角;V之后,H之上的称为第二分角;V之后,H之下的称为第三分角;V之前,H之下的称为第四分角,则该体系称为两面投影面体系。我国制图标准规定,画投影图时物体处于第一分角,所得的投影称为第一分角投影。

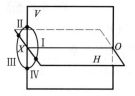

图2-12 两面投影体系

2) 点的两面投影及其投影规律

如图2-13(a)所示,空间点A在第一分角内,由A点向H面作垂线,此垂线与H面的交点称为A点在H面上的投影,用a表示;由A点向V面作垂线,此垂线与V面的交点称为A点在V面上的投影,用a'表示。并规定:空间点用大写字母标记,如A、B、C……等;H面投影用相应的小写字母标记,如a、b、c……等;V面投影用相应的小写字母加一撇标记,如a'、b'、c'……等。A点的两个投影a'和a便可惟一确定空间点的位置。

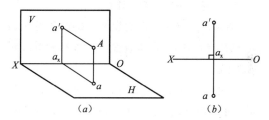

图2-13 点的两面投影及其投影规律
(a) 空间状况;(b) 投影图

由图2-13(a)可看出,由Aa'和Aa可以确定一个平面Aaa_xa',且Aaa_xa'为一矩形,故得:$aa_x = Aa'$(A点到V面的距离),$a'a_x = Aa$(A点到H面的距离)。

同时,还可以看出:因$Aa \perp H$面,$Aa' \perp V$面,故平面$Aaa_xa' \perp H$面,$Aaa_xa' \perp V$面,则$OX \perp a'a_x$,$OX \perp aa_x$。当两投影面体系按展开规律展开后,aa_x与OX轴的垂直关系不变,故$a'a_xa$为一垂直于OX轴的直线,如图2-13(b)所示。

综上所述，可得点的两面投影规律如下：

① 一点的正面投影与水平投影的连线垂直于 OX 轴；

② 一点的正面投影到 OX 轴的距离等于该点到 H 面的距离，一点的水平投影到 OX 轴的距离等于该点到 V 面的距离。

(3) 点的三面投影

1) 点的三面投影的形成

空间中点的投影就是经过空间中的点分别向投影面作垂线，垂足就是点在相应投影面的投影，并规定空间中的点用大写字母表示，而投影用小写字母表示，不同投影面中的投影加注不同的标识，例如空间中一点 A 的 H 面投影为 a，V 面投影为 a'，W 面投影为 a''。

2) 点的三面投影规律

规律一：投影的连线垂直于相应的投影轴。

图 2-14（c）中，$aa' \perp OX$ 轴，$a'a'' \perp OZ$ 轴。

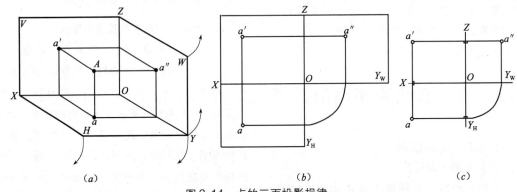

图 2-14 点的三面投影规律一

(a) 点的投影的形成；(b) 投影体系展开之后点的投影；(c) 省略画法

这一规律与前面提到的"长对正，高平齐，宽相等"这一基本投影规律相符。

规律二：空间一点到投影面的距离等于该点在该投影面的任意垂直面内的投影到其投影轴的距离。

如图 2-15 所示，任意平面 V_1 面与 H 面垂直，向 V_1 面作投影 a_1'，可以证明四边形 Aaa_xa' 和四边形 $Aaa_{1x}a_1'$ 都是矩形，所以有 $Aa = a'a_x$ 和 $Aa = a_1'a_{1x}$，即 $Aa = a'a_x = a_1'a_{1x}$，规律二得证。

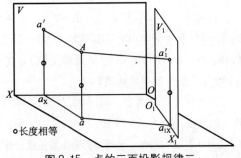

图 2-15 点的三面投影规律二

根据规律二，点到 H 面的距离就等于点的 V 面、W 面投影分别到 OX 轴、OY 轴的距离，点到 V 面的距离就等于点的 H 面、W 面投影分别到 OX 面、OZ 轴的距离，点到 W 面的距离就等于点的 H 面、V 面投影分别到 OY 轴、OZ 轴的距离。这样，我们就可以根据点的投影确定其空间的位置，或者根据点的空间位置确定其投影的位置。

当看到三面投影体系以及它的三条轴的时候，你会联想到什么？一定是空间坐标系，那么我们是不是可以将两者联系起来呢？如果这样就可以利用坐标快速、准确地绘制点的投影了。

根据投影体系和坐标体系的相似性，可以将三个投影面看成三个坐标面，三条投影轴看成三条坐标轴，也就是 OX 轴相当于 X 坐标轴，OY 轴相当于 Y 坐标轴，OZ 轴相当于 Z 坐标轴，投影面的原点相当于坐标原点。所以就会有如下规律。

规律三：点的投影与投影轴的距离等于该点与相应的投影面的距离，并与该点的坐标值相对应。

如图 2-16 所示，如果已知空间一点 A (x, y, z)，根据规律三可以得到点 A 的坐标与其投影的关系。

①点 A 到 W 面的距离 $= a''A = Oa_x = x$ 坐标值；

点 A 到 V 面的距离 $= a'A = Oa_y = y$ 坐标值；

点 A 到 H 面的距离 $= aA = Oa_z = z$ 坐标值。

②投影面中的投影分别为 a (x, y), a' (x, z), a'' (y, z)。

如图 2-17 所示，点与投影面的相对位置关系有四种：空间中的点（点 A），投影面上的点（点 B，在 V 面上），投影轴上的点（点 C，在 OY 轴上），以及原点上的点（点 D），这些点的坐标值以及投影都有其独特之处，具体内容见表 2-2。

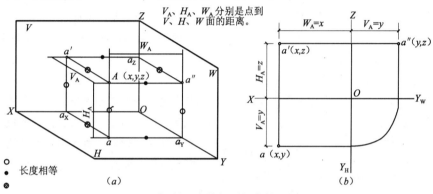

图 2-16 点的投影与点的坐标

各种位置的点的坐标、投影特点　　表 2-2

点的位置	坐标特点	投影特点	实例
空间	(x, y, z)，都不为 0	投影都不在投影轴	点 A (x_A, y_A, z_A), x_A、y_A、z_A 都不为 0
投影面上	有一个为 0（包含点的坐标系的坐标值不为 0）	点所在投影面中的投影与本身重合，另两个在相应的投影轴上	点 B (x_B, y_B, z_B), $y_B = 0$
投影轴上	有两个为 0（包含点的坐标轴对应的坐标值不为 0）	两个投影与其本身重合，另一个落于原点上	点 C (x_C, y_C, z_C), $x_C = 0$, $z_C = 0$
原点上	三个坐标都为 0	三面投影与原点重合	点 D (x_D, y_D, z_D), x_D、y_D、z_D 都为 0

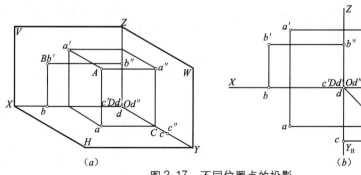

图 2-17 不同位置点的投影
（a）轴测图；（b）投影图

需要注意的是图2-17中点 C 的投影，点 C 位于 OY 轴上，它的 H 面投影与 W 面投影重合，都在 OY 轴上，但在投影图中 H 面投影应该绘制在 OY_H 轴上，而 W 面投影应该绘制在 OY_W 轴上。

3) 投影面上或投影轴上点的投影规律

在图2-13和图2-14中，空间点是针对一般点而言的，也就是说空间点到三个投影面都有一定的距离。如果空间点处于特殊位置，例点恰巧在投影面上或投影轴上，那么，这些点的投影规律又如何呢？如图2-18所示。

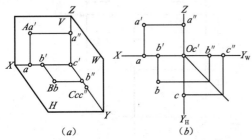

图2-18 投影面上或投影轴上的点的投影
(a) 空间状况；(b) 投影图

①若点在投影面上，则点在该投影面上的投影与空间点重合，另两个投影均在投影轴上；

②若点在投影轴上，则点的两个投影与空间点重合，另一个投影在投影轴原点。

(4) 点的投影与坐标

空间点的位置除了用投影表示以外，还可以用坐标来表示。可以把投影面当作坐标面，把投影轴当作坐标轴，把投影原点当作坐标原点，则点到三个投影面的距离便可用点的三个坐标来表示，如图2-19所示，点的投影与坐标的关系如下：

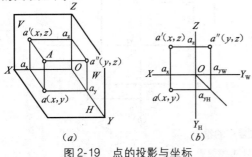

图2-19 点的投影与坐标
(a) 空间状况；(b) 投影图

A 点到 H 面的距离 $Aa = a_zO = a'a_x = a''a_y$ = z 坐标；

A 点到 V 面的距离 $Aa' = a_yO = aa_x = a''a_z$ = y 坐标；

A 点到 W 面的距离 $Aa'' = a_xO = a'a_z = aa_y$ = x 坐标。

由此可见，已知点的三面投影就能确定该点的三个坐标；反之，已知点的三个坐标，就能确定该点的三面投影或空间点的位置。

(5) 两点的相对位置

根据两点的投影，可判断两点的相对位置。如图2-20所示，从图2-20 (a) 表示的上下、左右、前后位置对应关系可以看出：根据两点的三个投影判断其相对位置时，可由正面投影或侧面投影判断上下位置，由正面投影或水平投影判断左右位置，由水平投影或侧面投影判断前后位置。根据图2-20 (b) 中 A、B 两点的投影，可判断出 A 点在 B 点的左、前、上方；反之，B 点在 A 点的右、后、下方。

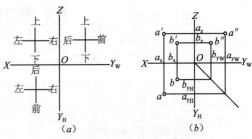

图2-20 两点的相对位置

(6) 重影点与可见性

位于同一条投影面垂直线（投射线）上的空间两点，在该投影面上的投影重合，则该两点称为重影点。如图2-21所示，$a'(b')$ 是对 V 面的两重影点 A、B 在 V 面上的投影；$c(d)$ 是对 H 面两重影点 C、D 在 H 面上的投影；$e''(f'')$ 是对 W 面两重影点 E、F 在 W 面上的投影。显然，重影点必有两对同名坐标值相等，而另一对坐标值不等。如 A、B 两点的 x、z 值相等，y 值不等；C、D 两点的 x、y 值相等，z 值不等；E、F 两点的 y、z 值相等，x 值不等。

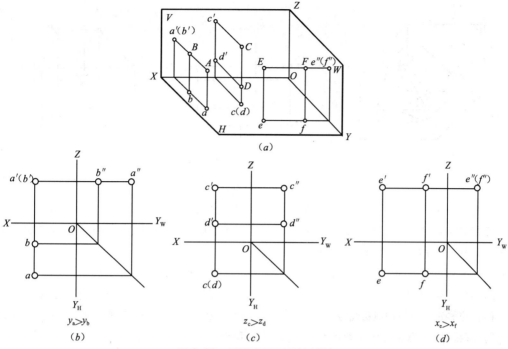

图 2-21 重影点及可见性判断

当空间两点投影重合于某一投影面时，必有一点遮住了另一点。因此，需判断点的可见性。

判断点的可见性的方法为：对 V 面的重影点要从前后观察，即从 H 面投影看出，前面的点遮住后面的点，所以前面的点可见，而后面的点不可见。用坐标值判断就是 Y 坐标值大的点为可见，如图 2-21（b）中，A 点在前，B 点在后，所以 a' 可见，b' 不可见。规定将不可见的点的投影用加圆括号的方式表示，故 b' 加上了括号。

同理，对 H 面的重影点要从上向下观察，即从 V 面投影看出，上面的点遮住下面的点，其中 Z 坐标值大的点为可见，如图 2-21（c）中的 C、D 两点，C 点在上，D 点在下，所以 C 可见，D 不可见，故 d 要加括号。

对 W 面的重影点则要从左向右观察，其中 X 坐标值大者为可见，如图 2-21（d）中的 E、F 两点，E 点为可见，F 点不可见，故 f'' 要加括号。

2.2.2 直线的投影

从几何学可知，直线的长度是无限的。直线的空间位置可由线上任意两点的位置确定，即两点定一直线。直线还可以由线上任意一点和线的指定方向（例如规定要平行于另一已知直线）来确定。空间中一条直线可以用直线上两个端点的字母来标记，例如：直线 AB。也可以用一个大写字母表示，例如：直线 L。直线上两点间的一段，称为线段。线段有一定长度，用它的两个端点作标记。

直线在某一投影面上的投影，是通过该直线的投影平面与该投影面的交线。由于两平面的交线必然是一直线，所以直线的投影一般仍然是一直线，如图 2-22（a）所示。作一般线 AB 的三面投影，可分别作出它的两端点 A 和 B 的三面投影 a、a'、a'' 和 b、b'、b''，然后将两点的同面投影（在同一投影面上的投影）连接起来，即得直线的三面投影，如图 2-22（b）所示。

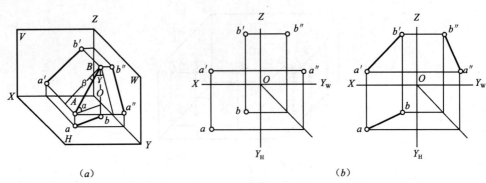

图 2-22 直线的投影
(a) 空间分析；(b) 投影图

直线对各投影面的倾角，就是该直线与它在该投影面上的投影所夹的角，如图 2-22 (a) 所示。对 H 面的倾角用 α 表示，对 V 面的倾角用 β 表示，对 W 面的倾角用 γ 表示。

(1) 各种位置直线的投影特性

1) 直线对一个投影面的投影特性

直线对一个投影面的正投影特性与前述平行投影的投影特性一样，有下述三种情况：

① 积聚性。当直线垂直于投影面时，它在该投影面上的投影积聚为一点，如图 2-23 (a) 所示。

② 实形性。当直线平行于一投影面时，它在该投影面上的投影反映实长，即投影长度等于线段的实际长度，如图 2-23 (b) 所示。

③ 类似性。当直线倾斜于投影面时，它在该投影面上的投影是缩短了的直线段，其投影长度 $ab = AB\cos\alpha$，如图 2-23 (c) 所示。

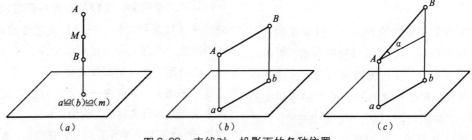

图 2-23 直线对一投影面的各种位置

2) 直线在三面投影体系中的投影特征

根据直线与投影面的相对位置的不同，直线可分为投影面平行线、投影面垂直线和一般位置直线，投影面平行线和投影面垂直线统称为特殊位置直线。

① 投影面平行线

（A）空间位置：把只平行于某一个投影面，与其他两投影面都倾斜的直线，称为投影面平行线。平行于 H 面，与 V、W 面倾斜的直线称为水平线；平行于 V 面，与 H、W 面倾斜的直线称为正平线；平行于 W 面，与 H、V 面倾斜的直线称为侧平线。

（B）投影特性：根据投影面平行线的空间位置，可以得出其投影特性。水平线、正平线及侧平线的直观图、投影图及投影特性见表 2-3。

从表 2-3 可概括出投影面平行线的投影特性：

投影面平行线的投影特性　　　　　　　　表 2-3

直线的位置	直 观 图	投 影 图	投 影 特 性
正平线			1. 正面投影 $a'b'$ 反映线段实长，它与 OX、OZ 轴的夹角为 α、γ； 2. 水平投影 $ab /\!/ OX$ 轴； 3. 侧面投影 $a''b'' /\!/ OZ$ 轴
水平线			1. 水平投影 ab 反映线段实长，它与 OX 轴、OY_H 轴的夹角为 β、γ； 2. 正面投影 $a'b' /\!/ OX$ 轴； 3. 水平投影 $a''b'' /\!/ OY_W$ 轴
侧平线			1. 侧面投影 $a''b''$ 反映线段实长，它与 OY_W、OZ 轴的夹角为 α、β； 2. 正面投影 $a'b' /\!/ OZ$ 轴； 3. 水平投影 $ab /\!/ OY_H$ 轴

投影面平行线在其所平行的投影面上的投影反映实长，并反映与另两投影面的夹角；在其他两投影面上的投影分别平行于该直线所平行的那个投影面的两条投影轴，且长度都小于其实长。

（C）读图：对于直线，仅提供两面投影就足以确定其空间位置，所以经常是针对两面投影判定直线的属性特征。

如果直线的两面投影中有一个投影平行于投影轴而另一个投影倾斜于投影轴，则这条直线一定是投影面的平行线，平行于倾斜投影所在的投影面。

如图 2-24 所示，直线 AB 是什么类型？当然可以作出第三面投影加以判定，但比较麻烦。图 2-24 中，直线的两个投影平行于不同的投影轴，则直线一定是投影面的平行线，平行于这两条投影轴组成的投影面，或者是没有绘制出来的那个投影所在的投影面。所以直线 AB 是投影面的平行线，平行于 W 面，即一条侧平线。

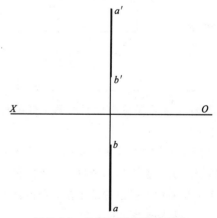

图 2-24　投影面平行线的判定

在许多投影图中，直线的属性特征都要通过它的投影来判定，这是图中隐含的已知条件，这将有助于对图纸的理解。

②投影面垂直线

（A）空间位置：把垂直于某一个投影面，与其他两投影面都平行的直线，称为投影面垂直线。垂直于 V 面的直线称为正垂线；垂直于 H 面的直线称为铅垂线；垂直于 W 面的直线称为侧垂线。

（B）投影特性：根据投影面垂直线的空间位置，可以得出其投影特性。正垂线、铅垂线、侧垂线的直观图、投影图及投影特性见表2-4。

投影面垂直线的投影特性 表2-4

直线的位置	直观图	投影图	投影特性
正垂线			1. 正面投影 $a'(b')$ 积聚成一点； 2. 水平投影 $ab \perp OX$ 轴，侧面投影 $a''b'' \perp OZ$ 轴，并且都反映线段实长
铅垂线			1. 水平投影 $a(b)$ 积聚成一点； 2. 正面投影 $a'b' \perp OX$ 轴，侧面投影 $a''b'' \perp OY_W$ 轴，并且都反映线段实长
侧垂线			1. 侧面投影 $a''(b'')$ 积聚成一点； 2. 正面投影 $a'b' \perp OZ$ 轴，水平投影 $ab \perp OY_H$ 轴，并且都反映线段实长

从表2-4可概括出投影面垂直线的投影特性：

投影面垂直线在其所垂直的投影面上的投影积聚成一点；在其他两个投影面上的投影分别垂直于该直线所垂直的那个投影面的两条投影轴，并且都反映线段的实长。

（C）读图：当直线的一个投影聚积成一点时，该直线必然是投影面的垂线，垂直于聚积投影所在的投影面。

如图2-25所示，这样的情况该如何判定呢？当直线的两面投影同时平行于同一条投影轴时，则这条直线一定是投影面的垂直线，它垂直于没有画出的那个投影所在的投影面。所以直线 AB 是一条侧垂线。

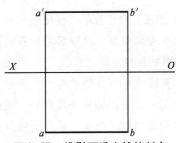

图2-25 投影面垂直线的判定

可以按照图2-26的程序判定直线的类型。

③一般位置直线

（A）空间位置：一般位置直线对三个投影面都处于倾斜位置。如图2-27所示，直线 AB 同时倾斜于 H、V、W 三个投影面，它与 H、V、W 面的倾角分别为 α、β 和 γ。

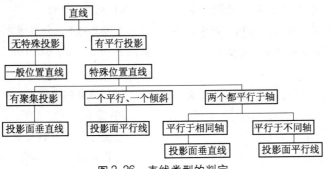

图 2-26 直线类型的判定

(B) 投影特性：根据一般位置直线的空间位置，可得其投影特性如下：

一般位置直线的三个投影均倾斜于投影轴，均不反映实长；三个投影与投影轴的夹角均不反映直线与投影面的夹角。

(C) 一般位置直线实长与真角的求取

题目：已知一般位置直线 AB 的两面投影，请根据直线两面投影求直线 AB 的实长以及与 H 面、V 面的真实倾角。

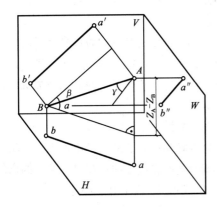

图 2-27 直线的倾角

解决方法：直角三角形法。

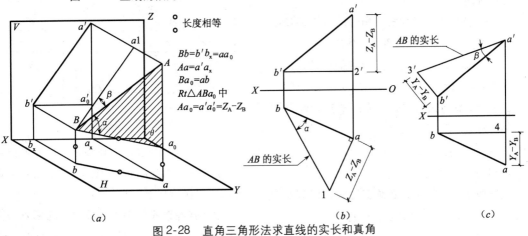

图 2-28 直角三角形法求直线的实长和真角

(a) 作图原理；(b) 求直线的实长和 α 角；(c) 求直线的实长和 β 角

(a) 推导过程（图 2-28a）

a）建构直角三角形。在平面 ABba 中，经过点 B 作 Ba_o // H 面，则 $Ba_o \perp Aa$，得到 Rt△ABa_o。

在 Rt△ABa_o 中，斜边 AB = 实长，∠ABa_o = α（直线 AB 的 H 面倾角）；

b）因为 Ba_o // ab 且 Aa // Bb，所以 Ba_o = ab，$Bb = a_o a_o$

所以 $Aa_o = Aa - a_o a = Aa - Bb = a'a'_o = Z_A - Z_B$。

在 Rt△ABa_o 中，一条直角边 Ba_o 等于直线 AB 在 H 面的投影，另一条直角边 Aa_o 等于点 A、点 B 两点相对于 H 面的距离差，即 $Z_A - Z_B$，斜边对应直线的实长，∠ABa_o 对应直线的 H 面倾角。如果能够建构一个与 Rt△ABa_0 全等的直角三角形,那么根据全等三角形对应边、对应角相等的原则,就可以得到直线的实长和真角。

(b) 关键问题

如何利用已知条件建构 Rt△ABa_0 的全等三角形。

(c) 作图步骤(图 2-28b)

以求取 H 面倾角为例。

(a) 选投影。选取 H 面投影 ab 为第一条直角边(如果求取的是 V 面的倾角,则选择 V 面的投影 a'b' 作为第一条直角边)。

(b) 作直角。经过 H 面投影的任意一个端点向任意方向作投影的垂线,如图 2-28(b) 中选择过 a 点向下作垂线。

(c) 取长度。如图 2-28(b) 所示,在 V 面中量取 a'b' 两点的垂直距离差,a'2' 这就是 A、B 两点相对于 H 面的距离差,在上一步所作的垂线上从垂足点 a 开始截取 a1 = a'2',得到第二条直角边 a1。

(d) 连斜边。将直角三角形的斜边连接起来,斜边 b1 的长度就是直线 AB 的实长,斜边与 H 面投影 ab 的夹角就是所求的倾角,如图 2-28(b) 所示。

利用同样方法可以作出直线的实长及 V 面倾角,如图 2-28(c) 所示。

(2) 直线上点的投影特性

1) 点的从属性

直线上点的投影,必然在直线的同面投影上,如图 2-29 中的 K 点。

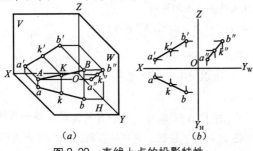

图 2-29 直线上点的投影特性
(a) 直观图;(b) 投影图

2) 点的定比性

直线上的点,分线段之比等于其投影之比,如图 2-29 的 $AK:KB = ak:kb = a'k':k'b' = a''k'':k''b''$。

(3) 直线的迹点

1) 定义

直线与投影面的交点称为直线的迹点。在三面投影体系内,一般位置直线有三个迹点;投影面平行线有两个迹点;投影面垂直线只有一个迹点。

直线与 H 面的交点称为水平迹点,常以 M 表示;直线与 V 面的交点称为正面迹点,常以 N 表示;直线与 W 面的交点称为侧面迹点,常以 S 表示。

2) 特性

迹点既在直线上又在投影面上,因此它的投影同时具有直线上的点和投影面上的点的投影特性,如图 2-30(a) 所示:

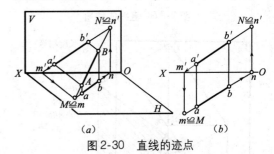

图 2-30 直线的迹点

① 迹点的各个投影必在该直线的同面投影上。即:水平的迹点 m、n 在 ab 上;正面的迹点 m'、n' 在 a'b' 上。

② 迹点在该投影面上的投影必与它本身重合,而另一投影必在投影轴上。即:M 的 H 面投影 m 与 M 本身重合,m' 在 OX 上;N 的 V 面投影 n' 与 N 重合,n 在 OX 上。

3) 作图

迹点在投影图上作图是以其特性为依据的,具体作法与步骤如下:

① 求作水平迹点 M:

(a) 延长 a'b' 使其与 X 轴相交于 m',m' 即为 M 的正面投影;

(b) 自 m' 引 X 轴的垂直线使其与 ab 相交于 m，m 即为 M 的水平投影，$m \cong M$。

② 同理，求作正面迹点 N：

(a) 延长 ab 使其与 X 轴相交于 n，n 即为 N 的水平投影；

(b) 由 n 引 X 轴的垂直线使其与 $a'b'$ 相交于 n'，n' 即为 N 的正面投影，$n' \cong N$。最后结果如图 2-30（b）所示。

(4) 两直线的相对位置

两直线间的相对位置关系有以下几种情况：平行、相交、交叉、垂直（相交或交叉的特殊情况），图 2-31 是三种相对位置的两直线在水平面上的投影情况。

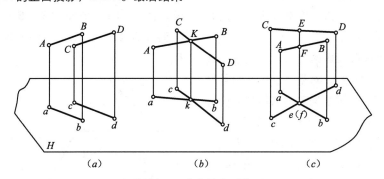

图 2-31 两直线的相对位置

(a) 平行；(b) 相交；(c) 交叉

1) 两直线平行

若空间两直线平行，则它们的同面投影必然互相平行，如图 2-31（a）和图 2-32 所示。

反过来，若两直线的同面投影互相平行，则此两直线在空间也一定互相平行。但当两直线均为某投影面平行线时，则需要观察两直线在该投影面上的投影才能确定它们在空间是否平行，仅用另外两个同面投影互相平行不能直接判定两直线是否平行。在图 2-33 中，通过侧面投影可以看出 AB、CD 两直线在空间不平行。

2) 两直线相交

若空间两直线相交，则它们的同面投影也必然相交，并且交点的投影符合点的投影规律，如图 2-31（b）和图 2-34 所示。

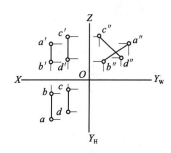

图 2-33 两直线不平行

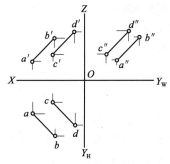

图 2-32 两直线平行

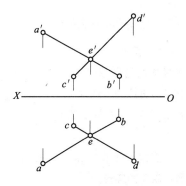

图 2-34 两直线相交

3）两直线交叉

空间两条既不平行也不相交的直线，称为交叉直线，其投影不满足平行和相交两直线的投影特点。

若空间两直线交叉，则它们的同面投影可能有一个或两个平行，但不会三个同面投影都平行；它们的同面投影可能有一个、两个或三个相交，但交点不符合点的投影规律（交点的连线不垂直于投影轴）。

交叉两直线同面投影的交点是两直线对该投影面的重影点的投影，对重影点须判别可见性。重影点的可见性可根据重影点的其他投影按照前遮后、上遮下、左遮右的原则来判断。如图 2-31（c）和图 2-35 所示，AB 与 CD 的 H 面投影 ab、cd 的交点为 CD 上的 E 点和 AB 上的 F 点在 H 面上的重影，从 V 面投影看，E 点在上，F 点在下，所以 e 为可见，f 为不可见。同理，AB 与 CD 的 V 面投影 a'b'、c'd' 的交点为 AB 上的 M 点与 CD 上 N 点在 V 面上的重影，从 H 面投影看，M 点在前，N 点在后，所以 m' 点可见，n' 点不可见。

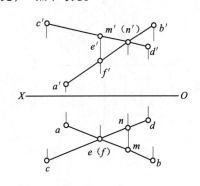

图 2-35 两直线交叉

4）两直线垂直

两直线垂直包括相交垂直和交叉垂直，是相交和交叉两直线的特殊情况。

两直线垂直，其夹角的投影有以下三种情况：

①当两直线都平行于某一投影面时，其夹角的投影反映直角实形；

②当两直线都不平行于某一投影面时，其夹角的投影不反映直角实形；

③当两直线中有一条直线平行于某一投影面时，其夹角在该投影面上的投影仍然反映直角实形。这一投影特性称为直角投影定理。图 2-36 是对该定理的证明：设直线 $AB \perp BC$，且 $AB \parallel H$ 面，BC 倾斜于 H 面。由于 $AB \perp BC$，$AB \perp Bb$，所以 $AB \perp$ 平面 $BCcb$，又 $AB \parallel ab$，故 $ab \perp$ 平面 $BCcb$，因而 $ab \perp bc$。

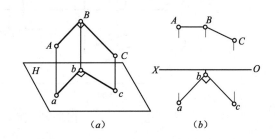

图 2-36 直角投影定理

（a）空间状况；（b）投影图

2.2.3 平面的投影

(1) 平面的投影表示方法

1）平面可由下列几何元素确定，也可以用它们的投影来表示

由初等几何可知，不在同一直线上的三点可以确定一平面。因此，对无限广阔的平面，可用下列任何一组几何元素来确定，也可用它们的投影来表示，如图 2-37 所示。

①不在同一直线上的三点；

②一直线和直线外一点；

③两相交直线；

④两平行直线；

⑤任意的平面图形（如三角形、圆或其他图形）。

上面几种情况是可以互相转化的，其中以平面图形表示最为常见。物体上的平面一般都是平面图形。在图解几何问题时，也常用一对相交的正平线和水平线表示平面。

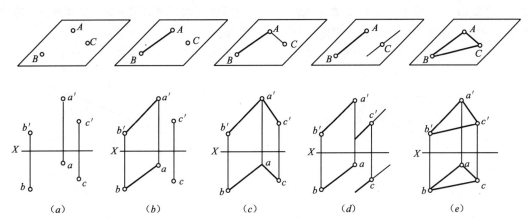

图 2-37 几何要素表示平面

2) 用迹线表示平面

①平面的迹线表示法

空间平面与投影面的交线称为平面的迹线，用迹线表示的平面叫做迹线平面。平面的迹线是投影图中用以表示平面空间位置的另一种方法。

如图 2-38（a）所示，空间平面 P 与 V 面的交线称为 P 平面的正面迹线，用 P_V 表示；平面 P 与 H 面的交线称为 P 平面的水平迹线，用 P_H 表示；平面 P 与 W 面的交线称为侧面迹线，用 P_W 表示。P 面与投影轴线的交点，就是两条迹线的交点，称为迹线集中点，分别用 P_X、P_Y、P_Z 表示。它们分别是 P 面与其中两投影面的三面共有点。

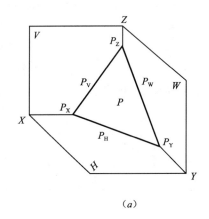

(a)

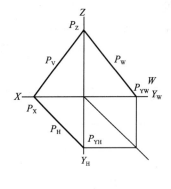

(b)

图 2-38 平面的迹线
(a) 空间分析；(b) 投影图

迹线是在投影面上的直线，因此在三面投影中，每条迹线的一个投影在投影面上与迹线自身重合，另两个投影在投影轴上。通常只将各迹线与其自身重合的那个投影画出，并用符号标记。在投影轴上的那两个投影不需要画出，也不另标符号，如图 2-38（b）所示。

②迹线的求法

由上述可知，平面迹线表示法与几何元素表示法的本质是一样的，即它们都是用一组确定平面的几何元素来表示。因此，必要时可将一组几何元素表示的平面转换成用迹线表示。具体作图如图 2-39 所示。

（A）空间分析。如图 2-39（a）可见，平面上任何直线的迹点都在该平面的同面迹线上。

直线 AB 和 CD 的正面迹点 N 和 N_1 在 P 面的正面迹线 P_V 上；直线 AB 和 CD 的水平迹点 M 和 M_1 在 P 面的水平迹线 P_H 上。因此，求平面的迹线问题可以归结为求平面上任意两直线的迹点问题。

（B）投影作图，如图2-39（b）所示。

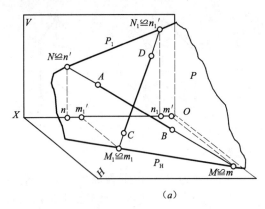

图2-39 迹线的求法
（a）空间分析；（b）投影图

（a）求出两直线 AB、CD 的正面迹点 N（n'，n）、N_1（n_1'，n_1）。为此，延长 ab、cd 分别交 OX 轴于 n、n_1，过 n、n_1 作 OX 轴垂直线分别交 $a'b'$、$c'd'$ 得 n'、n_1'，则（n，n'）与（n_1，n_1'）分别为迹点 N 和 N_1 在 H、V 两面的投影。连 $n'n_1'$ 即得 P 面的 V 面迹线 P_V。

（b）用同样方法求出直线 AB 和 CD 的水平迹点 M（m'，m）、M_1（m_1'，m_1），连 mm_1 即得 P 面的水平迹线 P_H。

（2）平面的投影特性

如图2-40所示，平面对一个投影面的投影有三种情况：

1）实形性。当平面平行于一个投影面时，投影反映空间平面的实际形状和大小，如图2-40中形体上的水平面 P。

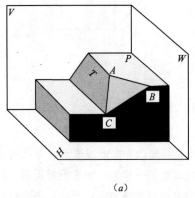

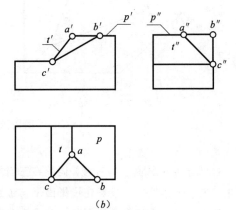

图2-40 平面的投影特性
（a）立体图；（b）投影图

2）积聚性。当平面垂直于一个投影面时，投影积聚成一直线，如图2-40中形体上的正垂面 T。

3）类似性。当平面倾斜于投影面时，投影为缩小了的类似形，如图2-40中形体上的

△ABC平面。△ABC称为一般位置平面。

(3) 各种位置平面的投影特性

根据平面与投影面相对位置的不同,平面可分为投影面平行面、投影面垂直面和一般位置平面。投影面平行面和投影面垂直面统称特殊位置平面。

1) 投影面平行面

①空间位置:把平行于某一个投影面,与其他两个投影面都垂直的平面,称为投影面平行面。平行于H面,与V、W面垂直的平面称为水平面;平行于V面,与H、W面垂直的平面称为正平面;平行于W面,与H、V面垂直的平面称为侧平面。

②投影特性:根据投影面平行面的空间位置,可以得出其投影特性。各种投影面平行面的直观图、投影图及投影特性见表2-5。

投影面平行面的投影特性　　　　　　表2-5

名称	直观图	投影图	投影特性
正平面			1. V面投影反映实形; 2. H面投影、W面投影积聚成直线,分别平行于投影轴OX、OZ
水平面			1. H面投影反映实形; 2. V面投影、W面投影积聚成直线,分别平行于投影轴OX、OY_W
侧平面			1. W面投影反映实形; 2. V面投影、H面投影积聚成直线,分别平行于投影轴OZ、OY_H

从表2-5中可概括出投影面平行面的投影特性:

投影面平行面在它所平行的投影面上的投影反映实形;在其他两个投影面上的投影分别积聚成直线,并且分别平行于该平面所平行的那个投影面的两条投影轴。

③读图:如果平面有一个投影积聚,且平行于某一投影轴,那么这个平面一定是投影面的平行面,平行于非积聚投影所在的投影面。

2) 投影面垂直面

①空间位置:把垂直于某一个投影面,与其他两个投影面都倾斜的平面,称为投影面垂直面。垂直于H面,与V、W面倾斜的平面称为铅垂面;垂直于V面,与H、W面倾斜的平面称为正垂面;垂直于W面,与H、V面倾斜的平面称为侧垂面。

②投影特性：各种投影面垂直面的直观图、投影图及投影特性见表2-6。

投影面垂直面的投影特性　　　　　表2-6

名　称	直　观　图	投　影　图	投　影　特　性
正垂面			1. V面投影积聚成一直线，并反映与H、W面的倾角α、γ； 2. 其他两投影为面积缩小的类似形
铅垂面			1. H面投影积聚成一直线，并反映与V、W面的倾角β、γ； 2. 其他两投影为面积缩小的类似形
侧垂面			1. W面投影积聚成一直线，并反映与H、V面倾角α、β； 2. 其他两投影为面积缩小的类似形

从表2-6中可概括出投影面垂直面的投影特性：

投影面垂直面在它所垂直的投影面上的投影积聚成直线，它与投影轴的夹角，分别反映该平面对其他两投影面的夹角；在其他两投影面上的投影为面积缩小的类似形。

③读图：如果平面有一个投影积聚成一条倾斜的直线，则这个平面一定是投影面的垂直面，它垂直于积聚投影所在的投影面。

④设置投影面垂直面：由于投影面垂直面的积聚投影给作图带来了很大的方便，所以在解题过程中往往需要设立一些投影面垂直面作为辅助平面或者辅助投影面。其设置的依据就是投影面垂直面的投影特征——在所垂直的投影面中积聚成一条直线。

（A）设置任意投影面垂直面：方法很简单，只要作出投影面垂直面在该投影面中的积聚投影，并加注字母标示即可。如图2-41（a）一个铅垂面P在H面中积聚成一条直线，要想用投影图表现，只要在H面中绘制任意一条直线，加上相应的字母标注P_H，这条直线就表示铅垂面P在H面中的积聚投影，也就代表了一个铅垂面。图2-41（b）表示一个水平面，图2-41（c）表示一个正垂面。

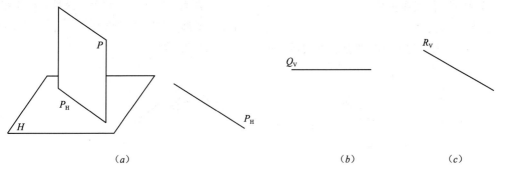

图 2-41 设立投影面垂直面

(a) 设立铅垂面; (b) 设立正垂面 (水平面); (c) 设立正垂面

(B) 通过某一点或者某一直线作投影面垂直面：如果指定投影面所经过的点或者线的话，则只要按照要求作一条直线，并且包含已知点或者线就可以了。如图 2-42（a）所示，要求经过点 A 作一个铅垂面，只要经过点 A 的 H 面投影 a 作一条直线并标注 P_H，那么这条直线代表的就是一个经过点 A 的铅垂面。同样的道理，也可以经过一条直线作出投影面的垂直面，如图 2-42（b）所示。

3）一般位置平面

①空间位置：平面与三投影面均倾斜。

②投影特性：从图 2-43 中，可概括出一般位置平面的三个投影均不反映实形（均是缩小了的类似形）。

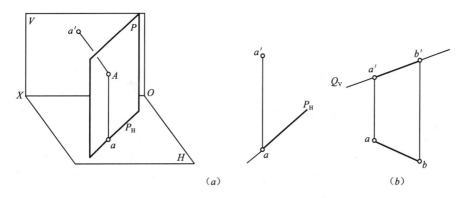

图 2-42 经过点或者线设立投影面垂直面

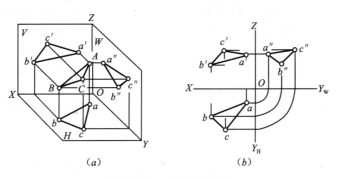

图 2-43 一般位置平面

(a) 直观图; (b) 投影图

4）平面上的直线和点

①平面上的直线

直线在平面上的几何条件是：直线通过平面上的两点，或通过平面上一点且平行于平面上的一直线，如图2-44所示。

②平面上的点

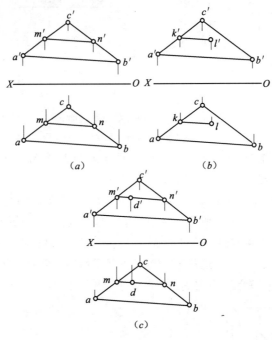

图2-44 平面上的直线和点

点在平面上的几何条件是：点在平面上的一条直线上。因此，要在平面上取点必须先在平面上取线，然后再在此线上取点，即：点在线上，线在面上，那么点一定在面上，如图2-44（c）所示。

③特殊位置平面上的直线和点

因为特殊位置的平面在它所垂直的投影面上的投影积聚成直线，所以特殊位置平面上的点、直线和平面图形，在该平面所垂直的投影面上的投影，都位于这个平面的有积聚性的同面投影或迹线上，如图2-45所示。

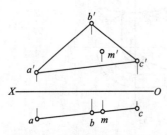

图2-45 投影面垂直面上的点

④包含点或直线作特殊位置平面

包含点或直线作特殊位置平面时，必须利用特殊位置平面的积聚性去作图，即所作平面必须有一投影与点或直线的某一投影重合。

5）平面上的特殊位置直线

平面内有两种特殊位置直线，经常用以辅助解题。它们是：平面内投影面的平行线和平面的最大斜度线。

①平面内投影面的平行线

这一类型的直线应该具备两个属性：

（A）投影面的平行线：应该具有投影面平行线的所有特征；

（B）在平面内：应该经过平面内的两个点或者经过平面内的一个点并平行于平面内的一条直线。

现在以水平线为例，具体作法如下，如图2-46（a）、(b) 所示：

（A）首先在 V 面中找到一个已知点，通常为平面的一个顶点，如点 b'。

（B）经过已知点 b' 作水平线，与对边交于点 d'，$b'd'$ 就是平面内水平线的 V 面投影。

（C）求取水平线 BD 的 H 面投影。

（D）求取平面内的正平线，如图 2-46（c）、（d）所示，侧平线作法与此相同。

② 平面最大斜度线

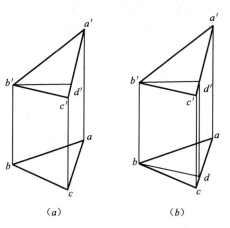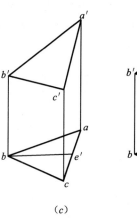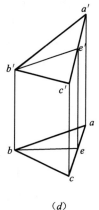

图 2-46 一般位置平面内水平线、正平线的作法

如图 2-47 所示，平面 P 中直线 AC 相对于 H 面的倾角是最大的，对于平面内相对于某一投影面的倾角最大的直线就称为平面内相对于这一投影面的最大斜度线。

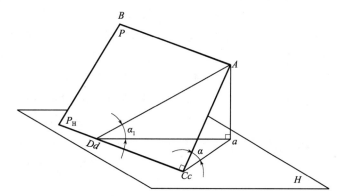

图 2-47 平面内对 H 面的最大斜度线及其几何意义

由图 2-47 可以得出平面最大斜度线具有的特性及几何意义。

（A）最大斜度线相对于投影面的倾角就是平面相对于这一投影面的倾角。

另外，求取平面相对于某一投影面的倾角是最大斜度线的主要用途。在园林施工中经常会遇到求取某一平面的倾斜角度，例如：坡面的坡度，就需要引入最大斜度线。

（B）平面内相对于某一投影面的最大斜度线垂直于平面内该投影面的平行线。

如图 2-47 所示，平面 P 相对于 H 面的最大斜度线 AC 垂直于水平线 AB 和 CD（直线 CD 是平面 P 的水平迹线，属于特殊的水平线）。在 H 面中，最大斜度线 AC 的投影与水平线 AB 和 CD 的投影相互垂直。

6）换面法

借助最大斜度线或者平面的特殊投影，可以得到平面相对于某一投影面的倾角。有时候还需要得到平面的真实大小，对于投影面平行面可以利用其投影直接求得，但是投影面垂直面和一般位置平面该如何求取呢？其中投影面垂直面较为简单，并且使用的频率较高，所以我们重点介绍投影面垂直面实形的求作方法。

举一个简单的例子,每一个人都有照镜子的经验,如果你不是正对着镜子,在不转动身体的前提下又想照到正面该怎么做?很简单,那就是在你的面前再立一面镜子。尽管镜面成像与投影形成还是有区别,但是不妨将投影面看成平面图形的镜子,要想得到实形,就得在它的"面前"设立一个新的镜面(投影面),如图 2-48 (a) 所示。△ABC 垂直于 H 面,与 V 面是倾斜的关系,而新设立的 V_1 面与 △ABC 相互平行,则在 V_1 面中,△ABC 的投影反映实形。如果用新设立的 V_1 面替换原来的 V 面,那么在 V_1 面中就可以得到 △ABC 的实际大小了。这种利用更换投影面求取平面实形的方法称为换面法。

具体说:换面法是保持几何元素的位置不动,在两投影面体系中,保留一个投影面,用一个与保留投影面相互垂直的新投影面替换另一个投影面,从而组成一个新的投影体系,使得几何元素处于有利于解题的位置。应该注意新建的投影面需要具备以下条件:

①新建的投影面应该垂直于保留的投影面,这样两个投影面才可以组成新的投影体系。

②新投影面的位置应该处于有利于解题的位置,也就是说新投影面应该尽量平行于求解的平面图形。

第一个条件是基本条件,而第二个条件是希望达到的效果,但是这种效果有时候需要经过多次换面才可能达到。对于投影垂直面只要经过一次换面,新的投影面就可以同时具备这两个条件。

通过对图 2-48 (b) 的观察,可以发现以下规律:

首先,△ABC 与 H 面垂直,在 H 面中投影积聚成一条直线,与 V 面倾斜,是用新投影面 V_1 面替换了 V 面,所以在换面法中保留的是积聚投影所在的投影面,也就是平面垂直的投影面,而替换的是非聚积投影所在的投影面,这是第一点。其次,V_1 面与 H 面垂直,所以 V_1 面是一个铅垂面,按照前面所介绍的投影面垂直面的设立方法,只要在 H 面中作一条直线并进行标注就可以实现,这条线也就是 V_1 与 H 面的交线,即新的投影轴。除了垂直于 H 面,V_1 还要平行于 △ABC,因此新的投影轴与 △ABC 在 H 面的积聚投影应该相互平行,这是第二点。第三,点的 V 面投影到原投影轴的距离和 V_1 面投影到新投影轴的距离都等于点到 H 面的距离(点的投影规律二),也就是说替换前后新旧投影到对应投影轴的距离相等,这是换面法最主要的作图原理。在此基础之上,将投影体系展开,前面所述的关系仍然成立。图 2-48 (c) 所示为利用换面法求投影面垂直面实形的作图过程:

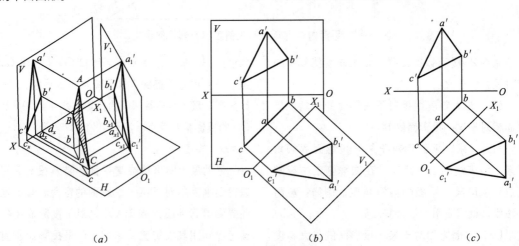

图 2-48　换面法及其作图方法

(a) 轴测图;(b) 展开图;(c) 投影图

①换新。首先确定保留和替换的投影面，保留的是积聚投影所在投影面，替换的是非积聚投影所在投影面。

②作新轴。在积聚投影的一侧作投影的平行线，这就是新投影面的新投影轴。

③作垂线。分别经过保留投影向新投影轴作垂线。

④量距离。在垂线上从新投影轴向另一侧量取替换投影到替换投影轴的距离，得到新投影。

⑤连图形。将新投影依次连接，即得平面的实形。

图 2-49（a）是利用换面法作正垂面的实形。在许多投影图中投影轴可以省略，以简化作图步骤。如图 2-49（b）所示，可以利用平面图形上保留投影面的平行线求取△ABC 的实形，其作图方法与图 2-49（a）相似，只不过不再是以 OX 轴作为基准量取距离，而是以平面中过点 A 的正平线作为基准，量取的是其他各点到基准线（正平线）的距离，也就是点 B 和点 C 相对于点 A（基准点）的前后距离差。

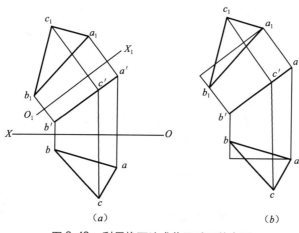

图 2-49　利用换面法求作正垂面的实形

求取平面的实形仅是换面法应用的一个方面，除此之外，求取直线的实长，求取距离，求取平面、直线的夹角等，都可以利用换面法解答。在这里就不一一列举了，如果对这些内容感兴趣，请参阅相关资料。

2.2.4　直线与平面的相对位置

（1）直线与平面平行

1）直线与平面平行的几何条件

直线与平面平行的几何条件是：直线平行于平面上的某一直线。利用这个几何条件可以进行直线与平面平行的检验和作图。图 2-50 中，$ab//cf$，$a'b'//c'f'$，故 $AB//CF$，又 CF 位于△CDE 上，因而直线 AB 与△CDE 互相平行。

2）特殊位置的平面与直线平行

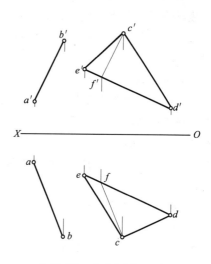

图 2-50　直线与平面平行

当平面为特殊位置时，则直线与平面的平行关系，可直接在平面有积聚性的投影中反映出来。如图 2-51 所示，设空间有一直线 AB 平行于铅垂面 P，由于过 AB 的铅垂投射面与平面 P 平行，故它们与 H 面交成的 H 面投影 ab 与 P_H 相平行，即 $ab // P_H$。若直线也与 H 面垂直，则直线肯定与平面 P 平行，这时，直线和平面 P 都具有积聚性。

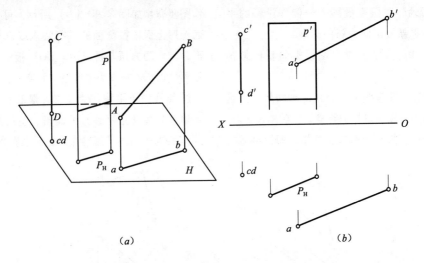

图 2-51 特殊位置的平面与直线平行
(a) 空间状况；(b) 投影图

由此可推导出，当平面垂直于投影面时，直线与平面相平行的投影特性为：在平面有积聚性的投影面上，直线的投影与平面的积聚投影平行，或者直线的投影也有积聚性。

(2) 直线与平面相交

直线与平面相交于一点，该点称为交点。直线与平面的相交问题，主要是求交点和判别可见性的问题。

直线与平面的交点，既在直线上，又在平面上，是直线和平面的共有点；交点又位于平面上通过该交点的直线上。如图 2-52 所示，直线 AB 穿过平面△CDE，必与△CDE 有一交点 K；交点 K 一定位于平面内通过交点 K 的某一直线上ⅠⅡ。

1) 直线与平面中至少有一个元素垂直于投影面时相交

直线与平面相交，只要其中有一个元素垂直于投影面，就可直接用投影的积聚性求作交点。在直线与平面都没有积聚性的同面投影处，可由交叉线重影点来确定或由投影图直接看出

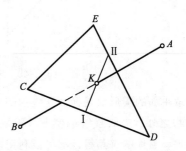

图 2-52 直线与平面的相交

直线投影的可见性（前者称为重影点法，后者称为直接观察法），而交点的投影就是可见和不可见的分界点。

2) 直线与平面都不垂直于投影面时相交

如图 2-53 所示，有一直线 MN 和一般位置平面△ABC，为求直线 MN 和平面△ABC 的交点，可先在平面△ABC 上求一条直线ⅠⅡ，使该直线的 H 面投影与 MN 的 H 面投影重合，然后求出直线ⅠⅡ的 V 面投影 1'2'，1'2'与 m'n'的交点 k'即为所求。这种求直线与平面的交点的方法，称为辅助直线法。

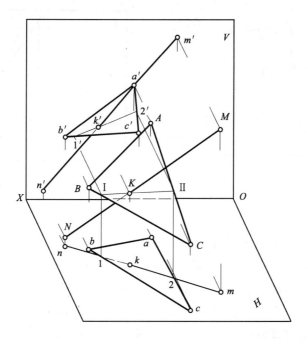

图 2-53　直线与平面都不垂直于投影面时相交

(3) 直线与平面垂直

直线与平面垂直的几何条件是：直线只要垂直于该平面上的任意两条相交直线，而不管该直线是否通过两条相交直线的交点，则直线与平面必相互垂直。如图 2-54 所示，直线 AH 垂直于平面 BCDE 上相交两直线 ⅠⅡ 和 ⅢⅣ，所以 AH 垂直于平面 BCDE。

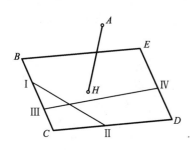

图 2-54　直线与平面垂直

1) 一般位置的直线与平面垂直

在前面的学习中已经知道，两直线垂直，当其中一条直线为投影面的平行线时，则两直线在该投影面上的投影仍相互垂直。因此，在投影图上作平面的垂线时，可首先作出平面上的一条正平线和一条水平线作为平面上的相交二直线，再作垂线。此时所作垂线与正平线所夹的直角，其 V 面投影仍是直角，垂线与水平线所夹的直角，其 H 面投影也是直角。

2) 特殊位置的直线与平面垂直

特殊位置的直线与平面相垂直，只有图 2-55 所示的两种情况。

图 2-55 (a) 是同一投影面的平行线与垂直面相垂直的情况，图中 AB 是水平线，CDEF 是铅垂面。由立体几何可推知：与水平线相垂直的平面，一定是铅垂面；与铅垂面相垂直的直线，一定是水平线；而且水平线的 H 面投影，一定垂直于铅垂面的有积聚性的 H 面投影，即图中 ab⊥cdfe。同理，正平线与正垂面相垂直，侧平线与侧垂面相垂直，也都属于这种情况。

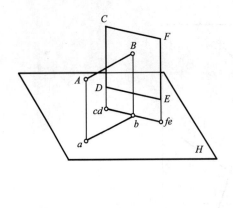 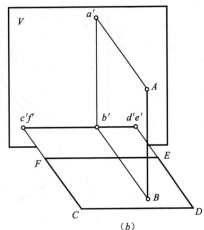

(a)　　　　　　　　　　　　　　(b)

图2-55　特殊位置的直线与平面垂直的投影特性

(a) 同一投影面的平行线与垂直面相垂直；(b) 同一投影面的垂直线与平行面相垂直

综合上段所述，可以得出结论：与投影面平行线相垂直的平面，一定是该投影面的垂直面；与投影面垂直面相垂直的直线，一定是该投影面的平行线；投影面平行线在所平行的投影面上的投影，必垂直于该投影面垂直面的有积聚性的同面投影。

图2-55（b）是同一投影面的垂直线与平行面相垂直的情况，图中 AB 是铅垂线，CDEF 是水平面。由立体几何可推知：与铅垂线相垂直的平面，一定是水平面；与水平面相垂直的直线，一定是铅垂线；而且铅垂线的 V 面投影一定垂直于水平面的有积聚性的 V 面投影，即图中 $a'b'$⊥$c'd'e'f'$。同理，正垂线与正平面相垂直，侧垂线与侧平面相垂直，也都属于这种情况。

综合上段所述，可以得出结论：与投影面垂直线相垂直的平面，一定是该投影面的平行面；与投影面平行面相垂直的直线，一定是该投影面的垂直线；投影面垂直线的投影必定与平面的有积聚性的同面投影相垂直。

2.3　体的投影

虽然各种建筑物比较复杂，但都可以被分解为一些基本形体（图2-56）。这些不能再分解的基本形体称为几何体。根据表面的几何性质，几何体一般可分为平面体和曲面体两类。

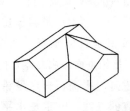 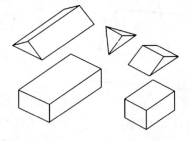

图2-56　建筑形体分析

2.3.1　平面体的投影

平面体由若干平面围成。构成平面体的各个平面形称为它的表面，各表面间的交线称为棱线。平面体根据其表面形状不同分为棱柱体和棱锥体等。

作平面体的投影，实际为求其表面棱线的

投影，同时注意重影和遮挡问题。

（1）棱柱体的投影

【例2-1】如图2-57所示，求作四棱柱体的正投影。

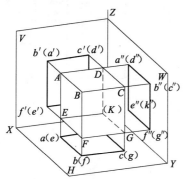

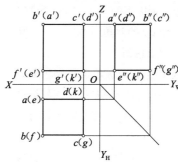

图 2-57　四棱柱的正投影

【解】分析：

此四棱柱共有六个表面，两两平行。

H 面投影中，面 ABCD 与面 EFGK 同平行于 H 面且重影，其 H 面投影反映两平面的实形，为矩形 a（e）b（f）c（g）d（k）。

V 面投影中，ABCD 与 EFGK 同为水平面，其投影积聚为直线 b'（a'）c'（d'）与 f'（e'）g'（k'）。面 ABFE 与 DCGK 同为侧平面，其投影分别积聚为直线 b'（a'）f'（e'）与 c'（d'）g'（k'）。面 BCGF 与 ADKE 都平行于 V 面，其 V 面投影重影并反映两平面的实形，为矩形 b'（a'）c'（d'）g'（k'）f'（e'）。

W 面投影中，水平面 ABCD 与 EFGK 的投影积聚为直线 a"（d"）b"（c"）和 e"（k"）f"（g"），正平面 ADKE 和 BCGF 的投影积聚为直线 a"（d"）e"（k"）和 b"（c"）f"（g"），侧平面 ABFE 和 DCGK 的投影反映实形，为矩形 a"（d"）b"（c"）f"（g"）e"（k"）。

作图：

①作纵横坐标轴 XOY$_W$ 和 ZOY$_H$，并在其右下作45°斜线。

②在 H 面适当位置作出矩形 ABCD 的实形 abcd，即为 H 面投影。

③由点 a 和点 d 分别向上作 OX 轴的垂直线并在其上取 b'f' = c'g' = 四棱柱的高，则所得矩形 b'c'g'f' 即为此四棱柱的 V 面投影。

④由点 c、d 向右作水平线，与45°线相交后向上作铅垂连线，与由点 c'、g'向右所作水平线相交形成矩形 a"b"f"e" 即为此四棱柱的 W 面投影。

（2）棱锥体的投影

【例2-2】如图2-58所示，求作四棱锥的三面投影。

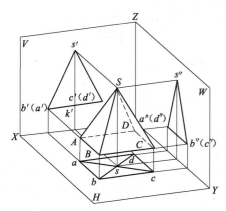

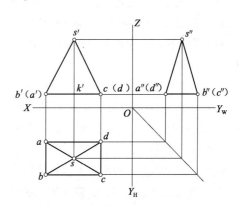

图 2-58　四棱锥的正投影

【解】分析：

此四棱锥的底为一矩形水平面，故其 H 面投影反映底的实形。侧棱 SA、SB、SC、SD 向 H 面投影成为矩形 abcd 的对角线 ac 和 bd，交点 s 为一锥顶 S 的 H 面投影。

矩形 ABCD 的 V 面和 W 面投影分别积聚为直线 b'c' 和 a"b"，棱线 SA 和 SB 的 V 面投影重影为 s'b'，棱线 SC 和 SD 的 V 面投影重影为 s'c'，s' 为锥顶 S 的 V 面投影。

棱线 SA 和 SD 重影为 W 面投影 s"a"，棱线 SB 和 SC 重影为 W 面投影 s"b"，s" 为锥顶 S 的 W 面投影。

作图：

①在 H 面投影中，作矩形 abcd 为底的实形，连对角线 ac 和 bd，两线交点 s 为锥顶 S 的 H 面投影。

②在 V 面投影中，作水平线 b'c' = ad，由 s 向上连铅垂线，取 s'k' 为四棱锥的高，连 s'b' 和 s'c'，则三角形 s'b'c' 即为四棱锥的 V 面投影。

③利用正投影规律求出各点的 W 面投影，然后连接各投影点，即可作出四棱锥的 W 面投影三角形 s"a"b"。

(3) 平面体表面上点和线的投影

平面体表面上点和直线的投影具有平面上点和直线投影的所有特点，只是由于立体的遮挡，一些点和直线不可见。

1) 棱柱表面上点和直线的投影

【例 2-3】如图 2-59 所示，已知三棱柱表面上点 K 的 V 面投影 k'，求点 K 的其余两投影。

【解】分析：

由 V 面投影可知，点 K 位于四棱柱侧表面矩形 ABCD 上，所以我们只关注点 K 和矩形 ABCD。而矩形 ABCD 为一铅垂面，其 H 面投影积聚为直线 ab。至此，我们将平面体表面求点的问题转换为已学过的铅垂面上求点的问题（图 2-59 中箭头示意画线方向，箭头旁数字表示画线的先后顺序）。

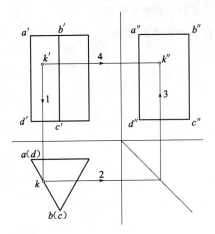

图 2-59 三棱柱表面点的投影

作图：

①由 k' 向下作垂线与三棱柱侧表面的积聚性投影 ab(c)(d) 交于点 k，此点即为 K 点的 H 面投影。

②由点 K 的两投影 k' 与 k，利用正投影规律可求出点 K 的 W 面投影 k"。

【例 2-4】如图 2-60 所示，已知三棱柱侧表面上直线 MN 的 V 面投影 m'n'，求作另外两投影 mn 和 m"n"。

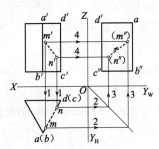

图 2-60 三棱柱表面直线的投影

【解】分析：

与上题类似，重点关注直线 MN 所在的侧表面矩形 ABCD，将其转化为求作铅垂面 ABCD 内直线的正投影。求直线投影的方法是：将直线两端点 M 和 N 的 V 面和 H 面投影分别求出，连接同面投影即可。其中 MN 的 H 面投影 mn 重合于侧表面 ABCD 的 H 面投影 a(b)(c)d。

作图：

① 参照上面例题中求点的方法，利用铅垂面的积聚性，求得直线的两端点 M 和 N 的 H 面投影 m 和 n，以及 W 面投影 m″和 n″，即把求线变为求点。

② 直线 MN 的 H 面投影 mn 重合于 ad，其 W 面投影 m″n″不可见，故连 m″n″为虚线。

上面两例都是利用棱柱表面的积聚性求作点的正投影，故把这种作图方法称为积聚性法。

2）棱锥表面上点和直线的投影

【例 2-5】如图 2-61 所示，已知四棱锥表面点 K 的 H 面投影 k，求作其余投影。

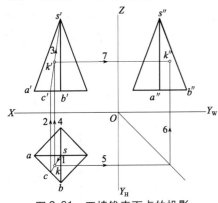

图 2-61 四棱锥表面点的投影

【解】分析：

因点 K 所在的棱面三角形 SAB 为一般位置平面，没有积聚性可利用，故可以在三角形 SAB 中过点 K 以最简捷的方式（所作辅助线的其他投影最易求出）作一辅助直线，使点 K 与三角形的各边发生联系，故点 K 就成为位于辅助线上的一个点了。如此就可将求面上点的问题转化为求线上点的问题，而后者的求法我们应该比较熟悉了。

作图：

① H 面投影中，在三角形 sab 内过 k 作辅助线 sc，然后求得此辅助线的 V 面投影 s′c′。

② 由 k 向上连铅垂线交 s′c′于 k′。

③ 由 k 与 k′，利用正投影原理求得 k″，则 k 和 k″即为所求。

我们把这种通过作辅助线求投影的方法称为辅助线法。

【例 2-6】如图 2-62 所示，已知三棱锥表面直线 EF 的 H 面投影 ef，求作其余投影。

【解】分析：

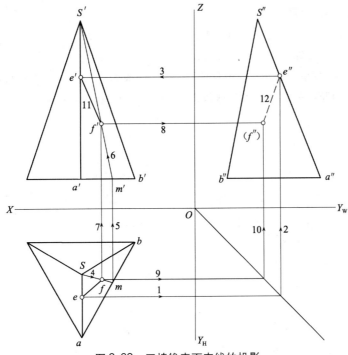

图 2-62 三棱锥表面直线的投影

69

E 点位于三棱锥前棱线上,利用线上求点的方法即可求出其 W 面和 V 面投影。F 点的 V 面投影可利用辅助线法求出。然后将直线 EF 两端点的同面投影分别相连即可,并判断其可见性。

作图:

①H 面投影中,由点 e 向右再向上连线与 $s''a''$ 交于 e'',再由 e'' 向左连线交 $s'a'$ 于 e'。

②连接锥顶 s 与 f 并向前延长,与 ab 交于点 m,得过 f 点的辅助线 sm。由 m 点向上连线求得 m',连 $s'm'$ 即为辅助线的 V 面投影。由 f 向上连线交 $s'm'$ 于 f',再利用正投影规律求得 f''。

③连 $e'f'$ 即为线段 EF 的 V 面投影。由于线段 EF 的 W 面投影不可见,故将其 W 面投影 $e''f''$ 连为虚线。

通过以上例题,我们可以总结出以下作图规律:

1) 在立体表面求点必须先求线(作辅助线);

2) 复杂的问题总是可以通过一定手段转化为以前学过的简单问题。

2.3.2 曲面体的投影

由曲面或由曲面和平面共同围成的立体称为曲面体。最常见的曲面体为回转体,它是由一个平面形环绕此平面内的一条轴线旋转而成。

我们下面讨论的圆柱体、圆锥体和球体都属于回转体。

(1) 圆柱体的投影

如图 2-63 所示,一矩形 $A_1A_2O_2O_1$ 以其一条边 O_1O_2 为轴旋转一周,所形成的回转曲面体称为正圆柱体。O_1O_2 称为圆柱的轴,形成圆柱面的边 A_1A_2 称为母线。

A_1A_2 在旋转过程中位于圆柱面上的任一位置时称为圆柱面的素线,故圆柱面也可看成由无数条素线沿圆柱面依次排列构成。边 A_1O_1 和 A_2O_2 分别形成两个相互平行的水平圆面,称为此圆柱的上底面和下底面。上底面与下底面间的距离称为圆柱的高。圆柱的轴线与底面垂直的称正圆柱体,轴线与底面倾斜的称斜圆柱体,我们这里只研究正圆柱体。

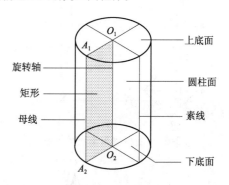

图 2-63 圆柱体的形成

【例 2-7】图 2-64 所示为一轴线垂直于 H 面的正圆柱体,求作它在三面投影体系中的正投影。

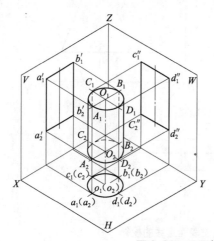

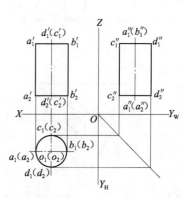

图 2-64 正圆柱体的投影

【解】分析：

由于此圆柱的上下底都为相同大小的水平圆，故上下两底圆的 H 面投影重影并反映上下底的实形，为一与上下底相同大小的正圆 o_1，上下两底的 V 面投影分别积聚为直线 $a_1'b_1'$ 和 $a_2'b_2'$，W 面投影积聚为直线 $c_1''d_1''$ 和 $c_2''d_2''$。

圆柱面因垂直于 H 面而积聚为 H 面的投影圆 o_1。V 面投影中，圆柱面均分为前后两半进行投影。前面一半可见，后面一半不可见，且重影为矩形 $a_1'a_2'b_2'b_1'$。$a_1'a_2'$ 和 $b_1'b_2'$ 为圆柱面上最左素线 A_1A_2 和最右素线 B_1B_2 的 V 面投影，素线 A_1A_2 和 B_1B_2 因位于投影最外侧而称为圆柱的轮廓素线，它也是圆柱面上可见与不可见部分的分界线。

同理，可得此圆柱的 W 面投影 $c_1''c_2''d_2''d_1''$，此时的轮廓素线为 C_1C_2 和 D_1D_2，故不同投影中，圆柱面上轮廓素线的位置是不同的。

作图：

①在 H 面投影中，作纵横两条相互垂直的轴线交于 o_1 点，以 o_1 点为圆心，圆柱上底的半径为半径作一正圆 o_1，此圆即为圆柱的 H 面投影。

②利用正投影规律向上在 V 面投影中作一矩形 $a_1'a_2'b_2'b_1'$，使 $a_1'b_1' = a_2'b_2' =$ 圆的直径，$a_1'a_2' = b_1'b_2' =$ 圆柱的高，此矩形即为圆柱的 V 面投影。

③最后求得圆柱的 W 面投影矩形 $c_1''c_2''d_2''d_1''$，此矩形与 V 面投影矩形全等。

（2）圆锥体的投影

如图 2-65 所示，一直角三角形 SAO 以其一条直角边 SO 为轴旋转一周所形成的回转曲面体称为正圆锥体。其中 SO 称为圆锥的轴，形成圆锥面的斜边 SA 称为母线，SA 在圆锥面上的任一位置时称为圆锥面的素线。故圆锥面也可看作由无数条过锥顶 S 的素线依次排列构成。此三角形的另一直角边 AO 旋转形成一圆面，称为圆锥的底面。顶点 S 至此底面的距离称为此圆锥的高。

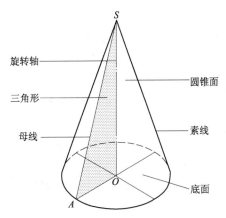

图 2-65　圆锥体的形成

【例 2-8】图 2-66 所示为一轴线垂直于 H 面放置的正圆锥体，其底面平行于 H 面。求作它的正投影。

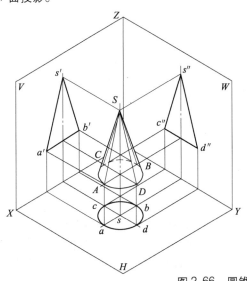

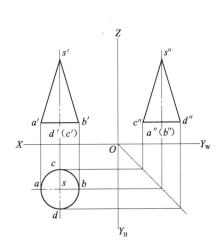

图 2-66　圆锥体的投影

【解】分析：

参照圆柱体的投影分析，此圆锥体的圆锥面和底面向 H 面重合投影成与底面同等大小的圆 s。此圆锥体的 V 面与 W 面投影都为相同大小的等腰三角形 s'a'b' 和 s"c"d"，a'b' 和 c"d" 分别为底面的 V 面和 W 面的积聚性投影，s'a' 和 s'b' 分别为轮廓素线 SA 和 SB 的 V 面投影，s"c" 和 s"d" 分别为轮廓素线 SC 和 SD 的 W 面投影。

作图：

①在 H 面投影中，作一与圆锥底面同等大小的圆 s，此圆即为圆锥的 H 面投影。

②利用正投影规律向上作 a'b' = ab，量取 s'd' 等于圆锥的高，连 s'a' 和 s'b'，则等腰三角形 s'a'b' 即为圆锥的 V 面投影。

③利用正投影规律作出圆锥体的 W 面投影 s"c"d"，此三角形与 s'a'b' 全等。

由上面论述可总结出曲面投影的实质：求曲面的各投影实际为求作曲面对各投影面的轮廓素线的投影，也就是将曲面的投影转化为线的投影，从而简化作图。

(3) 球体的投影

如图 2-67 所示，一平面圆 O 以其本身的一条直径 AB 为轴旋转半周所形成的曲面体称为球体，其表面称为球面。

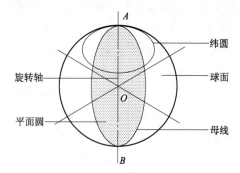

图 2-67 球体的形成

图 2-68 所示为一放置在三面投影体系中的球体，利用前面学过的曲面体分析方法分析此球体，可知此球体的三面投影为三个大小相等的圆，并且圆的直径就等于球的直径。三个投影圆实际为三个不同方向的轮廓素线的投影，此三个轮廓素线不是直线，而是球体表面不同方向的三个最大圆。作图时先作出球心 O 的三面投影 O、O' 和 O"，然后以此三个投影点为圆心，球的半径为半径画三个同等大小的圆，即为球体的三面投影。

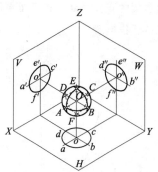
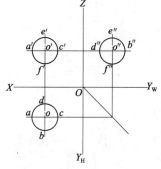

图 2-68 球体的投影

(4) 曲面体表面点和线的投影

如曲面体有积聚性，可利用积聚性法求作。如曲面体没有积聚性，仍遵循求点先求线的原则利用辅助线法求作。辅助线可为直线，也可为圆，下面举例说明。

1) 圆柱表面点和线的投影

【例 2-9】如图 2-69 所示，已知圆柱表面上一点 B 的 V 面投影 b'，求出它的其余投影。

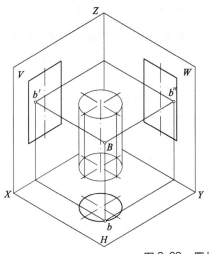
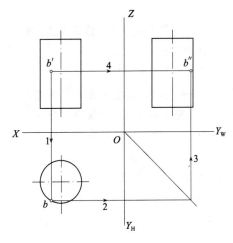

图 2-69 圆柱表面上点的投影

【解】分析：

此圆柱 H 面投影有积聚性，故可用积聚性法求作。

作图：

①由 b′ 判断其 H 面投影在左前四分之一圆柱面上，故由 b′ 向下作直线，交 H 面的积聚性圆于 b，则 b 即为点 B 的 H 面投影。

②利用正投影规律求得 b″。

【例 2-10】如图 2-70 所示，已知圆柱表面上线段 DEF 的 V 面投影 d′e′f′，求作其余投影。

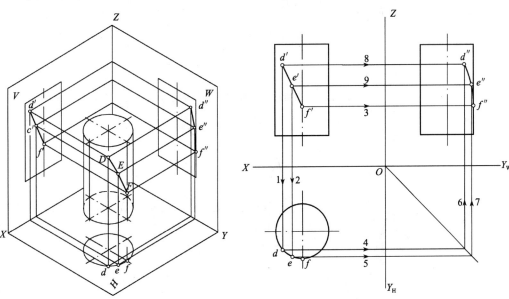

图 2-70 圆柱表面上线段的投影

【解】分析：

因 d′e′f′ 倾斜于圆柱的轴线，故线段 DEF 为一段曲线（部分椭圆）。只要将此曲线上三个关键点 D、E、F 的其余投影求出，再将同面投影连为相应曲线即可，也就是将求线转换为求点。

作图：

①向下求得线段 DEF 的 H 面投影圆弧 def。

②由 f′ 向右连水平线交圆柱前轮廓素线的 W 面投影于 f″。

③根据 d′、e′ 和 d、e 利用投影规律求得

d'' 和 e''。

④ 将 d''、e''、f'' 三点连为一段椭圆弧,即为曲线 DEF 的 W 面投影。

2) 圆锥表面点和线的投影

与圆锥底面平行的平面切割圆锥所得的与圆锥表面的交线圆称为纬圆。圆锥面可看成由无数纬圆构成,这些纬圆由锥底向锥顶依次排列、逐渐变小。圆锥表面点可以通过连素线或连纬圆的方法求得,分别称为素线法和纬圆法。

【例 2-11】如图 2-71 所示,已知圆锥表面上点 A 的 V 面投影 a',用素线法求其余投影。

【解】分析:

因圆锥面没有积聚性,故可过 A 点连一条素线,从而将圆锥面上的点转换为直线上的点。

作图:

① 过 a' 连素线 $s'b'$,并向下求得此素线 H 面投影 sb。

② 由 a' 向下连垂线与 sb 相交于 a,a 即为点 A 的 H 面投影。

③ 利用正投影规律由 a' 和 a 求得 a''。

【例 2-12】如图 2-72 所示,已知圆锥表面点 K 的 H 面投影 k,用纬圆法求其余投影。

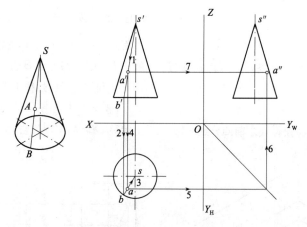

图 2-71 用素线法求圆锥表面点的投影

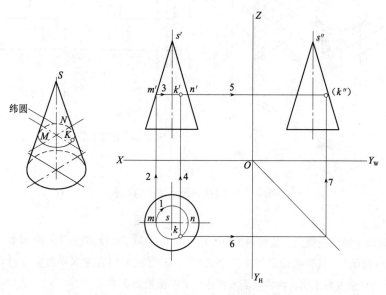

图 2-72 用纬圆法求圆锥表面点的投影

【解】分析：

过 K 点可作一个纬圆，就可将点 K 由圆锥表面的点转化为水平纬圆上的点，从而较易求得。

作图：

① 在 H 面投影中，以 s 为圆心过 K 作一水平纬圆。

② 由 m 向上连垂线，求得此纬圆 V 面积聚性投影 m'n'。

③ 再由 k 向上连垂线，交 m'n' 于 k'，k' 即为点 K 的 V 面投影。

④ 利用投影规律，由 k' 和 k 求出（k"），k" 不可见。

【例 2-13】如图 2-73 所示，已知圆锥表面线段 EFG 的 V 面投影 e'f'g'，求作其余投影。

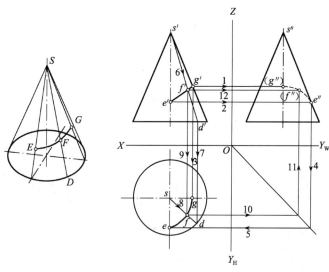

图 2-73 圆锥表面线的投影

【解】分析：

因此线的 V 面投影 e'f'g' 倾斜于圆锥轴线，故线段 EFG 为圆锥表面的一段曲线（部分椭圆）。先求出点 E、F、G 的其余投影，再将同面投影连接成曲线即可。点 E、G 位于圆锥轮廓素线上，其投影较易求出，点 F 的投影可用素线法求出。

作图：

① 在 V 面投影中，由 e'、g' 向右作直线与相应轮廓素线交于 e" 和（g"），由 g' 向下连垂线求得 g，由 e' 和 e" 求得 e。

② 过 f' 作辅助素线 s'd'，并求出其 H 面投影 sd。由 f' 向下作垂线与 sd 交于 f，即得 F 点的 H 面投影 f，由 f' 和 f 求得（f"）。

③ 将 e、f、g 点连成一段椭圆弧 efg，即为线段 EFG 的 H 面投影。连 e"、(f")、(g") 为椭圆弧 e"（f"）（g"），此椭圆弧不可见，画为虚线，即得线段 EFG 的 W 面投影。

3）球体表面点和线的投影

由于球体表面完全由曲面围成，球体表面可看作由无数大小不同的纬圆排列构成，故其表面点的投影只能利用纬圆法求出。

【例 2-14】如图 2-74 所示，已知球体表面点 K 的 H 面投影 k，求出其余投影。

【解】分析：

在球表面过点 K 作一投影面的平行纬圆，将点 K 转换到此纬圆上，再利用线上求点的方法求出其余投影。

作图：

① 在 H 面投影中，过点 k 作一水平纬圆。因 K 点处于上半球表面，故由点 m 向上作垂线交球的 V 面投影圆上半部于 m' 点，由 m' 向右作水平纬圆的 V 面投影。

② 由 k 向上作垂线与水平纬圆的 V 面投影相交，得点 K 的 V 面投影 k'。由 k、k' 求出 k"。

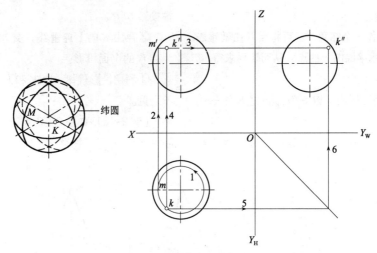

图 2-74 球体表面点的投影

【例2-15】如图2-75所示，已知球体表面曲线段 ABC 的 V 面投影 a'b'c'，求其余投影。

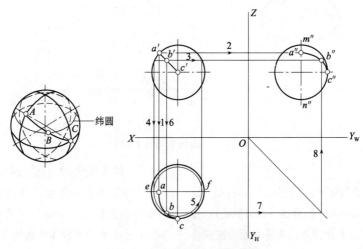

图 2-75 球体表面线段的投影

【解】分析：

我们把球体各向投影的最外纬圆称为轮廓纬圆，它是球体中最大的纬圆，是球体可见部分与不可见部分的分界线。此处曲线段 ABC 上的 A 点和 C 点分别位于球体 V 面和 H 面投影的轮廓纬圆上，可用线上求点的方法求出。再过点 B 作一辅助水平纬圆，按照上题求点的方法求出 B 点的投影。作图时先要弄清辅助纬圆在各个投影图中的位置。

作图：

①因点 A 在 V 面投影的轮廓纬圆上，此轮廓纬圆平行于 V 面，其 H 面和 W 面投影分别积聚为球体投影的直径 ef 和 m″n″。由 a′ 分别向下和向右作直线与 ef 和 m″n″ 相交，求得 a 和 a″。

②因为点 C 在球体 H 面投影的轮廓纬圆上，参照上述方法求得 c 和 c″。

③过 b′ 作一辅助水平纬圆，再求得此纬圆的 H 面投影圆，然后利用线上求点的方法求得 b，再由 b′ 和 b 求出 b″。

④分别连 abc 和 a″b″c″ 成一曲线，即为所求。

2.3.3 组合体的投影

(1) 组合体的类型

工程建筑物，例如园林建筑和小品，形体无论如何复杂，都可看作由一些基本形体通过一定的组合方式构建而成。这种由基本形体组合构成的空间立体称为组合体。

根据组合方式不同，组合体可分为下面三种类型：

1）叠加体：由若干基本形体叠加、堆砌构成，即几何体相加（图2-76a）。

2）切割体：由一个基本形体切掉若干基本形体构成，即几何体相减（图2-76b）。

3）混合体：同时包含叠加和切割的组合体，即几何体既相加又相减（图2-76c）。

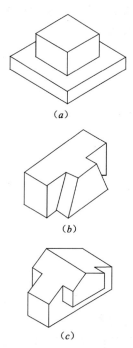

图2-76 组合体的类型

(2) 组合体投影图的画法

作组合体投影图，首先应判断组合体的类型，然后将其分解为若干几何体，再考虑这些几何体的相对位置，最后将这些几何体按顺序逐一画出。这种将组合体分解为若干几何体的思考方法称为形体分析法。

作出完整的组合体投影图需要完成下面的操作步骤（图2-77）：

1）确定投影图的数量

一般情况下，组合体必须用三个投影图才能表达清楚，而有些较简单的组合体用两个投影图即可，有时一个投影图也行。

2）作形体分析

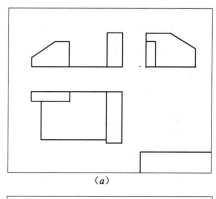

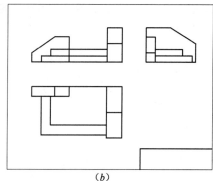

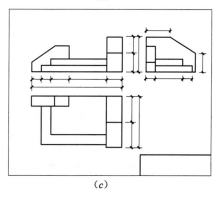

图2-77 组合体投影的作图步骤

(a) 布置图位，画总体轮廓；b) 画细部，画踏步和侧墙；
(c) 加深图线，完成全图，标注尺寸

用形体分析方法分析组合体由哪些几何体组成，再弄清楚这些几何体间的相对位置和连接关系。

3）确定组合体的摆放位置

考虑组合体在三面投影体系中的摆放位置时应注意以下几点：

①组合体的主要面或形体复杂并反映其特征的面应平行于V面，尽量使其反映实形；

②为表达清晰，应使投影图中的虚线最少。

4）选择图幅和比例

根据所需图形的大小选择适宜的图幅，再据此选择合适的比例。

5）作投影图

①画底稿

要合理布置各投影图在图面上的位置。画底稿时，铅笔线要准确、轻、细。作图顺序为：先主体后局部；先外形后内部；先曲线后直线。各投影图之间要符合正投影关系。底稿完成后，还要画出尺寸标注、图名、比例和图标。

②加深图线完成全图

加深图线一般为画墨线图，画墨线的一般顺序为：先上后下，先左后右；先细后粗，先曲后直；同方向、同粗细的线条最好一次画完，以提高画图的速度。

③投影图完成后，应仔细检查修正，对作图的要求是：图形准确、层次分明，图面整洁、美观，作图速度快。即准确、美观、快速。

下面举例说明组合体投影的作图过程：

【例2-16】图2-78（a）为一组合体的立体图，按图中所示放置在三面投影体系中，作出其三面投影图。投影图中的尺寸由立体图中按1∶1比例量取。

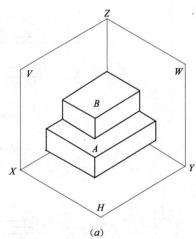

(a)

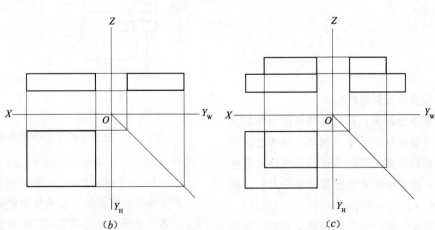

图2-78 叠加体的投影

【解】分析：

此组合体由两个不同大小的四棱柱叠加而成，应利用作几何体投影的方法，从下至上依次将两个四棱柱的投影作出。

作图：

①作四棱柱 A 的三面投影（图2-78b）。

②按相对位置作出四棱柱 B 的三面投影（图2-78c）。

【例2-17】如图2-79（a）所示，求作此组合体的三面投影图。

【解】分析：

本组合体为一切割体，可看作从一个四棱柱切去两个对称的四棱柱所得（图2-79a）。可先作出四棱柱的三面投影，再根据相对位置在四棱柱中作出两个小四棱柱的三面投影，最后将这两个小四棱柱从大四棱柱切掉，剩余立体即为所求。

作图：

①作出四棱柱的三面投影（图2-79b）。

②在四棱柱中作出两个小四棱柱的三面投影（图2-79c）。

③将两个小四棱柱从大四棱柱切掉，擦去多余的线条，完成全图（图2-79d）。

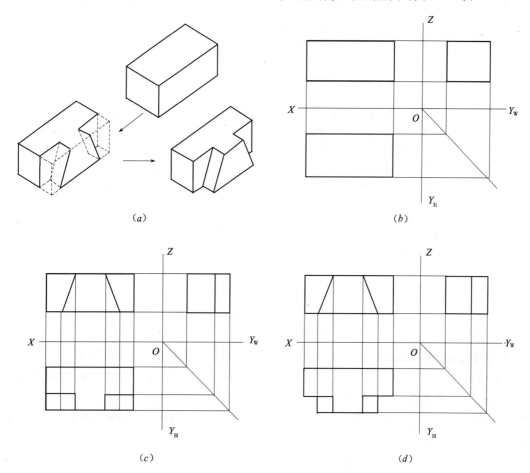

图 2-79 切割体的投影

【例2-18】图2-80所示为两坡建筑物的立体图，作出其三面投影。

【解】分析：

此建筑物可看作混合体，它由一个横放的大五棱柱 A 一端叠加一个小五棱柱 B（叠加体），另一端切掉一个小四棱柱 C 构成（切割体），如图2-80（a）所示。可先作出五棱柱的三面投影，再叠加小五棱柱，最后切掉小四棱柱。

作图：

①作出切割前大五棱柱的三面投影，其尺寸由立体图中量取（图2-80b）。

②用叠加法作出小五棱柱B的三面投影（图2-80c）。

③在五棱柱中作出要切割的小四棱柱C的投影，再切掉（图2-80d）。

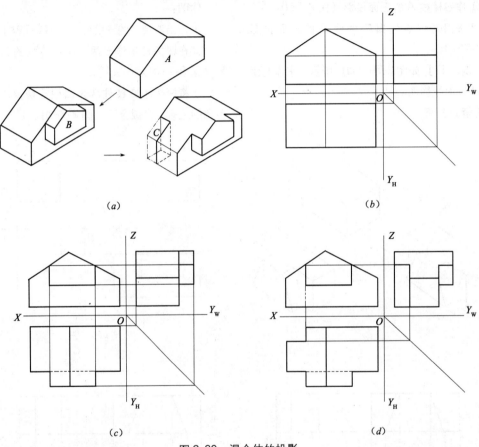

图2-80 混合体的投影

(3) 组合体投影图的识读

1) 概述

实际的设计和施工中离不开对空间和立体的想像过程。我们知道，可以将实际立体或头脑中的三维设计立体用三面投影的形式表达出来，这一过程称为制图。与此相反，根据已绘制好的空间立体的三面投影图，运用正投影的原理和特性，并通过分析，想像出立体的空间形状，这一过程称为识图，它是制图的逆过程。识图在具体工作中比较常用，制图和识图对以后的实际工作同样重要。

在识图过程中应注意以下几点：

①识图时应从反映立体主要特征的面和几何体入手进行分析；

②识图时应将三个投影联系起来分析，不能只考虑其中的一个或两个投影；

③识图既要细心，又要有耐心，对困难之处要一个面、一条线、一个点地仔细分析，这样才能读懂全图；

④熟能生巧，要反复进行识图练习，不断积累实践经验，培养自己的空间想像力。

2) 识图的方法

识图的方法分为形体分析法和线面分析法两种。

①形体分析法

此种方法是先识读出构成组合体的各几何体，再根据其相对位置综合想像出组合体的完整形状，它是组合体绘制的逆过程，即化零为整的过程。

具体步骤如下：

（A）根据组合体的三面投影，大致判断出它的类型（叠加体、切割体或混合体）。

（B）从最容易的入手，逐一识读出构成该组合体的各几何体的空间形状。

（C）充分分析这些几何体的空间相对位置，按照其类型想像出该组合体的空间形状。

图2-81所示为一组合体的三面投影，下面我们用形体分析法分析识读其立体形状。

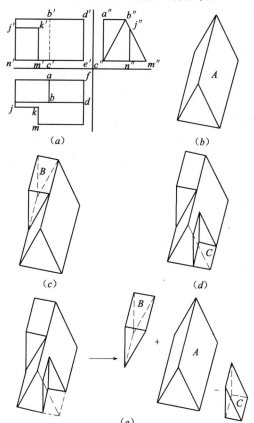

图2-81 形体分析法识读组合体投影

如图2-81（a）所示，由于W面投影主要图形为一等腰三角形，再结合V面和H面投影，判断出此组合体的主体为一横置的三棱柱A（图2-81b）。

由W面投影左上多出部分三角形a″b″c″及对应投影afdb与b′d′e′c′，推断出此组合体在其右后部叠加一小三棱柱B（图2-81c）。

根据H面投影缺口jkm及其V面与W面对应投影j′k′m′n′与j″m″n″，可想像出大三棱柱A左下角切掉一小三棱柱C（图2-81d）。

综合以上分析得出：此组合体是在三棱柱A的右后方叠加上三棱柱B，再在其左下角切掉小三棱柱C后构成的（图2-81e）。

②线面分析法

此种方法就是根据线、面的投影特性，对投影图中的点、线和线框进行分析，明确他们的空间形状和相对位置，进而综合想像出整个组合体的空间形状。这种识读投影图的方法称为线面分析法。

下面分析一下三面投影图空间几何元素的具体含义（图2-82）：

（A）点：表示点的投影（图2-82中的a点）或投影面垂直线的积聚性投影（图2-82中AB线）。

（B）线：表示相邻表面交线的投影（图2-82中的c′d′线），投影面垂直面（图2-82中的平面CDEF）的积聚性投影（图2-82中的c″d″线），曲面的轮廓素线（图2-82中的g″h″）。一般来说，有曲线必存在曲面。

（C）封闭线框：表示平面的投影（图2-82中的cdef），曲面的投影（图2-82中的bifk），孔洞的投影（图2-82中的m′n′p′q′）。

（D）相邻线框：表示组合体相邻表面的投影（图2-82中c′d′e′f′与d′r′s′e′），相错表面的投影（图2-82中的iatc与cdef）。

如图2-83a所示，根据此组合体的投影，识读出其空间形状。

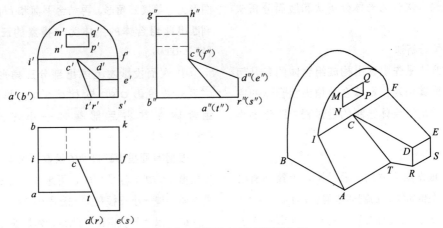

图 2-82 空间几何元素投影分析

此组合体三面投影的外轮廓皆为矩形且都含有斜线,据此初步判断出此组合体是由四棱柱切割而成的切割体。下面我们以线框为主,分析组合体各表面的相对位置。

图 2-83（a）的 H 面投影中,线框 123456 与 V 面投影中的水平线 1′6′5′ 以及 W 面投影中的水平线 3″1″6″ 对应,由此判断出线框 123456 为一水平面,1′6′5′ 和 3″1″6″ 为其相应的积聚性投影,如图 2-83（b）所示。

依此类推,V 面投影中,梯形线框 6′5′8′7′ 与直线 765 和 6″7″ 相对应,推断出线框 6′5′8′7′ 为一梯形正平面,如图 2-83（c）所示。

线框 1′6′7′、1 6 7、1″6″7″ 相对应,为一般位置三角形的投影,如图 2-83（d）所示。

W 面投影中,线框三角形 1″7″9″ 对应直线 1′7′ 和 917,应为侧平等腰三角形的投影,如图 2-83（e）所示。

W 面投影中,线框三角形 3″1″9″ 对应直线 2′ 10′ 和 3 2,应为侧平等腰三角形的投影,如图 2-83（f）所示。

剩下的线框 9321 对应 1′2′10′7′ 和 9″1″,为一侧垂矩形的投影,如图 2-83（g）所示。

此组合体除了以上四表面,还有三个表面分别与三投影面平行。至此,组合体的立体形状确定下来,如图 2-83（g）所示。

上面所述两种识图方法在识图过程中是相互联系的,不能截然分开。一般是先利用形体分析法了解组合体的整体形状,再结合线面分析法确定细部,综合完成对组合体的识读。

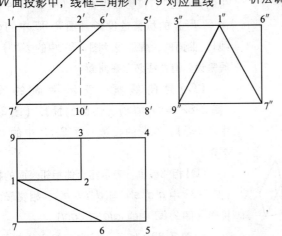

（a）

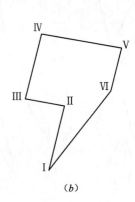

（b）

图 2-83 利用线面分析法识读组合体的投影图（一）

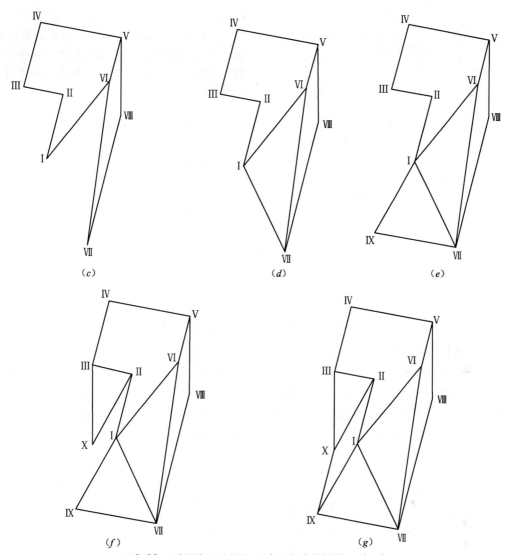

图 2-83 利用线面分析法识读组合体的投影图（二）

【例 2-19】如图 2-84 所示，已知组合体的 V、W 面投影，求作 H 面投影。

这是练习识图能力的基本方法，具体为：先根据已知投影图想像出组合体的立体形状，然后再把所求投影作出。

【解】分析：

先根据 V、W 面投影想像出组合体的形状，再补画 H 面投影。如图 2-85 所示，利用形体分析法根据 V、W 面投影想像出两个棱柱体，再叠加构成组合体。然后根据想像出的组合体立体形状作出其 H 面投影。

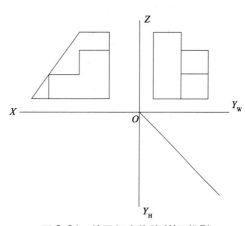

图 2-84 补画组合体的 W 面投影

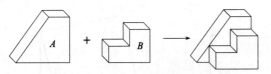

作图：

如图2-86（a）所示，先作出横置四棱柱A的H面投影，再在其前面叠加六棱柱B的H面投影（图2-86b），即得该组合体的H面投影。

图2-85 组合体的形体分析过程

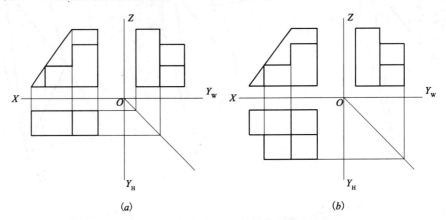

图2-86 组合体W面投影的作图步骤

【例2-20】如图2-87（a）所示，补全组合体三面投影图所缺的图线。

这是练习识图能力的另一种方式，具体方法为：先根据已知投影图想像出组合体的立体形状，然后再把所缺的线补齐。

【解】分析：

经过对V面和H面投影的对照分析，可知此组合体为一切割体，是由一个侧面垂直于V面的五棱柱切掉一个小四棱柱而成，由此可想像出它的空间形状，如图2-87（b）所示。

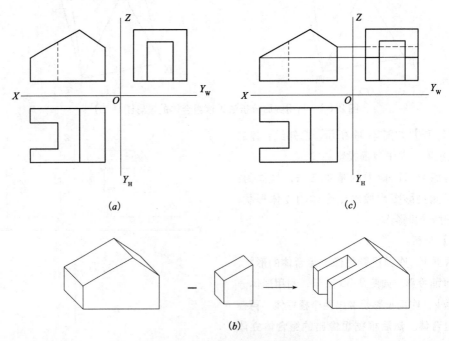

图2-87 补全投影图中所缺图线

作图:

对照此组合体的空间形状,补全 W 面投影所缺之线(图2-87c)。

(4) 投影图的尺寸标注

投影图完成后,还应标注必要的尺寸,以便确定形体实际大小。

1) 几何体的尺寸标注

对于几何体,只要注出它的长、宽、高或直径即可。一个尺寸只需注一次,不要重复。尺寸注写应准确、清晰、美观,便于识读。几何体的尺寸注法,如图2-88所示。

2) 组合体的尺寸标注

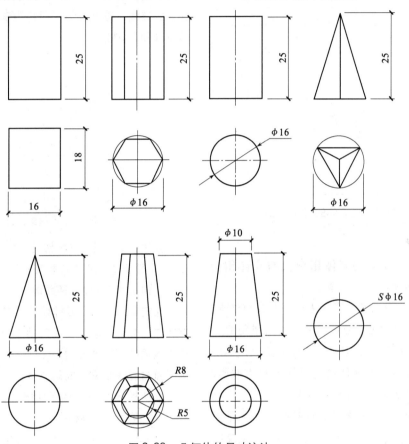

图2-88 几何体的尺寸注法

组合体投影图上的尺寸,一般包括下列三种:

①定形尺寸:确定构成组合体的各基本形体的形状和大小的尺寸叫定形尺寸。如图2-89中,竖板的长为38mm,宽为15mm,高为30mm。

②定位尺寸:确定构成组合体的各基本形体(或孔洞)相对位置的尺寸叫定位尺寸。如图2-89中,竖板距离底板前后边缘的尺寸均为10mm。

③总体尺寸:整个组合体的总长、总宽和总高尺寸叫总体尺寸。如图2-89中,组合体的长为50mm,宽为35mm,高为42mm。对组合体标注尺寸可有不同方式,但都需清晰、容易识读。具体应注意下列原则:

①尺寸应尽量注在能反映形体特征的投影图上;

②表示同一基本形体的尺寸,应尽量集中注出;

③与两投影图有关的尺寸,宜注在两投影图之间;

④尺寸最好注在图形之外,互相平行的尺

寸应将小尺寸注在里边，大尺寸注在外边；
⑤同一图上的尺寸单位应一致。

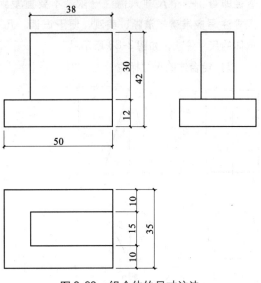

图2-89 组合体的尺寸注法

2.3.4 平面与立体相交及两立体相交
(1) 概述

平面与立体相交，实际为一平面截割立体，此平面称为截平面。立体被截割后所得到的断面轮廓线，即截平面与立体表面的交线，称为截交线。此截交线所围成的平面形称为截面，并用灰色表示其范围（图2-90）。

立体被截平面截割后，所得截面都为平面形，所得截交线为一闭合平面图线。因截交线为截平面与立体表面的共有线，故求截交线实际为求被截立体表面与截平面间的交线。亦即求立体表面上的点。

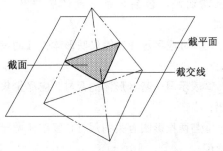

图2-90 截面的形成

平面与立体相交分两种情况：1）平面截割平面体；2）平面截割曲面体。

两立体相交，亦称为两立体相贯，它们表面的交线，称为相贯线。立体的相贯线都是闭合的平面或空间图线。因相贯线为两立体表面的共有线，故求相贯线实际为求相贯两立体表面间的交线，进一步仍可归结为求立体表面上的点（图2-91）。

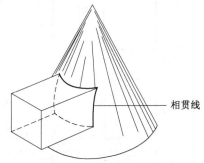

图2-91 相贯线的形成

立体相交分以下三种情况：1）平面体间相交；2）平面体与曲面体相交；3）曲面体间相交。我们这里只讨论前两种情况。

在实际工程中，园林建筑或其他建筑表面存在许多交线。这些交线包括平面与立体相交产生的截交线，或立体间相贯产生的相交线。求平面与立体相交，或两立体相交的问题，实际为求这些交线（截交线和相交线）的正投影。

(2) 平面与立体相交

平面与立体相交可分为平面与平面体相交和平面与曲面体相交两种情况，下面分别论述。

1) 平面与平面体相交

平面与平面体相交，其截面必为一平面多边形。平面多边形各边为截平面与平面体各棱面的交线，平面多边形各顶点为平面体表面各棱线与截平面的交点。故求作平面体的截交线，可先求得平面体表面各棱线与截平面的交点，然后顺序连接各交点，即得截交线。

截平面截割平面体，其截交线形状因截平面切割平面体的相对位置不同而有所变化。截平面截割位置可以是平行、垂直或倾斜于平面体轴线。

【例2-21】 如图2-92所示，正垂面 P 倾斜截割四棱锥，求作其截交线。

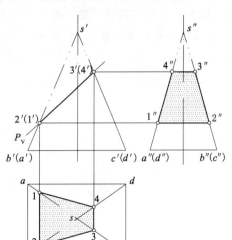

图2-92 正垂面 P 与四棱锥的截交线

【解】 分析：

可先求得此四棱锥的四棱线与平面 P 的四个交点，然后依顺序相连即可。

作图：

① 在 V 面投影中，因 P_V 具有积聚性，且四棱锥的左右侧面也积聚为线 $s'b'$ 和 $s'c'$，故棱线 $s'a'$、$s'b'$、$s'c'$、$s'd'$ 与 P_V 的交点 (1′)、2′、3′、（4′）可直接求得，其中 2′、(1′) 重影，3′、(4′) 重影。所求截交线的 V 面投影为重合于 P_V 的线段 2′3′。

② 由点 2′、3′分别向下连垂线，与 H 面四棱线 sa、sb、sc、sd 分别交于 1、2、3、4 点。连 1、2、3、4 点，所得梯形线框即为所求截交线的 H 面投影。

③ 由 2′、3′向右连水平线与 s″a″和 s″b″分别交于 4″、3″及 1″、2″四个点。连 1″2″3″4″，所得梯形线框 1″2″3″4″即为所求截交线的 W 面投影。其中 1″4″和 2″3″分别重合于四棱锥前后棱面的积聚性投影 s″a″和 s″b″。

2）平面与曲面体相交

平面与曲面体相交所得的截交线，因截平面与曲面体的相对位置不同，而成为平面曲线或平面折线。因曲面体截交线为截平面与曲面体表面的共有线，故求得截平面与曲面体表面的若干共有点，并依次连接起来，即为截交线。

共有点常用素线法和纬圆法求作。

图2-93 和图 2-94 分别表示圆柱和圆锥被不同位置的截平面截割所得截交线的情况。

图2-93（a）中，截平面倾斜于圆柱轴线，所得截交线为一椭圆。图2-93（b）中，截平面平行于圆柱轴线，截交线为矩形。图2-93（c）中，截平面垂直于圆柱轴线，截交线为与上下底全等的正圆。

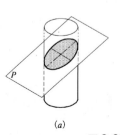 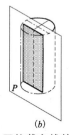 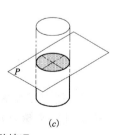

(a)　　　　　(b)　　　　　(c)

图2-93 圆柱截交线的三种情况

图2-94（a）中，截平面垂直于圆锥轴线，所得截交线为一小于底圆的正圆。图2-94（b）中，截平面倾斜于圆锥轴线，但不平行于其素线，所得截交线为一椭圆。图2-94（c）中，截平面平行于圆锥面上的一条素线，所得截交线由一段抛物线和一段直线围成。图2-94（d）中，截平面平行于圆锥轴线，所得截交线由一段双曲线和一段直线围成。图2-94（e）中，截平面过锥顶，所得截交线为一等腰三角形。

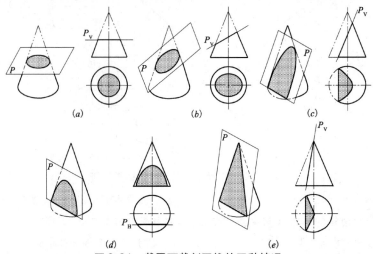

图2-94 截平面截割圆锥的五种情况

下面分别利用素线法和纬圆法求作曲面体的截交线。

素线法：

【例2-22】如图2-95所示，正垂面P_V截割圆柱，求截交线。

【解】分析：

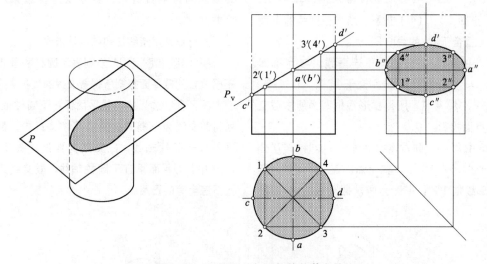

图2-95 正垂面P与圆柱体的截交线

由题意可知，此截交线V面投影重合于P_V，H面投影重合于圆柱的积聚性投影圆，W面投影为一椭圆。本题主要为求此投影椭圆。

作图：

①求特殊点：先找出圆柱最前、最后、最左、最右四条素线与 P_V 的交点的 V 面投影 a'、b'、c'、d' 及 H 面投影 a、b、c、d，并求得 W 面投影 a''、b''、c''、d''。

②求一般点：在 H 面投影中确定四条一般位置素线与 P 面的交点 1、2、3、4，并求出其 V 面投影 $1'$、$2'$、$3'$、$4'$ 和 W 面投影 $1''$、$2''$、$3''$、$4''$。

③连接各点：将 a''、b''、c''、d'' 和 $1''$、$2''$、$3''$、$4''$ 八点顺滑地连为椭圆，即得截交线的 W 面投影。

纬圆法：

【例 2-23】如图 2-96 所示，一铅垂面 P 截割圆锥，求截交线的投影。

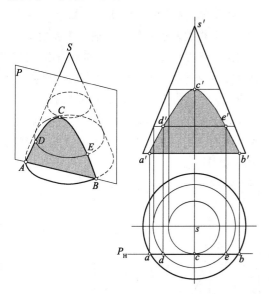

图 2-96 铅垂面 P 与圆锥的截交线

【解】分析：

因截平面 P 平行于圆锥轴线，故其截交线由一段双曲线和一段直线围成。截交线的 V 面投影为一双曲线，并反映截面实形，其 H 面投影为一段重合于 P 的直线段。

作图：

①求特殊点：根据 H 面投影中 P_H 与圆锥底圆的交点 a 和 b，可求出其 V 面投影 a' 和 b'，

a' 和 b' 为双曲线的最左点和最右点。为求双曲线的最高点，可先确定双曲线最高点的 H 面投影位置 c，然后以锥顶 s 为圆心，sc 为半径画一纬圆，即过 C 点作一纬圆，则最高点 C 必在此纬圆上。此纬圆的 V 面投影积聚为直线，此直线与圆锥轴相交于双曲线最高点 c'。

②求一般点：在 ac 之间适当位置取一点 d，以 s 为圆心，sd 为半径作一纬圆，此纬圆与 P_H 交于 d、e 两点。由于此纬圆属于圆锥表面，故 D、E 为 P 与圆锥表面的共有点，即截交线上的点。将此纬圆的 V 面投影直线求出，在此纬圆直线上作出 D、E 点的 V 面投影 d'、e'。

③连接各点：圆滑地将 $a'\ d'\ c'\ e'\ b'$ 连为一双曲线，此双曲线为截交线的一部分，另一部分为直线 $a'\ b'$。

(3) 两平面体相贯

两平面体相贯，其相贯线或是一闭合的平面折线，或是一闭合的空间折线。折线的各转折点，为两平面体各棱线与各表面相互的交点。求得这些交点，并依次连接起来，即得两平面体的相贯线。上述交点可用求直线与平面交点的方法求得。求相贯线的方法有积聚性法、辅助线法和辅助面法。

1）直接利用投影积聚性求相贯线

【例 2-24】如图 2-97 所示，四棱柱与三棱柱相交，求相贯线。

【解】分析：

主要利用三棱柱 W 面积聚性投影求得相贯线上的点。

作图：

在此种情况下，只有四棱柱的四条棱线与三棱柱积聚性棱面 $a''(b'')(c'')d''$ 存在交点 $1''$、$(2'')$、$3''$、$(4'')$，再求出 V 面投影 $1'$、$2'$、$(4')$、$(3')$。连 $1'2'(3')(4')$ 为一矩形，即为截交线的 V 面投影，其中 $(3')$、$(4')$ 被遮挡。此截交线的 H 面投影重合于四棱柱的积聚性投影 1243，W 面投影为一直线段 $3''1''$。

2）辅助线法求相贯线

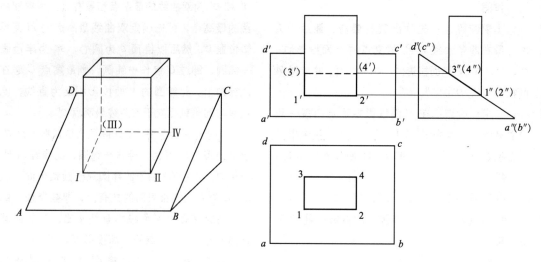

图 2-97　四棱柱与三棱柱的相贯线

【例 2-25】如图 2-98 所示，四棱柱与三棱锥相交，求相贯线。

【解】分析：

分别求得四棱柱的四棱线和三棱锥的三棱线与相互棱面或棱线的交点，依次相连即可。

作图：

① 先求四棱柱的四条棱线与三棱锥表面的交点：由 H 面得知，四棱柱的两条后棱线恰好与三棱锥的两条后棱线直接相交，即可求得两交点的三面投影 1、2、(1′)、(2′)、1″、(2″)。

为求四棱柱的左前棱线与三棱锥表面的交点，可过其交点的 H 面投影 3 在三棱锥表面作辅助线 sa，再求得其 V 面投影 s′a′ 与四棱柱左前的交点 3′，然后由 3′ 向右作水平线交四棱柱的右前棱线于 4′ 点，4′ 即为四棱柱左前棱线与三棱锥表面的交点。继续向右连线求得其 W 面投影 3″(4″)。

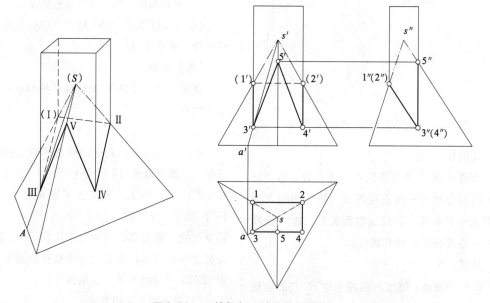

图 2-98　四棱柱与三棱锥的相贯线

② 求三棱锥的三条棱线与四棱柱表面的交点：三棱锥两条后棱线与四棱柱后棱线的交点 I、II 前述已求得，四棱柱前棱面在 W 面投影中的积聚性投影与三棱锥前棱线相交于 5″，向左求得 5′，再标出 5，此点即为所求三棱锥前棱线与四棱柱前棱面的交点。

③ 依次连接所求各交点（1′）、3′、5′、4′、(2′)、(1′) 与 1″、3″、5″，即得相贯线，其中 (1′)(2′) 不可见，画为虚线。

3）辅助面法求相贯线

【例2-26】如图2-99所示，求作四棱柱与四棱锥相贯线的 H 面投影。

【解】分析：

四棱柱的四棱线与四棱锥表面都相交，而四棱锥只有前后棱线与四棱柱上下表面有交点。

作图：

① 过四棱柱的上表面和下表面分别作两水平辅助面 P_V 和 Q_V，此两水平面包含四棱柱的四条棱线。

② 由 1′ 和 5′ 分别向下连线，求得 P_V 和 Q_V 与四棱柱截交线的 H 面投影 1234 和 5(6)7(8)，四棱柱上面两条棱线与截交线 1234 相交，得此两棱线与棱锥面的四个交点 a、b、c、d。同理，求得四棱柱两条下棱线与棱锥表面的交点 e、f、g、k。

③ 连 ea4dk(8) 和 f(6)gc2b 为两闭合线框，即为四棱柱与四棱锥相贯线的 H 面投影，其中线段 e(8)k 和 f(6)g 被遮挡，画为虚线。

（4）同坡屋面的交线

在房屋建筑中，常以坡屋面作为屋顶形式，其中常见的为同坡屋面（或称为同坡屋顶），即屋顶各檐口同高，且各屋面对地面 H 的倾角都相等。

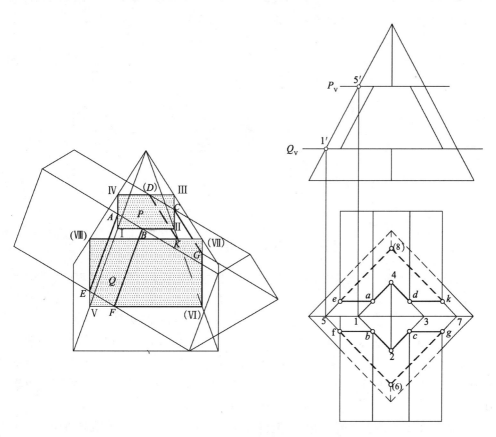

图2-99　四棱柱与四棱锥的相贯线

同坡屋顶分为二坡顶和四坡顶，它们都可看成横置的三棱柱体。同坡屋面相交，可看作三棱柱之间的相贯，其相贯线即为同坡屋面间的交线。此交线可根据下面同坡屋面的几个特性求出（图2-100）。

1）屋顶交线（屋脊）的 H 面投影是一条平行于屋檐，且与两屋檐距离相等的直线。

2）两相邻屋檐相交，屋面交线为一条斜脊或斜沟，其 H 面投影为此两相交屋檐的分角线，即45°斜线（因相邻屋檐交角一般为90°）。

3）如果两斜脊、两斜沟或一斜脊和一斜沟相交于一点，则必定还存在另一条屋脊线交于此点。

上述规律中的斜脊为相邻两坡屋面的凸交线，斜沟为相邻两坡屋面的凹交线。

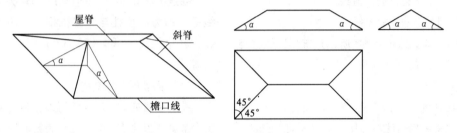

图2-100 同坡屋面的投影规律

【例2-27】如图2-101所示，已知四坡顶的 H 面投影轮廓线（图2-101a）及各坡屋面的水平倾角 α，作出屋顶的 H 面和 V 面投影。

【解】分析：

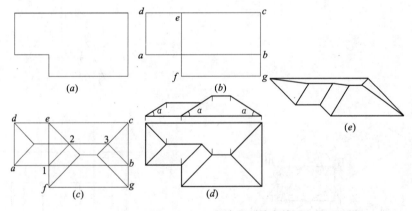

图2-BFQ]101 两同坡屋面的交线

此题为组合屋顶，可先作出基本屋顶的 H 面投影。

作图：

①根据已知条件分析，此为两同向的同坡屋面相交。将其轮廓线划分为两个基本同坡屋面的 H 面投影矩形 abcd 和 cefg（图2-101b）。

②在 abcd 和 cefg 中，依照上述同坡屋面的投影规律，分别作出各矩形顶角分角线和屋脊线的 H 面投影。两同坡屋面的 H 面投影部分重叠在一起，连交点1和2，即得斜沟，为 $\angle a1f$ 的反向分角线（图2-101c）。

③线段 2e、23 和 3b 重合于坡屋面，故不存在。线段 e1 和 1b 为假设线。擦掉以上图线，即得两相交同坡屋顶的 H 面投影（图2-101d）。

④根据 α 角和 H 面投影，即可求出其 V 面投影（图2-101d）。

该同坡屋顶的立体图如图2-101e所示。

(5) 平面体与曲面体相贯

平面体与曲面体的相贯线是由平面曲线或直线与平面曲线组成的空间闭合（折）曲线。相贯线上的每条平面曲线是平面体的一个侧面与曲面体表面上曲面的截交线。相贯线上的各转折点为平面体的各棱线与曲面体表面的交点。求出这些交点，并求得相贯曲线上的若干点，依次连成相应曲线或直线，即得平面体与曲面体的相贯线。

求平面体与曲面体相贯线的方法有以下两种：

1) 积聚性法：即利用积聚性的投影求相贯线上的点。

【例2-28】图2-102所示为圆柱与三棱柱相交，求相贯线。

【解】分析：

此两立体相贯线为一椭圆。此椭圆的W面投影为一直线段，H面投影为一重合于圆柱积聚性投影的圆，V面投影为一椭圆。现主要为求出此V面的投影椭圆。

作图：

①求特殊点：根据三棱柱W面积聚性投影与圆柱素线的交点，求得圆柱最前、最后、最左、最右四条素线与三棱柱表面的交点的V面投影1′、2′、3′、4′，此四点为V面相贯线椭圆的长短轴的端点。

②求一般点：在H面投影中，将投影圆周八等分的其余四个点5、6、7、8作为相贯椭圆上的一般点，再根据此四点的W面投影5″、6″、7″、8″，求得其V面投影5′、6′、7′、8′。

③连接各点：将1′、2′、3′、4′、5′、6′、7′、8′，共八个点顺滑地连成一椭圆，即为所求相贯线的V面投影。

2) 辅助线法：即通过作辅助线求得相贯线上的点。

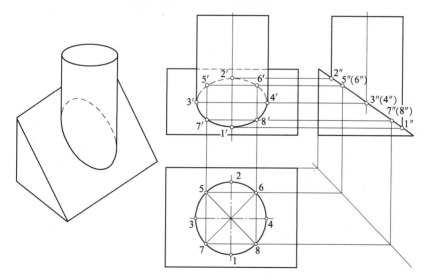

图2-102 圆柱与三棱柱的相贯线

【例2-29】如图2-103所示，圆锥与四棱柱相交，求相贯线。

【解】分析：

因四棱柱的轴与圆锥的轴重合，且四棱柱底面为正方形，故其相贯线是由四段相同的双曲线组成的闭合空间折曲线。又因双曲线为对称曲线，故求得此四段双曲线的任意一个下端点，其余三个下端点即可求出。

作图：

①求双曲线的下端点：V面投影中，四棱柱的左右棱线与圆锥的左右轮廓素线分别交于1′、2′两点，此两点即为所求双曲线的两

个下端点。由 1′ 向右作水平线与圆锥轴线相交，即得另一下端点 3′，第四个下端点 4′ 与 3′ 重影。

② 求双曲线的最高点：在 H 面投影中，先定出线段 13 的中点 5，此点为左双曲线最高点的 H 面投影。然后过 5 在圆锥表面作辅助线 sa，再作出其 V 面投影 s′a′。过 5 向上连线交 s′a′ 于 5′ 点，此点即为左双曲线最高点的 V 面投影。向右作出 5′ 对于圆锥中轴线的对称点 6′，此点为右双曲线的最高点。

③ 连双曲线：在 V 面投影中，用圆滑的曲线连 1′、5′、3′ 为左双曲线，连 3′、6′、2′ 为右双曲线，即得相贯线的 V 面投影，此相贯线的后面两双曲线与前面的两双曲线在 V 面分别重影，其 H 面投影重合于四棱柱的积聚性投影。

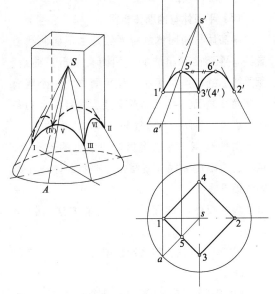

图 2-103　圆锥与四棱柱的相贯线

第3章 轴测投影

本章学习要点：
轴测投影的基本知识
正轴测投影和斜轴测投影的作法
选择轴测图的原则

3.1 轴测投影的基本知识

3.1.1 轴测投影的形成

前面所学习的正投影图是将物体放于三个相互垂直的投影面之间，用三组分别垂直于各投影面的垂直投影线进行投影而得到的图形，如图3-1（a）所示。正投影图能够准确地表达建筑形体一个方向上的形状和大小，并且作图也比较方便，是工程上普遍采用的作图方法。但是，它不能反映形体的空间形状，缺乏立体感。为了便于识图，工程上经常采用一种富有立体感的投影图来表示物体，这种投影图称为轴测投影图，简称轴测图，如图3-1（b）所示。

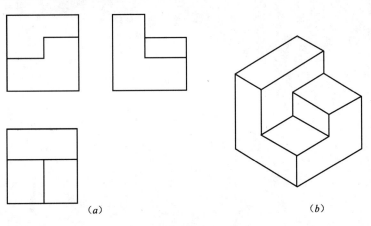

图3-1 正投影图与轴测图

如图3-2所示，根据平行投影的原理，把正方体连同确定它在空间位置的直角坐标轴（OX、OY、OZ）一起，沿着不平行于这三条坐标轴和由这三条坐标轴组成的任一坐标面的方向 S_1（或 S_2）投影到新的投影面 P 上，所得到的新投影称为轴测投影。这时，形体三个方向的面都能反映出来，具有较强的立体感。

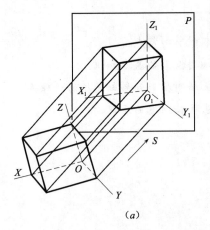
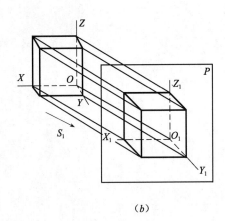

图3-2 轴测投影的形成
（a）正轴测投影； （b）正面斜轴测投影

3.1.2 轴测投影的分类

按投影方向与轴测投影面的相对位置,可将轴测投影分为正轴测投影和斜轴测投影两大类。当形体长、宽、高三个方向的坐标轴与投影面倾斜,投射线与投影面相垂直,所形成的轴测投影,称为正轴测投影;当形体两个方向的坐标轴与投影面平行,投射线与投影面倾斜,所形成的轴测投影,称为斜轴测投影。用轴测投影方法画成的图,简称为轴测图。

3.1.3 轴间角及轴向变形系数

在轴测投影中,轴测投影所在的平面 P 称为轴测投影面。三个直角坐标轴 OX、OY、OZ 的轴测投影 O_1X_1、O_1Y_1、O_1Z_1 称为轴测投影轴(简称轴测轴)。相邻两轴测轴之间的夹角,称为轴间角,且三个轴间角之和为 $360°$。

在轴测投影中,轴测轴上某段长度与它的实长之比,称为该轴的轴向变形系数(简称变形系数)。X、Y、Z 轴的变形系数分别为 p、q、r。即:

$$p = O_1X_1/OX; \quad q = O_1Y_1/OY; \quad r = O_1Z_1/OZ。$$

3.1.4 轴测投影的特性

轴测投影是按照平行投影原理作出的,所以它仍具有平行投影的投影特点:

1)直线的轴测投影,仍然是直线;

2)空间平行直线的轴测投影仍然互相平行,所以与坐标轴平行的线段,其轴测投影也平行于相应的轴测轴;

3)只有与坐标轴平行的线段,才与轴测轴发生相同的变形,其长度才按变形系数 p、q、r 来确定和测量。

3.2 正轴测投影

设想空间一长方体,它的三个坐标轴与投影面 P 倾斜,投射线方向 S 与投影面 P 垂直,所得到的是正轴测投影(图3-3)。

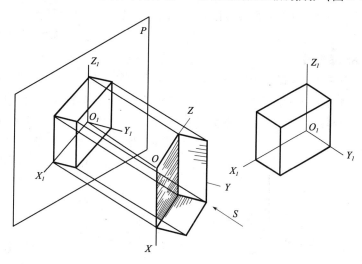

图 3-3 正轴测投影

显然,如果坐标轴与轴测投影面的倾斜角度不同,它们的三个轴测轴的方向、轴间角和轴向变形系数也就不同。这样,同一形体可以作出不同的正轴测投影,但实际上常用的正轴测投影有正等测和正二测两种,现分别介绍如下:

3.2.1 正轴测投影图的轴间角和轴向变形系数

(1) 正等轴测投影图

空间形体的三个坐标轴与轴测投影面的倾角相等时,则轴间角相等,轴向变形系数亦相等,这样得到的正轴测投影图即为正等轴测投影图,简称正等测。

由于形体的三个坐标轴与轴测投影面的倾角相等,则三个轴测轴之间的夹角也一定相等,即每两个轴测轴之间的夹角均为120°,如图3-4(a)所示。作图时,规定把O_1Z_1轴画成铅垂线,故其余两轴与水平线的夹角应为30°,可直接用三角板配合丁字尺来作图,所以正等轴测图的轴测轴画法比较简便,如图3-4(b)所示。

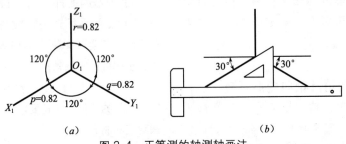

图3-4 正等测的轴测轴画法

由于三个坐标轴与轴测投影面的倾角相等,它们的变形系数也就相等。经计算,可知:

$$p = q = r = 0.82$$

为作图方便,在实际应用时常把它简化为1,即简化系数为$p=q=r=1$。但这样画出来的图形,要比实际的大一些,即各轴向线段的长度是实长的1.22倍。

(2) 正二等轴测投影图

当三个坐标轴只有两个与轴测投影面的倾角相等时,这两个轴的轴向变形系数一样,有两个轴间角相等,这样得到的正轴测投影称为正二等轴测投影,简称正二测。

正二测的轴测轴画法,如图3-5所示。其O_1Z_1轴仍然画成铅垂线,O_1X_1轴与水平线的夹角为7°10′,O_1Y_1与水平线的夹角为41°25′。画轴测轴时可用近似方法作图,即分别采用1:8和7:8作直角三角形,再利用其斜边的方法求得,如图3-5(b)所示。

根据计算,正二测的三个变形系数是:

$$p = r = 0.94; \quad q = 0.47$$

为方便作图,同样可将正二测的变形系数简化为:$p = r = 1$和$q = 0.5$。但这样画出来的图要比实际的略大一些,即各轴向线段的轴测投影长度是实长的1.06倍。

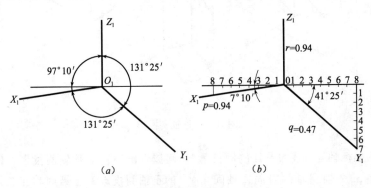

图3-5 正二测的轴测轴画法

3.2.2 正轴测投影图的画法

画正轴测图时,首先应对形体(或所给形体的正投影图)作初步分析。为使形体充分表示清楚,应确定形体在坐标轴间的方位(如果按形体的正投影绘制轴测投影,则可直接选用形体在坐标轴间的位置),即合适的观看角度,然后画出轴测轴,并按轴测轴方向及正轴测的变形系数,确定形体各顶点及主要轮廓线段的位置,最后画出形体的轴测投影图。作图时应当注意,平行于坐标轴的线段在轴测图中应与对应的轴测轴平行,而且,只有这种平行于坐标轴的线段,才可按简化系数量取。

根据形体特点,通过形体分析可选择各种不同的作图方法,如叠加法、切割法和坐标法等。

【例3-1】根据已知形体的正投影图(图3-6a),求作它的正等轴测图。

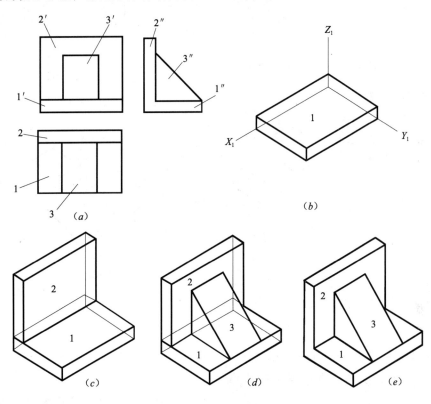

图3-6 用叠加法画正等轴测图

【解】从图3-6(a)正投影中可以看出,此形体由底板1、后侧板2和肋板3组成,三部分都是棱柱体,对于这类形体,适合用叠加法求作,其步骤如下:

1)画轴测轴,作出底板1的轴测图,如图3-6(b)所示;

2)作出后侧板2的轴测图,如图3-6(c)所示;

3)作出肋板3的轴测图,如图3-6(d)所示;

4)擦去多余的线,加深图线完成形体的正等轴测图,如图3-6(e)所示。

用叠加法作轴测图,当叠加的两个物体组成一个连续的平面时,其间不应有界限。

【例3-2】根据已知形体的正投影图(图3-7a),求作它的正等轴测图。

【解】先分析图3-7（a）的正投影图，这是由一个长方体切去一个三棱柱和一个四棱柱所形成的，这种形体适合用切割法作图，其步骤如下：

（1）画轴测轴，作出长方体的轴测图，如图3-7（b）所示；

（2）切去三棱柱A，如图3-7（c）所示；

（3）切去四棱柱B，如图3-7（d）所示；

（4）擦去多余的轮廓线和轴测轴（注意形体被切割后所产生的表面交线，哪些应擦去，哪些应保留），最后加深图线，如图3-7（e）所示。

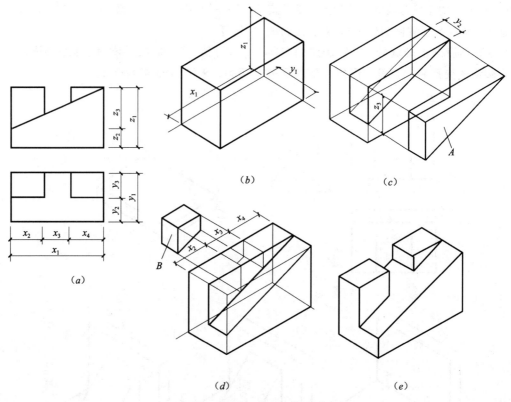

图3-7 用切割法画正等轴测图

【例3-3】已知钢筋混凝土杯形基础的正投影图（图3-8a），求作剖去形体1/4的正二测图。

【解】这是由一个杯形基础切去1/4形体后形成的，适合用切割法作图，步骤如下：

1）作出未剖切前基础的正二测图，如图3-8（b）所示。

2）沿对称平面将基础1/4切去：

① 作两剖切平面与基础表面的交线，即为各边中点的连线，如图3-8（c）所示。

② 擦去被剖切部分，如图3-8（d）所示。

③ 作出基础底面与两剖切平面的交线。它们对应平行O_1X_1和O_1Y_1相交于A_1，如图3-8（e）所示。

④ 作出两剖切平面的交线A_1B_1。它与O_1Z_1平行，等于基础底至杯口底的距离Z，如图3-8（f）所示。

⑤ 以B_1为中心，作杯口的底面，如图3-8（g）所示。

⑥ 连杯口顶面与底面的对应顶点，又连侧面及底面与剖切平面的交线，如图3-8（h）所示。

3）加深图线，完成轴测图，如图3-8（i）所示。

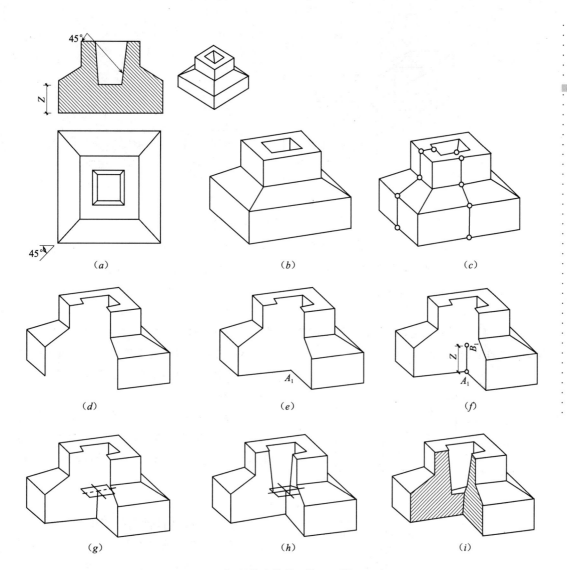

图 3-8 杯形基础带截面的正二测图画法

3.3 斜轴测投影

斜轴测投影与正轴测投影不同。空间形体的一个面（或两个坐标轴）与轴测投影面平行，而投射线方向 S 是与轴测投影面倾斜的，这样得到的轴测投影图即为斜轴测投影图。我们常用的斜轴测投影图有两种，即正面斜轴测图和水平面斜轴测图。正面斜轴测图和水平面斜轴测图又都称为斜二测投影图，简称斜二测。

3.3.1 正面斜轴测投影图

当空间形体的正面平行于正平面，而且以该正平面作为轴测投影面时，所得到的斜轴测图称为正面斜轴测投影图。图 3-9（a）所示为正面斜轴测图的形成。它的特点是：

1) 空间形体的坐标轴 OX 和 OZ 平行于轴测投影面（正平面），其投影不发生变形，即变形系数 $p=r=1$，轴间角为 90°。

2) 坐标轴 OY 与轴测投影面垂直，但因投射线方向 S 是倾斜的，OY 的轴测投影也是一条

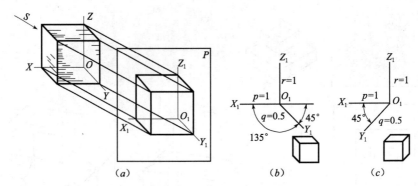

图 3-9 正面斜轴测图的形成及轴测轴画法

倾斜线，其与轴测轴 O_1X_1（或水平线）的夹角一般取 45°。变形系数 q 常取 0.5。轴测轴 O_1Y_1 的方向可根据作图需要选择，如图 3-9（b）、（c）所示。

【例3-4】根据已知台阶的正投影图（图3-10a），求作它的正面斜轴测图。

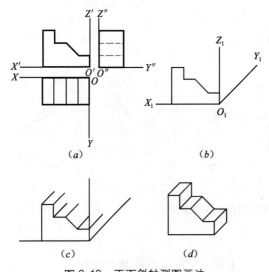

图 3-10 正面斜轴测图画法

【解】由于正面斜轴测图中 OX 和 OZ 轴不发生变形，故常利用这个特点，将形体轮廓比较复杂或有特征的那个面放在与轴测投影面平行的位置，这样作图就比较方便。本例中台阶的正面斜轴测图画法步骤如下：

1）画轴测轴，并按台阶正投影图中的 V 面投影，作出台阶侧面的轴测投影（因台阶侧面平行于轴测投影面，故二者图形不变），如图 3-10（b）所示。

2）过台阶侧面轮廓线的各转折点，作 45°斜线，按变形系数在各条斜线（即 Y_1 轴的轴向线段）上量取正投影中原线段长度（Y 轴方向）的二分之一，如图 3-10（c）所示。

3）将平行线各角点连接起来，擦去轴测轴，加深图线即得台阶的正面斜轴测图，如图 3-10（d）所示。

利用正面斜轴测中有一个面不发生变形的特点来画轴测图，方法比较简便，故在绘制工程管线系统和小型建筑装饰构件时常被采用。

3.3.2 水平斜轴测投影图

当空间形体的底面平行于水平面，而且以该水平面作为轴测投影面时，所得到的斜轴测投影图称为水平斜轴测投影图。图 3-11（a）为水平斜轴测投影图的形成。它的特点是：

1）空间形体的坐标轴 OX 和 OY 平行于水平的轴测投影面，所以 OX 和 OY 或平行 OX 及 OY 方向的线段的轴测投影长度不变，即变形系数 $p=q=1$，其轴间角为 90°。

2）坐标轴 OZ 与轴测投影面垂直。由于投射线方向 S 是倾斜的，轴测轴 O_1Z_1 则是一条倾斜线（图3-11b）。但习惯上仍将 O_1Z_1 画成铅垂线，而将 O_1X_1 和 O_1Y_1 相应偏转一个角度（图3-11c）。变形系数 r 应小于1，但为了简化作图，通常仍取 $r=1$。

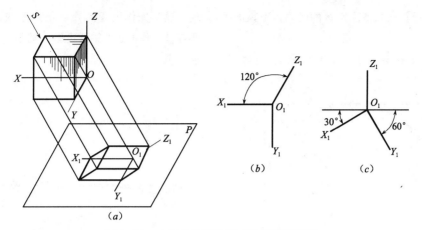

图 3-11 水平斜轴测的形成和轴测轴画法

这种水平斜轴测图，常用于绘制建筑小区的总体规划图。作图时只需将小区总平面图转动一个角度（例如30°），然后在各建筑物平面的转角处画垂线，再量出各建筑物的高度，即可画出其水平斜轴测图，如图3-12所示。

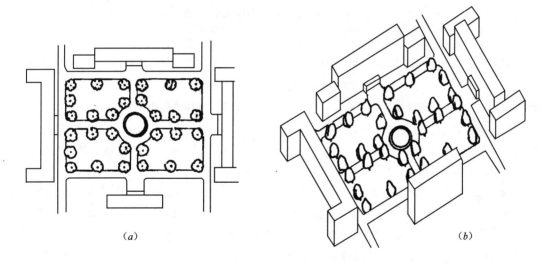

图 3-12 建筑小区的水平斜轴测图
(a) 总平面图；(b) 旋转30°后，按各房屋的实际高度作竖向高度

3.4 曲面体的轴测投影

3.4.1 圆周

(1) 圆周轴测投影的一般特性

1) 当圆周平面平行于投影方向时，其轴测投影为一直线。

2) 当圆周平面平行于投影面时，其轴测投影仍然为一个等大的圆周。

3) 一般情况下，圆周的轴测投影为一椭圆。其中椭圆心为圆心的轴测投影；椭圆的直径为圆周直径的轴测投影；圆周上任一对互相垂直的直径，其轴测投影则为椭圆的一对共轭轴。

(2) 八点法作圆周的轴测椭圆

【例3-5】已知半径为 R 的圆周,作其正面斜轴测投影。

【解】如图3-13所示,作圆周的轴测投影时,通常先作出圆的外切正方形的轴测投影,再在其中作出圆的轴测投影(椭圆)。其作图步骤如下:

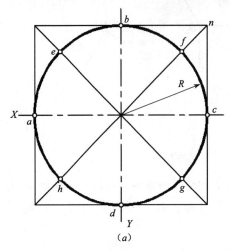
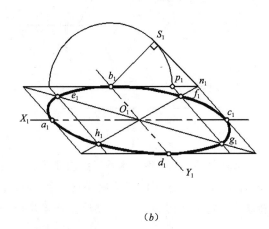

图3-13 用八点法作圆周的轴测椭圆
(a)圆的正投影;(b)八点法作椭圆

1)过圆心建立 OX、OY 轴,并画圆外切正方形,得切点 a、b、c、d 及正方形对角线与圆的交点 e、f、g、h(图3-13a)。

2)设正面斜轴测轴测轴,取简化系数 $p=r=1$,$q=0.5$。

3)取 $O_1a_1 = O_1c_1 = R$,$O_1b_1 = O_1d_1 = R/2$ 得 a、b、c、d 的轴测投影 a_1、b_1、c_1、d_1。

4)过此四点作轴测轴的平行线,得圆外切正方形的轴测投影,即椭圆外切平行四边形。

5)以 b_1n_1 为斜边,作一等腰直角三角形 $b_1n_1s_1$,以 b_1 为圆心,b_1s_1 为半径画圆交 b_1n_1 于 p_1,过 p_1 作 O_1Y_1 轴平行线与两对角线交于 f_1、g_1 两点。同理,作 e_1、h_1。

6)用曲线板连接 $a_1 \sim h_1$ 八点,即得椭圆。此法适用于画任意一类的轴测投影图。

3.4.2 圆角

圆角的正等测图,实际上为1/4椭圆。

【例3-6】已知形体的正投影图,如图3-14(a)所示,作平板上圆角的正等轴测图。

【解】其作法如图3-14所示:

1)画出平板的正等轴测图,并根据圆角半径 R,在平板的顶面相应边线上量取1、2、3、4各点,如图3-14(b)所示。

2)过切点1、2分别作出相应边线的垂线得交点 O_1,同样过切点3、4作出相应边线的垂线得交点 O_2,如图3-14(c)所示。

3)以 O_1 为圆心,$O_1 1$ 为半径作圆弧;以 O_2 为圆心,$O_2 3$ 为半径作圆弧,即得到平板上顶面圆角的轴测图,如图3-14(d)所示。

4)将圆心下移平板厚度 h,再用与上顶面相同的办法作圆弧,即得到平板下底面圆角的轴测图,如图3-14(e)所示。

5)在右端作上、下圆弧的公切线。擦去多余的图线,并加深可见轮廓线,即得到带圆角的平板的轴测图,如图3-14(f)所示。

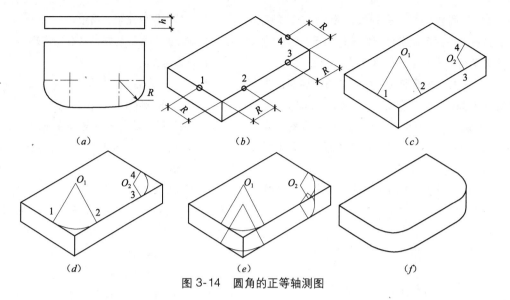

图 3-14 圆角的正等轴测图

3.4.3 曲面立体

掌握了平面上圆的轴测图画法,就可以作简单曲面体的轴测图。

【例3-7】根据已知圆柱的正投影图(图3-15a),求作它的正等轴测图。

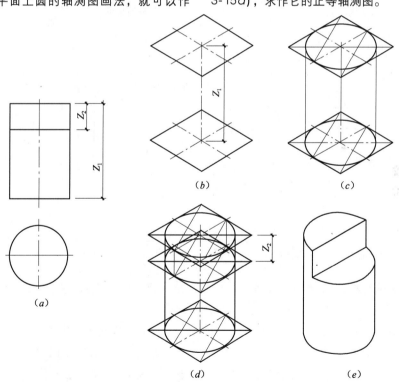

图 3-15 圆柱的正等轴测图

【解】画圆柱的正等轴测图,可先用近似法作出顶面和底面的正等轴测图为两个椭圆,再作上下两椭圆左右的两条切线。本例中圆柱的上部有一切口,顶端和切口处均为半个圆,连同底面共有三个位置的圆,因此在画正等轴测图时要注意定出它们的正确位置。具体作图步骤如下:

1）画圆柱轴线，在轴线上量取圆柱高度 z_1，再在上下两个端点分别作圆外切正四边形的正等轴测图——菱形（图3-15b）。

2）在上下两菱形内，用近似法作椭圆，并作上下两椭圆左右的两条切线（图3-15c）。

3）量取切口高度 z_2，作切口处半圆的正等轴测图，同时画出其他相应的轮廓线（图3-15d）。

4）擦去辅助线，加深图线即得带切口圆柱的正等轴测图（图3-15e）。

3.5 轴测图的选择

3.5.1 选择轴测图的原则

轴测图的种类繁多，究竟选择哪种轴测图来表达一个形体最合适，一般应从以下三个方面考虑：

1）轴测图形要完整、清晰；
2）轴测图形直观性好，富有立体感；
3）作图简便。

3.5.2 轴测图的直观性分析

影响轴测图直观性的因素主要有两个：1）形体自身的结构；2）轴测投影方向与各直角坐标面的相对位置。

用轴测图形表达一个建筑形体时，为了使其直观性良好，表达更清楚，应注意以下几点：

(1) 避免被遮挡

轴测图中，应尽量多地将隐蔽部分（如孔、洞、槽）表达清楚。如图3-16所示，该形体中部的孔洞在正等测图中看不到底（被左前侧面遮挡），而在正二测和正面斜轴测图中能看到底，故直观性较好。

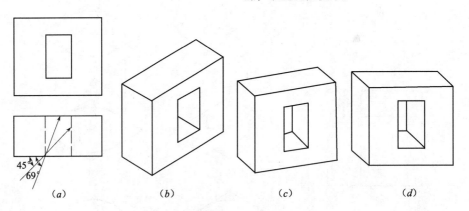

图3-16 避免被遮挡
(a) 正投影图；(b) 正等测图；(c) 正二测图；(d) 正面斜轴测图

(2) 避免转角处交线投影成一直线

如图3-17所示，在正等测图中，由于形体左前方转角处的交线 A_1B_1、B_1C_1、C_1D_1 均处在与 V 面成45°的同一平面上，与投影方向平行，必然投影成一直线，故直观性不如图3-17 (c)、(d)。

(3) 避免平面体投影成左右对称的图形

如图3-17所示，正等测投影方向恰好与形体的对角线平面平行，故轴测图左右对称。而图3-17 (c)、(d) 则不是这样，直观性相对较好。

(4) 合理选择投影方向

图3-18反映出轴测图四种不同投影方向及其图示效果。显然，该形体不适合作仰视轴测图（图3-18e），而适合作俯视轴测图（图3-18c），且图3-18 (b) 的表达效果又好于图3-18 (c)。究竟从哪个方向投影才能清楚地表达建筑形体，应根据具体情况而选择。

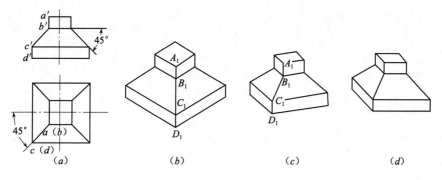

图 3-17 正投影及三种轴测图
(a) 正投影图；(b) 正等测图；(c) 正二测图；(d) 正面斜轴测图

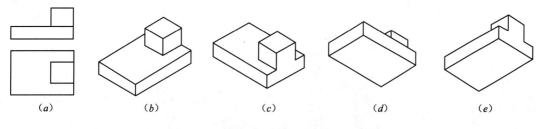

图 3-18 轴测图的四种投影方向及图示效果
(a) 正投影图；(b) 由左前上向右后下投影；(c) 由右前上向左后下投影；
(d) 由左前下向右后上投影；(e) 由右前下向左后上投影

第4章　剖面图与断面图

本章学习要点：

剖面图与断面图的概念

剖面图与断面图的画法

如前所述,在画物体的正投影图时,规定用实线表示物体的可见轮廓线,用虚线表示不可见的物体内部孔洞以及被外部遮挡的轮廓线。当物体内部的形状较复杂时,在投影中就会出现很多虚线,虚线间相互重叠或交叉使图样不够清晰,如图4-1所示的三面投影图。为此,我们在制图中常采用剖面图和断面图的表示方法,即假想将形体剖开,让它的内部构造显露出来,使形体看不见的部分变得可见,并用实线画出这些内部结构。

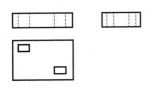

图4-1　三面正投影图

4.1　剖　面　图

4.1.1　剖面图的形成及画法

假想用剖切面 P（平面或曲面），在物体的适当位置剖开物体,移去观察者和剖切面之间的部分,将剩余部分向剖切面 P 所平行的投影面投影,所得的图形称为剖面图。图4-2即为双柱杯形基础剖面图的形成。

从图4-2中还可看出,剖切面 P 的位置不同,则所形成的剖面图亦不相同。剖面图的数量是根据建筑的具体情况和施工实际需要而定的。剖切面的选取,一般应使其平行于基本投影面,横向或纵向均可,从而使断面的投影反映实形。其位置应选择在建筑内部构造比较复杂或典型的部位,并应通过形体上的孔、沿、槽的中心线。

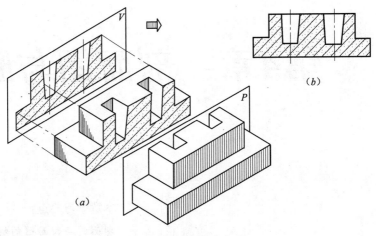

图4-2　剖面图的形成
（a）假想用剖切平面 P 剖开基础并向 V 面进行投影；（b）基础的 V 面剖面图

形体剖开之后,都有一个截口,称为断面。在剖面图绘制时,规定要在断面上画出建筑材料图例,以区分断面（剖到的）和非断面（看到的）部分。各种建筑材料图例必须遵照"国标"规定的画法。图4-2基础剖面图中的断面上,所画的是钢筋混凝土图例。所以在剖面图中,还可以知道建筑用什么材料做成。不指明材料时,可用等距离、同方向的45°斜线表示断面。常用建筑材料图例见表4-1。

常用建筑材料图例　　　　表4-1

序号	图例	名称	序号	图例	名称
1	//////	自然土壤	2	//////	夯实土壤

续表

序号	图例	名称	序号	图例	名称
3		砂、灰土	13		焦渣、矿渣
4		砂砾石、碎砖三合土	14		金属
5		天然石材	15		松散材料
6		毛石	16		木材
7		普通砖	17		胶合板
8		耐火砖	18		石膏板
9		空心砖	19		多孔材料
10		饰面砖	20		玻璃
11		混凝土	21		纤维材料或人造板
12		钢筋混凝土			

4.1.2 剖面图的分类

针对物体的不同特点和要求，剖面图有不同的画法。一般包括全剖面图、阶梯剖面图、半剖面图、局部剖面图、分层剖面图、旋转剖面图等。

(1) 全剖面图

假想用一个剖切平面将形体全部剖开，然后画出形体的剖面图，这种剖面图称为全剖面图。全剖面图适用于不对称的建筑形体，或虽然对称但外形比较简单，或在另外的投影中已将外形表达有足够清楚。

图4-3所示的房屋，为了表示其内部布置，假想用一水平剖切平面将整幢房屋剖开，而后画出其整体的剖面图。

在园林规划设计中，常用全剖面图来反映地形或构成园景各要素在竖向上的关系。园景剖面图是指某一园景被一假想的铅垂面剖切后，沿某一剖切方向投影所得到的视图，其中包括园林建筑和小品等的剖面。但在只有地形剖面时应注意园景立面图和剖面图的区别，因为某些园景立面图上也可能有地形剖切线。通常园景剖面图的剖切位置应在平面图上标出，且剖切位置必定处在园景之中。在剖切位置上沿正反两个剖视方向均可得到反映同一园景的剖面图，但立面图沿某个方向只能作出一个。因此，当园景较复杂时，可用多个剖面图表示。

(2) 阶梯剖面图

一个剖切平面若不能将形体上需要表达的内部构造一齐剖开时，可将剖切平面转折成两个互相平行的平面，将形体沿需要表达的地方剖开，然后画出剖面图，所得到的剖面图，称为阶梯剖面图，如图4-4所示。剖切平面的转折处在剖面图上规定不画分界线。

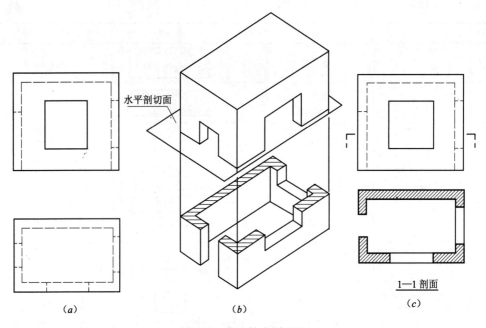

图 4-3 房屋的全剖面图
(a) 两面投影；(b) 立体图；(c) 剖面图

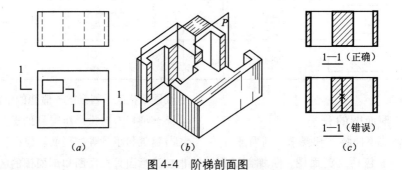

图 4-4 阶梯剖面图

(3) 局部剖面图

当建筑形体的外形比较复杂，完全剖开后无法表示清楚时，可以保留原投影图的大部分，而只将局部画成剖面图，如图 4-5 所示。按"国标"规定，投影图与局部剖面之间要用徒手画的波浪线分界。

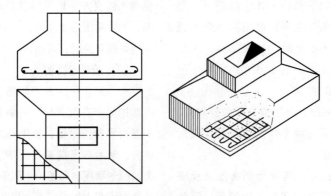

图 4-5 局部剖面图

(4) 分层剖面图

按层次分别剖开,并用波浪线将各层隔开,由此得到的剖面图为分层剖面图,可用于反映各层的不同材料及做法。但波浪线不应与任何图线重合,如图4-6所示。

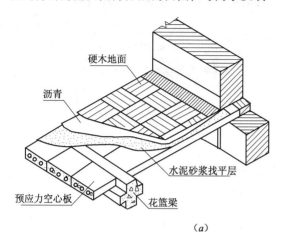
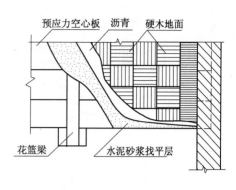

图4-6 分层剖面图
(a) 立体图;(b) 平面图

分层剖面图多用于表达楼面、地面、墙面装饰和屋面的构造。

(5) 半剖面图

一半画成外形图,另一半画成剖面图,由此获得的图形称为半剖面图。半剖面图可同时表达形体的外表和内部构造,多用于物体具有对称平面(左右对称或前后对称)而外形又比较复杂的情况,如图4-7所示。

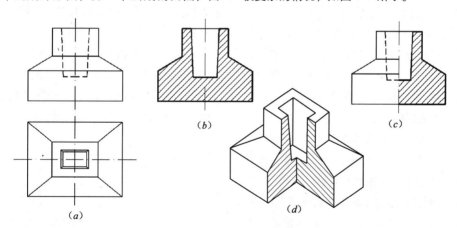

图4-7 全剖面图与半剖面图

在半剖面图中,剖面图和投影图之间规定用形体的对称线(细点划线)为分界线。当对称中心线是铅垂线时,半剖面画在投影图的右半边,当对称中心线是水平线时,半剖面可以画在投影图的下半边。

另外,对称符号一般以细线绘制,平行线的长度宜为6~10cm,平行线的间距为2~3cm,平行线在对称线两侧的长度应相等。由于在剖面图一侧的图形都已将外形图中的虚线表达清楚,所以在外形图一侧图形中的虚线都应省略不画。

(6) 旋转剖面图

对于某些回转体,如圆柱体等,可以用两个或两个以上相交的铅垂面剖切平面,沿一定的剖切位置剖切形体,而后使其中半个剖面图形沿两剖切平面的交线旋转到另半个剖面图形的平面(一般平行于基本投影面)上,然后一齐向所平行的基本投影面投影,所得的投影称为旋转剖面,如图4-8所示。用此法剖切时,应在剖面图的图名后注明"旋转"字样。

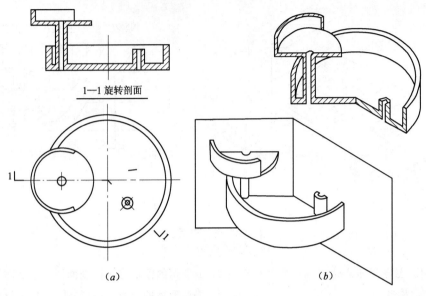

图4-8 旋转剖面图

4.1.3 剖面图的标注

为便于识读,剖面图在绘制时,需要用剖面的剖切符号把所画的剖面图的剖切位置、剖视方向在投影图上表示出来。同时,还需要给每一个剖面图加上编号,以免混淆。

(1) 剖切位置线

以粗实线绘制,长度为6~10mm,在剖切面的起、止和转折位置处表示剖切位置。剖切位置线不宜与图面上的图线相接触。

(2) 投射方向线(或称剖视位置线)

以垂直于剖切位置线、处于其两端的外侧的短粗线来表示,长度为4~6mm,如画在剖切位置线的左边则表示向左投影。

(3) 剖切符号、剖面图编号

宜采用阿拉伯数字,按顺序由左至右,由下至上连续编排,并注写在剖视方向线的端部。当剖切位置线需转折时,在转折处如与其他图线发生混淆,应在转角的外侧加注与该符号相同的编号。

剖面图名称与其相应的剖切符号编号一致,并在图名下画相应长度粗实线,习惯上,剖面图的图名写做"×—×剖面图"。

剖面图与被剖切图样不在同一张图纸内时,可在剖切位置线的另一侧注明其所在图纸的图纸号。如图4-9中,3-3剖切位置线下侧注写"建施-5"表明3-3剖面图画在"建施"第5号图纸上。

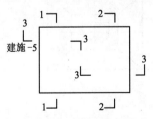

图4-9 剖切符号与编号

另外,对习惯使用的剖切符号,如画房屋平面图时,通过门窗洞口的剖切位置,以及通过构件对称平面的剖切符号,可以不在图上作任何标注。

(4) 其他

1) 图线:剖面图中的图线一般不画虚线;

2）被剖切面剖切到的断面轮廓线用粗实线绘制；

3）剖切面没有剖切到，但沿投射方向可以看见的部分，用中实线表示。

4.2 断　面　图

4.2.1 断面图的形成及画法

假想用剖切面将物体某处切断，则该物体上截交线所围成的平面图形，称为断面。如果只把这个断面投影到与它平行的投影面上，所得到的图形，表示出断面的实形，称为断面图。

剖面图与断面图的区别在于：

1）断面图只画出形体被剖开后的断面的投影，而剖面图要画出形体被剖开后整个余下部分的投影。

2）剖面图是被剖开的形体的投影，是体的投影，而断面图只是截面的投影，是面的投影。剖面图包含了相应的断面图。

3）断面图的剖切符号只画出剖切位置线，不画剖视方向线，只用编号的注写位置来表示剖切方向。编号写在剖切位置下侧，表示向下投影；写在左侧，表示向左投影。

4）剖面图中的剖切平面可转折，断面图中的剖切平面则不可转折。

5）剖面图的图名多为"×—×剖面图"，断面图则习惯于标识为"×—×"，不写"断面图"字样。

4.2.2 断面图的分类

(1) 移出断面图

将断面图画在投影图之外，称为移出断面图，如图4-10所示。当一个形体有多个断面图时，可以整齐地排列在投影图的一侧或四周，并用较大比例画出。这种绘图方式多用于断面变化较多的构件，主要是钢筋混凝土构件。

(2) 重合断面图

将断面图直接画在投影图轮廓线内，称重合断面图。如图4-11(a)中，屋顶平面图上加画断面图。重合断面图绘制时，比例要与投影图一致，断面的轮廓线应画得粗些，以便与投影图上的线条有所区别。图4-11(b)所示为墙壁立面上装饰花纹的凹凸起伏状况，也属于重合断面图。

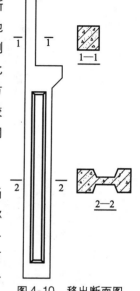

图4-10　移出断面图

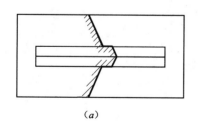

(a)

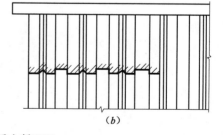

(b)

图4-11　重合断面图

(a) 厂房的屋面平面图；(b) 墙壁上装饰的断面图

(3) 中断断面图

画在投影图的中断面处的断面图，称中断断面图，如图4-12所示。

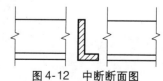

图4-12　中断断面图

第5章 建筑阴影

本章学习要点：
阴影的基本知识和基本规律
基本形体阴影的求作方法
园林建筑细部阴影的求作步骤
轴测图中加阴影的求作

5.1 阴影的基本知识和基本规律

5.1.1 概述
(1) 阴影的概念

光线照射物体，在物体表面形成的不直接受光的阴暗部分称为阴，直接受光的明亮部分称为阳。由于物体遮挡部分光线，而在自身或其他物体表面所形成的阴暗部分称为影。阴与影合称为阴影。如图5-1所示，一立方体置于 H 面上，由于受到光线照射，其表面形成受光的明亮部分（阳）和背光的阴暗部分（阴），此明暗两部分的分界线称为阴线。由于立方体不透光，而遮挡了部分光线，故在 H 面上形成了阴暗部分，称为落影，简称为影。此落影的外轮廓线称为影线，影子所在的面如 H 面，称为承影面。

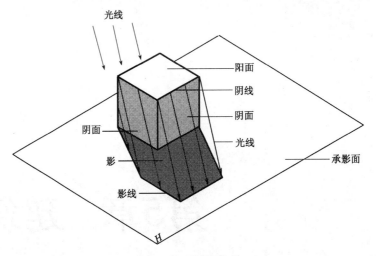

图5-1 阴影的形成

求作物体的阴影，主要是确定阴线和影线。我们把由光线所组成的面称为光面，则物体表面的阴线实际为光面与物体表面的切线，其影线为通过阴线的光面与承影面的交线。

(2) 阴影的作用

在建筑设计图上加画阴影，是为了更形象、更生动地表达所设计的对象，增加真实感。建筑物的正立面图（立面正投影）只表达了建筑物高度和长度两向度的尺寸，缺乏立体感。如果画出建筑物在一定光线照射下产生的阴影，那么建筑设计图便同时表达了建筑物前后方向的深度，即明确了各部分间的前后关系，使建筑物具有三维立体感，从而使建筑物显得形象、生动、逼真，增强了艺术表现力。

建筑阴影主要用在建筑立面或透视渲染等建筑表现图中，增加其表现力，图5-2为一建筑阴影实例。

(3) 常用光线

产生建筑阴影的光线，主要为阳光，而太阳距地球非常遥远，其光线可视为平行光线。因此，在建筑物的投影图上作阴影，光源设定在无限远处，光线是相互平行的。为便于作图，对光线 L 的方向作如下规定：如图5-3所示，设一正方体置于三面投影体系中，其各侧面平行于相应投影面，光线 L 由该正方体的前方左上角沿斜对角线射至后方右下角，此种方向的平行光线，被称为常用光线。这样，常用光线 L 的三面正投影 l、l' 和 l'' 对相应投影轴的夹角都为45°，并且常用光线 L 与三投影面的真实倾角 α 都相等，计算后得 $\alpha \approx 35°$。建筑物正投影中作阴影，一般都采用常用光线。

图 5-2 建筑阴影实例

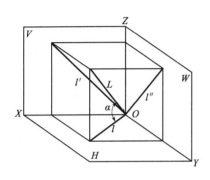
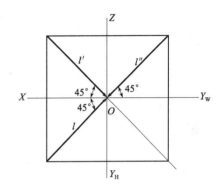

图 5-3 常用光线的方向

5.1.2 点的落影

空间点在某承影面上的落影，实际为过该点的光线与该承影面的交点。过空间点的光线可看作一条直线，而承影面可以是处于特殊位置或一般位置的平面或曲面。因此，求一空间点的落影，实质上可归结为求过空间点的直线与平面或曲面相交的问题，其交点即为该空间点在承影面上的落影点。如图 5-4 所示，空间点 A 在承影面 H 上的落影为过 A 的光线 L 与 H 面的交点 A_H，l 为光线 L 在 H 面上的正投影，L 与 l 交于落影点 A_H。

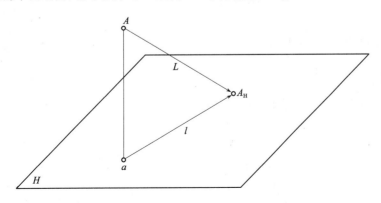

图 5-4 点的落影实质

若以投影面为承影面,则点在投影面上的落影,即为过该点的光线与投影面的交点。具体作法如下:过空间点的两面投影分别作光线的投影45°斜线,哪条45°斜线首先与相应投影轴相交,则空间点就落影于相应的积聚性投影面上。如果此光线继续延伸,则与另一投影面相交,得另一交点。此交点不是落影,称为假影。

如图5-5所示,过 A 的光线首先与 V 面相交得正面迹点(直线与投影面的交点)A_V,此即为 A 点在 V 面上的落影点,用 A_V 表示,即 A 点落影于承影面 V 上,后亦同。如将此过 A 的光线继续向前延伸,则与 H 面相交,得水平迹点 A_H,此点为假影。作图步骤如下(图中箭头示意画线方向,箭头旁数字表示画线的先后顺序):

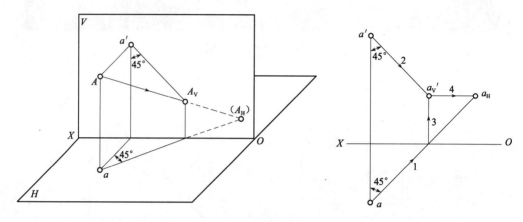

图5-5 空间点在投影面上的落影

过 A 的投影 a 和 a',分别作45°斜线。过 a 的45°斜线首先与 OX 轴相交,表明 A 点落影于 V 面。由此交点向上作垂线,与过 a' 的45°斜线交于落影点 a_V'。

如求 A 点在 H 面上的假影,可将过 a 的45°斜线向前延长,与由 a_V' 引出的水平线交于 a_H 点,a_H 点即为 A 点在 H 面上的假影。后面求直线落影时,要用到假影。如空间点落影于 H 面,情况亦然。

【例5-1】如图5-6所示,作出空间点 A 在平面 P 上的落影。

【解】分析:

先过 A 作常用光线的两面投影,再利用 P 面的积聚性投影 P_V 即可求得光线与 P_V 的交点。

作图:

① V 面投影中,过 a' 作45°光线的投影与 P_V 交于点 a_P'。

② 由 a_P' 向下连线与过 a 的45°光线的投影交于 a_P,则 a_P' 与 a_P 即为 A 点在 P 平面上的落影 A_P 的两面投影。

【例5-2】如图5-7所示,求作空间点 A 在三角形 BCD 上的落影。

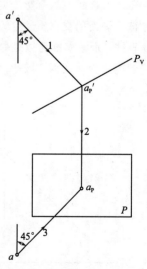

图5-6 空间点 A 在平面 P 上的落影

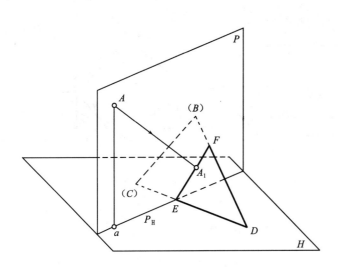
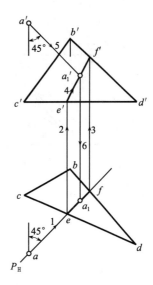

图 5-7 空间点在一般位置承影面上的落影

【解】分析：

此题可看作一般位置直线与一般位置平面相交的问题。

作图：

① 包含过 a 的光线投影作一辅助铅垂光平面 P，即过 a 作 45°斜线 P_H，再利用 P_H 的积聚性，求得 P 与三角形 BCD 间交线的 H 面投影 ef，再向上求得其 V 面投影 $e'f'$。

② 由 a' 作 45°斜线与 $e'f'$ 相交，得落影 A_1 的正面投影 a_1'。过 a_1' 向下引垂线与 ef 相交于点 a_1，求得落影的 H 面投影 a_1。

5.1.3 直线的落影
(1) 直线落影的一般规律

空间直线在某承影面上的落影，可以看作过空间直线的所有光线组成的光平面与承影面的交线。这样，求空间直线在承影面上的落影，可归结为面与面相交的问题（图5-8）。承影面为平面时，空间直线的落影仍为直线。空间直线落影于两相交平面时，其落影在交线处发生转折。

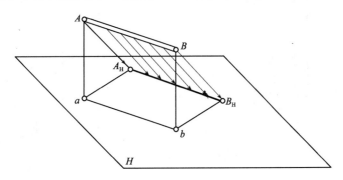

图 5-8 直线的落影

求空间直线在承影面上的落影，可先作出该直线上任意两点在同一承影面上的落影（一般取直线段两端点），然后将两落影点相连即可。

【例5-3】如图 5-9 所示，空间直线 AB 同时落影于 V 面和 H 面，作出其落影。

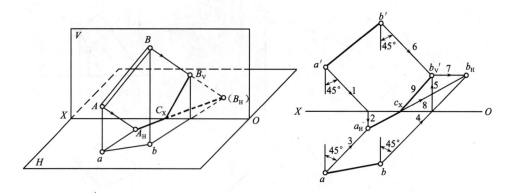

图 5-9　直线在两投影面上落影

【解】分析：

我们假设把直线 AB 全部落影于同一投影面上（V 面或 H 面），其落影与 OX 轴的交点即为直线落影的转折点。

作图：

① 求出直线段两端点 A 和 B 在 H 面和 V 面上的落影 a_H 和 b_V'。

② 将过 b 的 45°斜线向前延长，与过 b_V' 的水平线向右交于 b_H，b_H 即为 B 点在 H 面上的假影。

③ 连 $a_H b_H$，交 OX 轴于 c_x 点。

④ 连 $c_x b_V'$，则折线 $a_H c_x b_V'$ 即为直线 AB 在两投影面上的落影，c_x 为转折点。

(2) 直线的落影特性

1) 直线与承影平面平行

如图 5-10 所示，空间直线 AB 平行于铅垂面 P（则 ab 必平行于 P_H），用积聚法求出 AB 的落影 $A_P B_P$。因直线 AB 平行于平面 P，则 AB 就平行于过 AB 的光平面 $ABB_P A_P$ 与 P 面的交线 $A_P B_P$，而 $A_P B_P$ 即为 AB 在 P 面上的落影。由此得出结论：

如果一条空间直线平行于承影平面，那么它在此承影平面上的落影必平行于此空间直线本身。

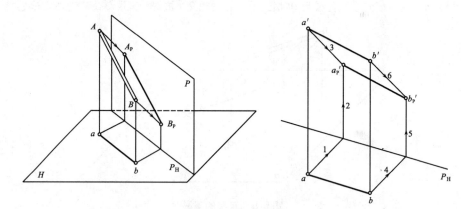

图 5-10　直线落影于与之平行的承影平面

如果承影平面为投影面，则平行于某投影面的空间直线在此投影面上的投影，必平行于空间直线在同一投影面上的落影。

不难证明，一空间直线在一组相互平行的

承影平面上的各落影必相互平行。

2) 直线与承影平面相交

如图 5-11 所示，直线 AB 与铅垂面 P 交于 A 点。如求直线 AB 在 P 面上的落影，可先分别作出直线两端点 A 和 B 的落影。B 点的落影为点 B_P，因 A 点重合于承影平面 P，则 A 点在 P 面上的落影 A_P 即为 A 点本身，则直线 AB 的落影为 AB_P，由此得出结论：

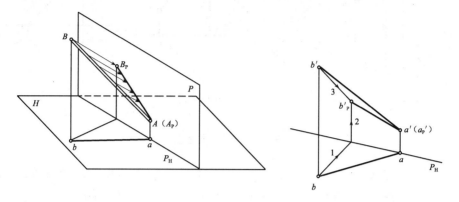

图 5-11 直线落影于与之相交的承影平面

如果一空间直线与承影平面相交于一点，则该直线在此承影平面上的落影必通过该交点。此结论也可由光平面的观点导出：如图 5-11 所示，落影 AB_P 即为过 AB 的光平面与 P 面的交线，此交线必过其交点 A。

【例 5-4】如图 5-12 所示，作出直线 AB 在正垂折面 P、Q、R 上的落影。

① 作出 A 点在 P 面上的落影 a_P，过 a_P 作 ab 的平行线，交 P 面与 Q 面的交线于 c 点。

② 因 AB 与 Q 面相交，故在正面投影中延长 Q_V 与 a'b' 交于 d' 点，此点为 AB 与 Q 面交点的正面投影。

③ 由 d' 向下引垂线，交 ab 于 d，则 d 为交点的水平投影。因 AB 线在 Q 面上的落影必通过 D 点，所以连 dc 并向右延长与 Q、R 两面的交线交于 e 点，则直线段 ce 即为 AB 在 Q 面上落影的水平投影。

④ 再求出 B 点在 R 面上落影的水平投影 b_r，则折线 $a_P ceb_r$ 即为直线 AB 在折平面 P、Q、R 上的落影。

3) 直线与投影面垂直

如图 5-13 所示，AB 为铅垂线。因为经过 AB 的光平面为一铅垂面，并与 V 面成 45° 倾角，所以此光平面与 H 面的交线（落影）为 45° 斜线。也就是说，铅垂线 AB 在 H 面上的落影与过 AB 的光线的 H 面投影相重合，为 45° 斜线。又因 AB 平行于 V 面，故 AB 在 V 面上的落影平行于 AB 的 V 面投影 a'b'。如直线垂直于 V 面，如图 5-13 (c) 所示，则其在 V 面上的落影也为 45° 斜线，在 H 面上的落影平行于直线的同面

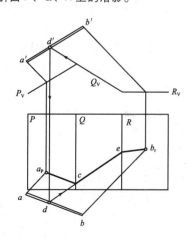

图 5-12 直线落影于折面

【解】分析：

由图可知，直线 AB 平行于 P 面，相交于 Q、R 面。

作图：

投影。如为侧垂线,情况亦然。由此得出如下结论:

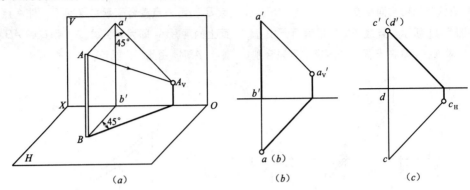

图5-13 铅垂线在投影面上落影

若一直线垂直于投影面,则直线在此投影面上的落影必与光线的投影重合,为45°斜线。在另一投影面上的落影必平行于该直线的同面投影,也平行于直线本身。并且,铅垂线不论落影于何种承影面,落影的水平投影总是一条45°斜线。此规律可推广至正垂线和侧垂线的情况。

【例5-5】如图5-14所示,求作铅垂线AB在地面和柱面上的落影。

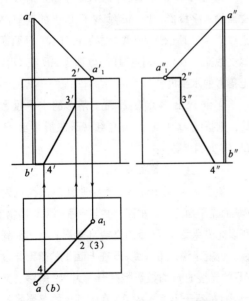

图5-14 铅垂线在地面和柱面上的落影

【解】分析:
铅垂线AB在地面和柱面上的H面落影为45°斜线,然后由A点开始,依据铅垂线落影规律逐点、逐线作出其落影。

作图:

① V面投影中,过a'作45°斜线与柱面最上面的水平面交于a_1'点。过a_1'向下连线与过$a(b)$点的45°斜线交于a_1点,则直线aa_1即为AB在H面的落影。

② H面投影中,由2向上连线,得AB在柱面上的另一段落影$2'3'$,依据平行规律,$2'3'$与$a'b'$平行。再由4向上连线得$4'$。连$3'$、$4'$,得AB在斜面上的落影,则AB落影的V面投影为$b'4'3'2'a_1'$。

③ W面投影中,过a''作45°斜线与柱顶面交于a_1''点,则AB落影的W面投影重合于柱面积聚性投影,为折线$a_1''2''3''4''b''$。从中可以发现一个规律:$a_1'2'3'4'b'$与$a_1''2''3''4''b''$对称。

5.1.4 平面的落影

(1) 求平面落影的方法

平面多边形较常见,如三角形、四边形、五边形等。求这类平面多边形在投影面或其他承影平面上的落影,实际上就是求其轮廓线的落影,此落影可通过求出平面多边形各顶点的落影,依次相连而得。

【例5-6】如图5-15所示,作出梯形ABCD在投影面上的落影。

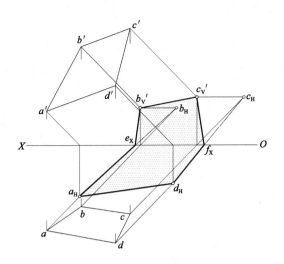

图 5-15 平面形落影于投影面

【解】分析：

依题意可分别求出梯形四顶点 A、B、C、D 的落影，依次相连即可。

注意：AB 和 CD 在两投影面上的落影发生了转折，可利用假影求转折点。

作图：

① 先求出梯形四顶点 A、B、C、D 在 H 面和 V 面上的落影 b_V'、c_V'、a_H、d_H，连接 b_V' 和 c_V' 及 a_H 和 d_H。

② 求出 B 点和 C 点在 H 面上的假影 b_H 和 c_H，连 $a_H b_H$ 和 $d_H c_H$，得两转折点 e_x 和 f_x，连 $a_H e_x$ b_V' 和 d_H $f_x c_V'$，则六边形 $a_H e_x b_V' c_V' f_x d_H$ 即为落影区。

我们规定，用浅灰色和深灰色分别表示阴区和影区范围。

(2) 平面与投影面平行

如果平面与投影面平行，则此平面在该投影面上的落影反映平面实形。

【例5-7】如图5-16所示，作出一水平圆在 H 面上的落影。

【解】分析：

此圆与承影面 H 平行，其在 H 面上的落影反映实形，为一同等大小的圆。

作图：

可先求出圆心 O 在 H 面上的落影 o_H，然后

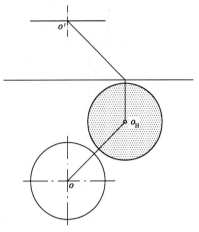

图 5-16 水平圆在 H 面上落影

以 o_H 为圆心，已知水平圆的半径为半径作一圆，此圆即为水平圆在 H 面上的落影。

(3) 平面与投影面垂直

此种情况下，平面在其垂直的投影面上沿光线投射方向（即45°方向）落影。

【例5-8】如图5-17所示，作出一半径为 R 的正平圆在 H 面上的落影。

【解】分析：

此正平圆与 H 面垂直，且不与光线平行，故其在 H 面上的落影为一椭圆。

作图：

先作此圆 V 面投影圆的外切正方形，并使其一边平行于 OX 轴。然后求出此外切正方形在 H 面上的落影（为一平行四边形），再利用"八点法"求出落影椭圆即可，此椭圆内切于平行四边形。

图 5-17 同时也表示了求椭圆上八个点的另一种方法：即先求得圆心 O 的 H 面落影 o_H，再以 o_H 为圆心，以已知圆的半径 R 为半径作圆，此圆与 o_H 的45°斜线交于1、2两点。过此圆竖直直径的上、下两端点3和4分别作水平线，与过圆的水平直径的左、右两端点5和6所作的45°斜线相交成一平行四边形，作此平行四边形的对角线，与过1、2两点的水平线交于四个点，再加上5、6、7、8四点，共八个点，即可画出落影椭圆。

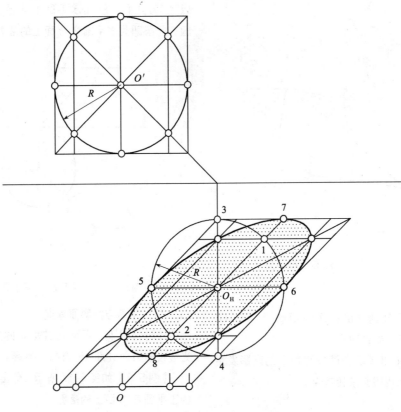

图 5-17 正平圆在 H 面上落影

5.1.5 用反回光线法求落影

【例 5-9】如图 5-18 所示，求作斜杆 EF 在矩形平面 ABCD 和地面 H 上的落影。

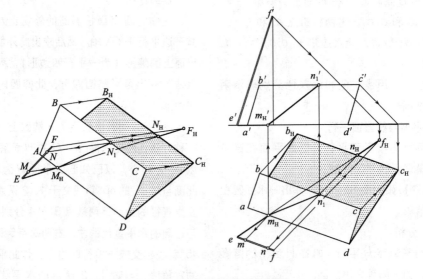

图 5-18 用反回光线法求落影

【解】分析：

在此情形下，斜杆 EF 连续在 H 面和矩形平面 $ABCD$ 上落影，即直线 EF 同时落影于两个承影面上。对于此种情况，我们可用下述的反回光线法求出其落影：

先作出 EF 和 $ABCD$ 在同一承影面 H 上的落影 EF_H 和 AB_HC_HD，两者相交于 M_H 和 N_H 两点。由 N_H 引反回光线（即所作光线与常用光线方向相反）与 $ABCD$ 的 BC 边交于 N_1，N_1 点称为过渡点，即直线 EF 在 $ABCD$ 的落影由此点离开 $ABCD$ 面而落向 H 面，故过渡点 N_1 点亦是直线 EF 在矩形平面 $ABCD$ 和 H 面上连续落影的衔接点。如由 M_H 和 N_1 两点继续引反回光线，则在斜杆 EF 上得到点 M 和 N 本身。

作图：

① 作矩形平面 $ABCD$ 和直线 EF 在 H 面上的落影 ab_Hc_Hd 和 ef_H，两者交于 m_H 和 n_H 两点。

② 由 n_H 作反回光线与 $abcd$ 的 bc 边交于 n_1，连接 m_H 和 n_1，则线段 m_Hn_1 即为直线 EF 在矩形平面 $ABCD$ 上的落影。

③ 由 m_H 和 n_1 向上连线，与 $a'd'$ 和 $b'c'$ 分别相交，得其落影的 V 面投影 $m_H'n_1'$。

5.2 平面立体的阴影

5.2.1 基本规律

求作平面立体的阴影，一般分为两个步骤：

(1) 确定平面立体表面阴线的位置

平面立体在常用光线下，其受光部分为阳面，背光部分为阴面，阳面与阴面相交成的凸棱线，即为立体表面的阴线。

对于平面立体积聚性表面，可通过作光线 $45°$ 投影线的方法来判定其阴阳面。如图 5-19 所示，对六棱柱各积聚性表面作 $45°$ 斜线，由此判定 H 面投影中，侧面 b、a、f 为阳面，c、d、e 面为阴面；V 面投影中，g' 为阳面，h' 为阴面。从而确定平面立体的阴线。

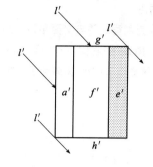

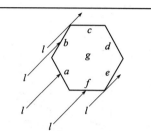

图 5-19　判定平面立体阴阳面

(2) 作出平面立体的阴线在承影面上的落影

此落影所围成的面积，即为平面立体的影区范围。如果立体局部阴线起止较难确定，可先把此局部所有可能成为阴线的落影全部作出，所有影线相交而成的外轮廓线即为立体局部阴线的落影，影线所围成的面积为影区范围。

5.2.2 平面几何体的阴影

(1) 棱柱

【例 5-10】如图 5-20 所示，求作 H 面上的三棱柱在两投影面上的落影。

【解】分析：

先确定三棱柱的明暗面，由此得出其表面阴线为 $ABCDE$，再求得此阴线线段的落影即可。

作图：

① 先求得阴线 DE 的落影。因 DE 为铅垂线，故其落影分两段，H 面上的落影为一段 $45°$ 斜线 $E\,||_x$，转到 V 面为一段 DE 的平行线 $||_x\,D_V$。同理，求得 AB 的落影 $A\,||_x\,B_V$，即由 b、d 分别作 $45°$ 斜线并向上与过 b'、d' 的 $45°$ 斜线交于

b_V'、d_V'两点。

② BC 为侧垂线并与 V 面平行,故依据落影平行规律,由 b_V' 向右作 $b'c'$ 的平行线与过 c' 的 45°斜线交于 c_V',$b_V'c_V'$ 为阴线 BC 在 V 面上的落影。

③ 连 $c_V'd_V'$,即为阴线 CD 在 V 面上的落影。

(2) 棱锥

【例5-11】如图5-21所示,求作一底面重合于 H 面的正四棱锥在 H 面上的落影。

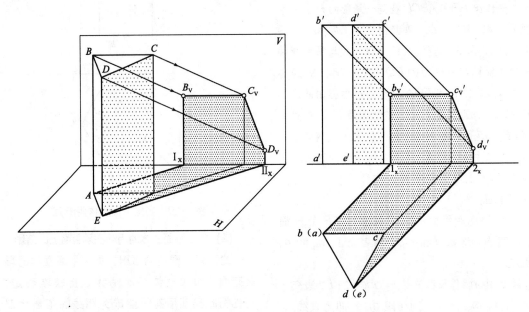

图 5-20 三棱柱在两投影面上的落影

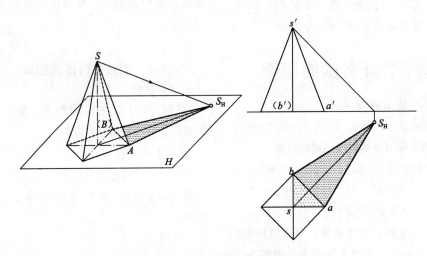

图 5-21 正四棱锥在 H 面上落影

【解】分析:

四棱锥表面只有侧面 SAB 为阴面,故此四棱锥的阴线为 SA 和 SB,此题可转化为求两相交阴线在 H 面的落影。

作图:

① 确定阴区 sab 和阴线的两面投影 $s'a'$、

s'(b')和sa、sb。

② 求出锥顶S在H面上的落影s_H，即过s'和s分别作45°斜线并向下交于s_H。

③ 因阴线SA和SB均与H面相交，交点为A和B，由直线与承影面相交规律可知，其在H面上的落影必分别通过A和B两点。因此，在H面投影中连s_Ha和s_Hb，即为两阴线在H面上的落影，三角形abs_H为影区范围。V面中，阴影或积聚为直线，或被遮挡。

(3) 平面组合体的阴影

【例5-12】求作如图5-22所示的平面组合体的阴影。

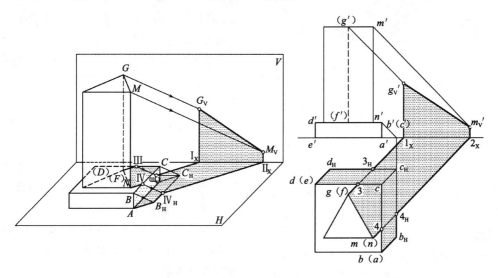

图5-22 四棱柱与三棱柱组合体的阴影

【解】分析：

此为三棱柱与四棱柱构成的叠加组合体，四棱柱只向H面落影，三棱柱同时向H面和四棱柱上表面落影。

作图：

① 先求四棱柱的落影。

四棱柱的阴线为$ABCDE$，其中AB和DE为铅垂线，落影为45°斜线。DC和CB都平行于H面，其落影分别平行于DC和CB。具体画法如下：先求得B点的落影b_H，由b_H作bc的平行线与过c的45°线交于c_H，再由c_H作dc的平行线与过d的45°线交于d_H，则四棱柱的全部落影为$dd_Hc_Hb_Hb$。

② 再求三棱柱的落影。

三棱柱的阴线为$GFMN$，其中GF和MN为铅垂线，具体画法如下：由g'和g分别作45°斜线，求得G点的落影g_V'，则阴线GF的落影为$g3$和$3_H1_Xg_V'$，其中3为过渡点。

同理，求得$m4$和$4_H2_Xm_V'$，连$g_V'm_V'$即为阴线GM的落影。该组合体的全部落影范围如图5-22所示。

5.3 曲面立体的阴影

5.3.1 基本规律

曲面立体一般由曲面和平面或全部由曲面构成，曲面体表面曲面的阴线，为与曲面相切的光平面在曲面上形成的切线，其落影为此光平面与承影面的交线。

如图5-23所示，空间有一球体，其表面阴线为与此球体相切的光柱面与球面的切线（为一大圆），其在H面的落影为此光柱面与H面的交线（为一椭圆）。

下面以常见的曲面体圆柱、圆锥为例，来说明曲面立体的阴影作图。

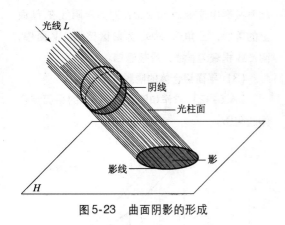

图5-23 曲面阴影的形成

5.3.2 曲面几何体的阴影

(1) 圆柱

【例5-13】如图5-24所示,一圆柱悬空并垂直于 H 面,求其在两面投影体系中的阴影。

【解】分析:

圆柱体表面的阴线由四段组成,AB 和 CD 为光平面与圆柱面的切线,是铅垂直线段,BFD 和 AEC 为两水平半圆,前者在 H 面落影为一半圆,后者在 V 面落影为半个椭圆,四段阴线在空间是闭合的。

作图:

① 在圆柱的 H 面积聚投影圆上作直径 ac 垂直于光线投影,则 $a(b)$ 和 $c(d)$ 即为阴线,亦即光平面与圆柱面的切线,由此可作出阴线的 V 面投影 $a'b'$ 和 $c'(d')$。

② 作阴线水平半圆 BFD 在 H 面上的落影半圆 $b_H f_H d_H$,此落影半圆因平行关系反映实形。

③ 作阴线 AB 和 CD 的落影 $b_H 2_X a_V'$ 和 $d_H 1_X c_V'$。

④ 因阴线水平半圆 AEC 在 V 面上的落影为半个椭圆,因此,在阴线半圆上取三个点 3、4 和 e,作出此三点的落影 $3_V'$、e_V' 和 $4_V'$,加上 A、C 两点的落影 a_V' 和 c_V',共五个落影点,依次圆滑地将此五个点连成半个落影椭圆即可。

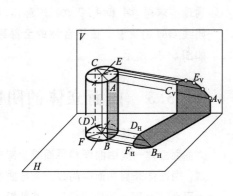
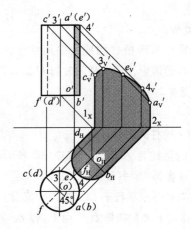

图5-24 圆柱在两面投影体系中的阴影

(2) 圆锥

【例5-14】如图5-25所示,作出位于 H 面上正圆锥的落影。

【解】分析:

此圆锥表面的阴线,实际上就是过圆锥表面的光平面与圆锥面的两条切线,两阴线与 H 面的交点为 A 和 B,因此作出锥顶 S 在 H 面上的落影 S_H 后,由 S_H 分别向 A 和 B 连线,就得两阴线 SA 和 SB 在 H 面上的落影。

作图:

① 作出锥顶 S 在 H 面上的落影 s_H。

② 由 s_H 向圆锥 H 面投影底圆作两切线,得

切点 A 和 B 的两面投影 a、b 和 a'、b'，连 sa 和 sb，为圆锥阴线的 H 面投影，连 s'a' 和 s'b'，为阴线的 V 面投影，其中 s'b' 不可见，阴区如图 5-25 所示。

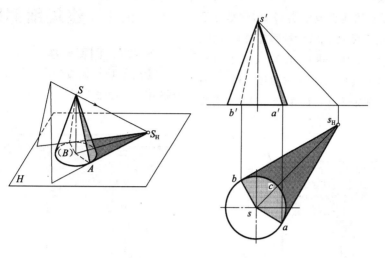

图 5-25　正圆锥在 H 面上的落影

③连 $s_H a$ 和 $s_H b$，即为阴线 SA 和 SB 在 H 面上的落影，整个落影区域由直线 $s_H a$ 和 $s_H b$ 及圆弧 acb 围成。

(3) 球

【例 5-15】如图 5-26 所示，一球落影于 H 面，作出其阴影。

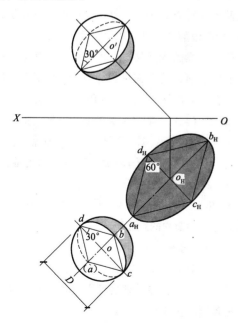

图 5-26　球的阴影

【解】分析：

球面的阴线为光柱面与球面的切线，故球面的阴线为一与光线方向垂直的以球心为其圆心的大圆，此阴线大圆将整个球面分为一半阳面和一半阴面。其直径即为球的直径 D。因光线对各投影面的倾角都相等，故此阴线大圆对各投影面的投影都是大小相同的椭圆，椭圆心就是球心的投影，其长轴垂直于光线的同面投影，长度等于球的直径 D，短轴平行于光线的同面投影，长度约为 $D \cdot \tan 30°$。

球面阴线大圆落于投影面上的影线也是椭圆，此椭圆心为球心的落影，其短轴垂直于光线的同面投影，长度等于球的直径 D，长轴平行于光线的同面投影，长度约为 $D \cdot \tan 60°$（图 5-26）。

作图：

① 求阴线。

V 面投影中，过投影圆心 o 作两轴线分别与光线方向垂直和平行，垂直轴交投影圆于 c、d 两点。由 d 点作直线 db 与 dc 成 30°夹角，与平行轴交得 b 点，再作出其对 dc 的对称点 a，则 a、b、c、d 四点即可连为阴线椭圆，其可见性如图 5-26 所示。

同理，可得出阴线大圆的 V 面投影椭圆。

② 求影线。

先求出球心的落影 o_H，并过 o_H 作垂直于 45°落影方向的直径 $d_H c_H$（即椭圆短轴），由此过椭圆短轴端点 d_H 作直线 $d_H a_H$ 和 $d_H b_H$ 分别与短轴 $d_H c_H$ 的夹角成 60°，并与长轴线（过 o_H 与 $d_H c_H$ 垂直）分别交于 a_H、b_H 两点，这样可得四个点 a_H、b_H、c_H、d_H，即可连成落影椭圆。

5.4 建筑细部阴影

5.4.1 门窗雨篷

【例5-16】如图5-27所示，作出带有挑檐板的门洞的正面阴影。

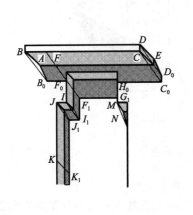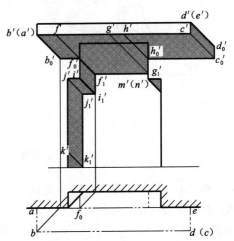

图 5-27 门洞的正面阴影

【解】分析：

挑檐为一四棱柱，先从阴线上的 B 点着手求得挑檐在墙面上的阴影。再由其阴线上的过渡点求出门面上的全部落影。

作图：

①先求挑檐在墙面上的阴影。

挑檐的阴线由折线 ABCDE 组成，按顺序求其阴影。阴线 AB 为正垂线，其落影 (a') b_0' 为 45°斜线。阴线 BC 在正墙面上的落影平行于 $b'c'$，由 b_0' 向右作 $b'c'$ 的平行线 b_0' f_0'，f_0' 为墙面向门面的过渡点，作 $b_0' f_0'$ 在门右侧墙面上的延长线 $h_0' c_0'$，即为阴线 BC 在墙面上的另一段落影。铅垂阴线 CD 的落影 $c_0' d_0'$ 平行于 $c'd'$，正垂阴线 DE 的落影 d_0' (e') 为 45°斜线。

② 再求门面上的阴影。

由过渡点 f_0' 作其在门面上的落影 f_1'，因阴线 BC 也平行于门面，故由 f_1' 向右作 $b'c'$ 的平行线 $f_1' g_1'$ 即为其落影。分别由 f_1'、g_1'、h_0' 作反回光线交 $b'c'$ 于 f'、g'、h' 三点，可知阴线 BC 分四段落影：第一段 $b'f'$ 落影为 $b_0' f_0'$，第二段 $f'g'$ 落影为 $f_1' g_1'$，第三段 $g'h'$ 落影于门的右侧墙面，其 V 面投影为 $h_0' g_1'$，最后一段 $h'c'$ 落影为 $h_0' c_0'$，以后可用此法分析阴线落影情况。门的左侧阴线为折线 $F_0 IJK$，由于此折线与门面平行，其落影 $f_1' i_1' j_1' k_1'$ 与 $f_0' i' j' k'$ 平行。门右侧只有正垂阴线 MN 在门面上落影，为 45°斜线。

【例5-17】如图5-28所示，求作带有遮阳板和窗台的窗户的正面阴影。

【解】分析：

由左前点入手先求作遮阳板的落影，再求出窗洞的落影，最后窗台落影的作法与前题中挑檐落影的作法基本一致。

作图：

① 求遮阳板的落影。

遮阳板的阴线为 ABCD，利用 W 面投影，先求出 B 点的落影 B_1，此点落影于窗面上。阴线 AB 为正垂线，其落影为 45°斜线 $b'b_1'$。阴线 BC 平行于窗面，故作 $b_1'e_1'$ 平行于 $b'c'$。

作出 C 点在墙面上的落影 c_0'，因 CD 交墙面于 D，故连 $c_0'd'$ 即为阴线 CD 在墙面上的落影。由于阴线 BC 平行于墙面，故作 $g_0'c_0'$ 平行于 $b'c'$。

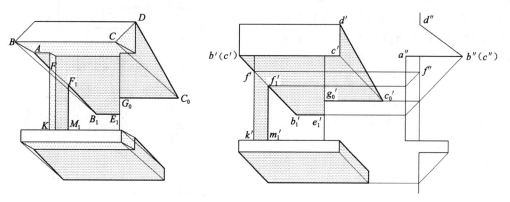

图 5-28 窗户的正面阴影

② 求窗洞的阴影。

窗洞只有左边线 FK 为其阴线，此阴线平行于窗面。先找到遮阳板的过渡点 F 的两面投影 f' 和 f''，由此求得 F 在窗面上的落影 f_1'，由 f_1' 向下作 $f'k'$ 的平行线 $f_1'm_1'$，即为阴线 FK 在窗面上的落影。

③ 求窗台的阴影。

窗台的阴线位置与上例挑檐一样，都为特殊位置线，其落影较易求出，求作过程及窗户全部阴影情况如图 5-28 所示。

5.4.2 台阶花池

【例 5-18】如图 5-29 所示，作出台阶的阴影。

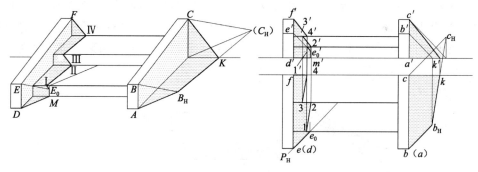

图 5-29 台阶的阴影

【解】分析：

先求出右侧栏板阴线在墙面和地面上的落影，再依据落影的平行规律求得左侧栏板阴线在台阶面上的落影。

作图：

① 先求作右侧台阶栏板在地面和墙面上的落影。

右侧栏板的阴线为折线 ABC，其中 AB 为铅垂线，在地面落影为 45°斜线。BC 为侧平线，与墙面交于 C 点，故可先求得 B 点在地面上的落影 b_H，以及 C 点在地面上的假影 c_H，连 b_H、c_H 交墙地交线于 k 点。向上求得 k'，连 $c'k'$ 即为 BC 在墙面上的落影。

② 再作出左侧栏板阴线在台阶面上的落影。

左侧栏板阴线与右侧栏板阴线的位置完全相同，即 DEF 平行于 ABC。为确定 DEF 上 D 点落影于台阶何处，可过阴线 DE 作一铅垂光平面 P_H，求得 P_H 与台阶截交线的 V 面投影，此投影截交线与过 e' 所作 45°光线投影交于落影点 e_0'。

铅垂阴线 DE 在地面上的落影为 45°斜线 ee_0，在 V 面上的落影 $e_0'm'$ 平行于 $d'e'$。因阴线 EF 平行于 BC，台阶的每个踏步的两表面分别与墙面、地面平行，故 EF 在水平面上的落影全都平行于 $b_H k$，在踏步正平面上的落影都平行于 $c'k'$。由此可求得 EF 在台阶上的全部落影，具体步骤如图 5-29 所示，即 $1'e_0'$、$3'2'$、$f'4'$ 平行于 $c'k'$，12、34 平行于 $b_H k$。

【例 5-19】如图 5-30 所示，求作一立体花池的阴影。

作法如图 5-30 所示，其中 A 点为由右侧花池表面落向地面 H 的过渡点。

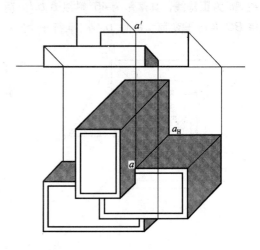

图 5-30　花池的阴影

作 f' 在后墙面上的落影 f_0'，过 f_0' 作 $b'c'$ 的平行线交过 c' 的 45°斜线于 c_0'，$f_0'c_0'$ 即为阴线 BC 在后墙面上的落影。因 f 点在阴线 FG 上，故由 f_0' 向下作 $f'g'$ 的平行线，即为屋身阴线 FG 在后墙面上的落影。

求出 D 点在后墙面上的落影 d_0'，则 45°斜线 $c_0'd_0'$ 即为正垂阴线 CD 在后墙面上的落影。由 d_0' 向右作 $(d')e'$ 的平行线 $d_0'j'$，即为屋檐阴线 DE 在后墙面上的落影，H 面上的落影如图 5-31 所示。

5.4.3　两坡屋顶

两坡屋面分以下两种情况（此处只讨论同坡屋面）：

(1) 两坡屋面对地面 H 的倾角均小于 45°（图 5-31）

此时两坡面 I 和 II 均受光，屋顶阴线为 ABCDE，屋身阴线为 FG 和 JK。阴线 AB 在前墙面上的落影 $a_0'b_0'$ 平行于 $a'b'$，由 b_0' 作 $b'c'$ 的平行线，得阴线 BC 在前墙面上的落影 $b_0'f'$，f' 为过渡点。

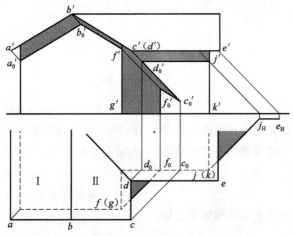

图 5-31　倾角小于 45°时两坡屋面的阴影

(2) 两坡屋面对地面 H 的倾角均大于 45°（图 5-32）

此时 I 面受光，II 面背光，阴线为 AB、BC、BD、DE、FG、JK 和 MN。B 点在后坡屋面上落影用辅助面法（P_H）作出，落影情况如图 5-32 所示。

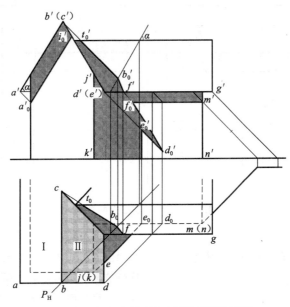

图 5-32 倾角大于 45°时两坡屋面的阴影

5.4.4 阳台檐口

【例 5-20】 如图 5-33 所示，求作阳台阴影。

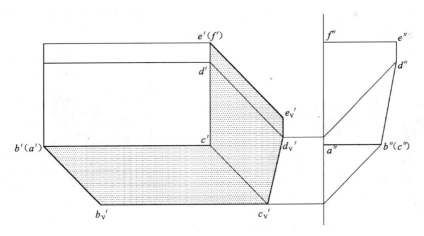

图 5-33 阳台的阴影

【解】分析：

此阳台可看作横置的五棱柱，其阴线全部为特殊位置线，其中侧平阴线 CD 的落影可由两端点的落影求得。

作图：

阳台的阴线为空间折线 ABCDEF，由 c'、

c'' 求得 C 点在墙面上的落影 c_V'，由 d'、d'' 求得 d_V'，连 $c_V' d_V'$ 即为 CD 的落影。其余阴线的落影较易求出，求作过程如图 5-33 所示。

【例 5-21】 如图 5-34 所示，求作檐口的立面阴影。

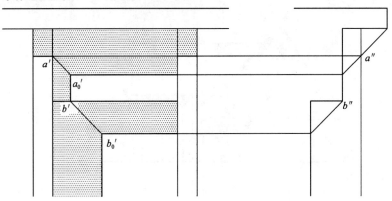

图 5-34　檐口的立面阴影

【解】分析：

全部三条阴线都与承影面平行，并有两次过渡。

作图：

① 先作出挑檐阴线的落影，A 为过渡点。

② 再作出壁柱阴线的落影，B 为过渡点。

③ 最后作出窗上沿阴线的落影，完成全图，如图 5-34 所示。壁柱每间的阴影情况完全相同。

5.4.5　入口

【例 5-22】 图 5-35 所示为一公园大门，墙上有窗洞和花池，作出立面阴影。

雨篷左角点 A 落影于左侧墙面，因左右两墙面前后距离不同，故雨篷影线在两墙面上的高低位置也不同。求雨篷阴线在右侧墙面上的落影，可利用反回光线在雨篷阴线上取一点 B，求出其在右侧墙面上的落影 b_1'，再作雨篷阴线的平行线即可，此影线有两段过渡到窗面上。

花池的阴线都为特殊位置线，其在墙面上的落影较易求得，如图 5-35 所示。过 A 点的正垂线在左侧墙面上的落影为 45°斜线。

【例 5-23】 图 5-36 所示为一园林门洞的两面投影，作出其阴影。

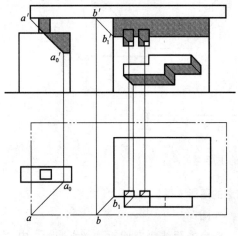

图 5-35　公园大门的阴影

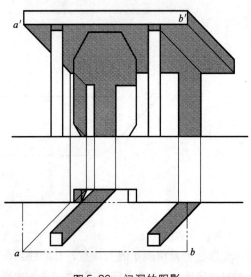

图 5-36　门洞的阴影

【解】其阴影由雨篷、柱和门洞的阴影综合而成。雨篷阴线 AB 的正面落影分三部分，三段落影于墙面，两段落影于两柱面，两段落影于门面。对每一根柱子而言，与光平面相切的两铅垂棱线为其阴线，其在墙面或门面上的落影平行于相应的阴线投影，左侧柱子落影于门面上，右侧柱子落影于墙面上。

5.5 轴测图中的阴影

5.5.1 光线方向的确定

形成轴测图阴影的光线仍然为平行光线，光线的方向可根据表达形体的需要任意选定，但原则是要使形体更加逼真，所选光线的斜度不宜过平或过陡，以免落影过长或过短。

光线方向的确定方法如下：

图 5-37 所示为空间点 A 在 H 面的落影情况，其中 L 为投射光线的轴测投影，l 为 L 的 H 面正投影的轴测投影，a 为 A 点在 H 面上正影的轴测投影，则 aA 垂直于承影面 H，L 与 l 之间的夹角反映了 L 对承影面 H 的倾角 α（α 选择在 30°~45° 范围内为佳）。若 L 为正平线，则 α 反映真实倾角。

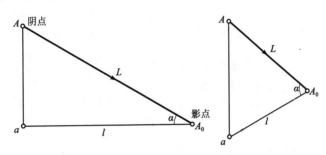

图 5-37 轴测图中光线方向的确定及点的落影

在轴测投影中，过各点的光线及光线在 H 面上的正投影都是分别互相平行的。

5.5.2 求作轴测阴影的基本方法

前述正投影阴影作图的基本规律也同样适用于轴测阴影作图，下面举例说明在轴测图中加阴影的基本作图方法。

【例 5-24】如图 5-38 所示，一单坡小房左侧有一铅垂直杆，作出其阴影。

【解】分析：

此阴影求作方法与正投影中求阴影的方法和步骤相同，可通过过渡点找出直杆在小房屋面上的落影。

作图：

①按左下角所示光线方向，先作出 AB 杆在地面上的落影。由 A 作 L 的平行线，与过 B 所作 l 的平行线交于 A_0 点，A_0 为点 A 在地面 H 上的落影，A_0B 为 AB 杆在地面上的落影。因小房遮挡，AB 杆将落影于小房屋面上，BC_1 为 AB 在地面上的落影，因 AB 平行于小房左墙面，故其落影 C_1D_1 平行于 AB。

②作小房的落影。依照求 A 点落影的方法，求得 E 和 F 在 H 面上的落影 E_0 和 F_0，连 E_0F_0 即为小房阴线 EF 在 H 面上的落影。因铅垂阴线 EJ 交 H 面于 J，故连 JE_0 即为其落影。阴线 MF 平行于 H 面，故其在 H 面上的落影 F_0K_0 平行于 MF 本身。

③求过渡点。AB 杆在地面上的落影 A_0B 与小房在地面上的落影交于 G_0 点，G_0 点即为过渡点的落影，A_0G_0 为 AB 杆在地面上的另一段落影。由 G_0 作平行于 L 的反回光线，交阴线 MF 于 G_1 点，G_1 即为过渡点，连 D_1G_1 即为 AB 杆在小房坡屋面上的落影。

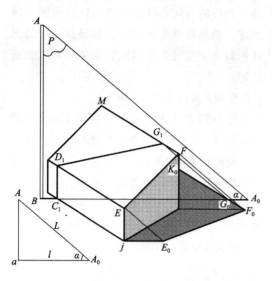

①先求作右侧立体的阴影。

右侧立体的阴线为 $ABCD$，过 B 点和 A 点分别作 L 和 l 的平行线交于 B_0 点，则 B_0 即为 B 点的落影。连 AB_0 即为阴线 AB 在地面上的落影。依平行关系由 B_0 作阴线 BC 的平行线与过 C 点并平行于 L 的光线交于 C_0，则 B_0C_0 即为阴线 BC 的落影。同理，作阴线 CD 的可见部分落影 C_0N_0 平行于 CD。

②作左侧立体的阴影。

左侧立体的阴线为 $EFGM$，过 E 点作平行于 l 的平行线与右侧立体下边线 $1A$ 交于 K_1 后，再由 K_1 垂直向上作阴线 EF 的平行线与过 F 平行于 L 的光线交于 F_1，则 F_1 即为 F 点在右侧立体前表面上的落影。为求阴线 FG 在此表面上的落影，可将两立体交线 12 向上延长与 FG 交于 3 点，则 3 点即为 FG 与表面 $AB21$ 的交点。根据线面相交的落影规律，FG 在 $AB21$ 表面的落影必通过 3 点。连 3、F_1，其中 F_1S_1 即为阴线 FG 在 $AB21$ 上的落影。FG 的另一段向右侧立体的上表面落影，因为平行关系，故由 S_1 作 FG 的平行线与过 G 所作 L 的平行线交于 G_1。仍因平行关系，由 G_1 向左作阴线 MG 的平行线 J_1G_1，即为 MG 的可见部分落影。至此求作完毕，具体阴影情况如图 5-39 所示。

图 5-38　带有直杆的单坡小房的轴测阴影

实际上，直杆 AB 在小房上的落影即为通过此杆的光平面 P 与小房的截交线的一部分，所以小房上的影线又可用求截交线的方法求得。

【例 5-25】图 5-39 所示为一建筑物的轴测投影，求其阴影。

【解】分析：

由简单的立体入手。右侧立体由 B 点的落影开始作，左侧立体由 F 点的落影开始求作。

作图：

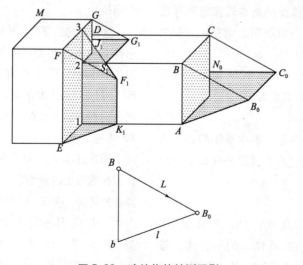

图 5-39　建筑物的轴测阴影

第6章 透视图

本章学习要点：
点、直线和平面的透视特性及求作
用视线法作建筑透视图
透视阴影和倒影的求作

6.1 透视图的基本知识

6.1.1 透视图的概念

透视图和我们前面学过的轴测图一样，都是一种单面投影。不同之处在于轴测图是用平行投影法画出的图形，虽具有较强的立体感，但不够真实，不太符合人们的视觉印象。而透视图是以人的眼睛为投影中心的中心投影，即人们透过一个平面来观察物体时，由观看者的视线与该面相交而成的图形。此时，投影中心叫做视点，投影线叫做视线，投影面叫做画面，如图6-1所示。

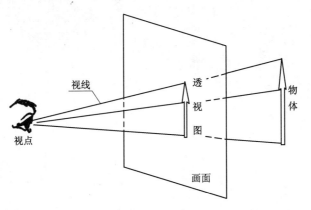

图6-1 透视的概念

由于透视图符合人们的视觉印象，具有明显的空间感和真实的立体感，所以在建筑设计中，常常用透视图来表现建筑物的造型，以表达设计意图，探讨设计方案。图6-2为一建筑物的透视。

图6-2 透视现象

6.1.2 透视图的特征

从图6-2中可以看出建筑物的透视具有以下特征：

1) 近高远低：建筑物上等高的柱子，在透视图中，距我们近的高，远的低。

2) 近大远小：建筑物上等体量的构件，距我们近的透视投影大，远的透视投影小。

3) 近疏远密：建筑物上等距离的柱子，在透视图中，距我们近的柱距疏，远的密。

4) 平行的水平线交于一点：建筑物上相互平行的水平线，在透视图中不再平行，而是越远越靠拢，直至相交于一点，这个点称为灭点。

6.1.3 透视图的基本术语与符号

透视作图中有些常用的术语与符号，如图6-3所示。

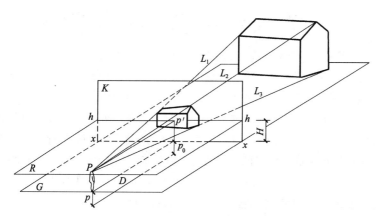

图6-3 常用术语与符号

G——基面，放置物体的水平面，当绘制建筑物时，即为地面。

K——画面，透视图所在的平面，一般以垂直于基面的铅垂面为画面。

x-x——地平线，也称基线，是地面和画面的交线。

P——视点，即人眼所在的位置。

R——视平面，是过视点的平面，一般为水平面。

h-h——视平线，是视平面与画面的交线。

H——视高，是视点到地面的垂直距离。

D——视距，是视点到画面的垂直距离。

L——视线，是视点和物体上各点的连线。

p'——主点，视点P在画面K上的正投影。

p——站点，视点P在基面G上的正投影。

从图6-3中可以看出：房屋上某一点的透视，即为通过该点的视线与画面的交点（迹点）；某一直线的透视，即为通过该直线的视平面与画面的交线（迹线）。在画面上，若把房屋可见的顶点和棱线的透视依次连接起来，即得到它的透视图。

6.2 透视图的基本画法

6.2.1 点的透视画法

(1) 点的透视和基透视

1) 点的透视

点的透视即为通过该点的视线与画面的交点。可见，求作点的透视，可分两步：

①由视点引出一条通过已知点的视线；

②求此视线与画面的交点（迹点），此法称为视线迹点法。图6-4为求作点的透视直观图。

2) 点的基透视

如图6-4所示，视线PA与画面K的交点

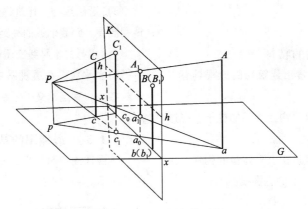

图6-4 点的透视与基透视

A_1，即为空间点 A 的透视，但只有透视点 A_1 并不能确定 A 点的空间位置，因为所有位于视线 PA 上的点，其透视均为 A_1，为确定 A 点的空间位置，图中又作出了 A 点的基透视，即 A 点在地面 H 上的正投影 a 的透视 a_1。由图6-4还可得出结论：点的透视与其基透视位于同一条铅垂线上。

(2) 点的透视及其基透视的透视作图

在投影图中，应用视线迹点法求作空间点 A 的透视，首要问题是如何表达已知条件——点 A、视点 P、画面 K 和地面 G。如图6-5（a）所示，我们仍采用两面投影法，设画面 K 重合于正投影面 V，则水平投影面相当于地面 G。此时画面上的主点 p' 相当于视点的正投影；地面上的站点 p 相当于视点的水平投影。画面与地面的交线 x-x 在画面上仍叫地平线，它必平行于视平线 h-h，在地面上则改叫画面迹线，以表示画面的位置。过主点 p' 向地平线 x-x 作垂线 $p'p_0$，则 $p'p_0$ 等于视高，过站点 p 向 x-x 作垂线 pp_0，则 pp_0 等于视距。为表达 A 点，可把 Aa 正投影到画面上，得 $A'a'$，Aa 在地面上的投影积聚为一点，即点 $A(a)$，这样，我们便可作图，如图6-5（b）所示。

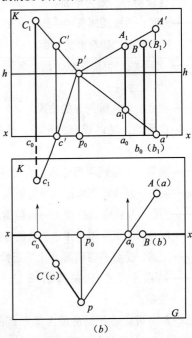

图6-5 用视线法求 A 点及其基点的透视

1) 在地面 G 上,连点 p 和 a,得视线 PA 和 Pa 的水平投影。

2) 在画面 K 上,连 A′ 和 p′ 及 a′ 和 p′,得视线 PA 和 Pa 的正面投影。

3) 由 pa 和画面迹线 x-x 的交点 a_0 向上引垂线与 p′A′ 相交得 A 点的透视 A_1,与 p′a′ 相交得 A 点的基透视 a_1。

同样,B 点和 C 点及其基点的透视也可如此作出,注意 B 点及其基点就在画面上,故透视均为其本身。

6.2.2 直线的透视画法

直线的透视即为通过该直线的视平面与画面的交线。求作直线的透视,实质上就是求直线上任意两点的透视。图 6-6 即为求作地面上的直线 AB 的透视作法。

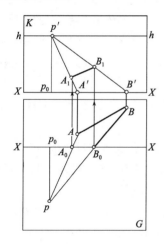

图 6-6 用视线迹点法作直线的透视

1) 用视线迹点法作直线 AB 两端点的透视 A_1 和 B_1;

2) 用直线连接 A_1、B_1 即得直线 AB 的透视。

(1) 直线透视的特性

1) 直线的透视

直线的透视,一般情况下仍为直线,当直线通过视点时,其透视仅为一点,当直线在画面上时,其透视即为直线本身,如图 6-7 所示。

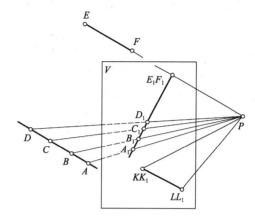

图 6-7 直线的透视

2) 直线上点的透视

直线上点的透视,必在直线的透视上;该点的基透视,必在直线的基透视上。

3) 直线的迹点和灭点

画面迹点——如图 6-8 所示,画面相交线 AB(或其延长线)与画面的交点 A,称为画面交点或画面迹点。由于画面迹点属于画面,故其透视是它本身,所以画面相交线 AB 的透视 AB_1 必通过其画面迹点 A。

灭点——画面相交线上无限远点的透视,称为灭点。

如图 6-8 所示,AB 为画面相交线,过 B 点作视线 PB 交画面于 B_1,则 AB_1 即为 AB 的透视,若把直线 AB 无限延长,得直线上无限远点 F_∞,连 PF_∞ 与画面相交于 F,AF 即为 AF_∞ 的透视,此时 PF_∞ 一定平行于 AF_∞,因为相交于无限远处一点的两条直线可视为相互平行,我们把直线上离画面无限远点的透视称为直线的灭点。灭点的求作方法是过视点 P 作平行于空间直线的视线与画面相交,其交点即为灭点。空间直线的透视必消失于它的灭点。从图 6-8 中互相平行的直线 AB 和 CD 的透视可得出结论:空间互相平行的直线有共同的灭点。

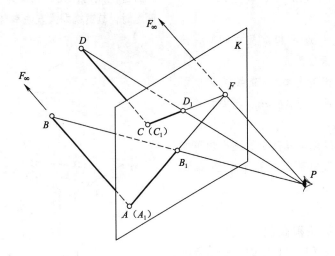

图 6-8　直线的迹点与灭点

4）画面平行线的透视

画面平行线的透视与直线本身平行。如图 6-9 所示，直线 AB 与画面平行，则通过它的视平面 PAB 与画面相交得的直线，即透视 A_1B_1，应与 AB 平行。从图 6-9 中互相平行的直线 AB 和 CD 的透视可得出结论：互相平行的画面平行线，其透视仍互相平行。

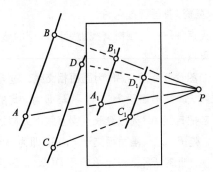

图 6-9　画面平行线的透视

5）铅垂线的透视仍为铅垂线

(2) 各种位置直线的透视画法

1）垂直于画面的直线的透视作图

如图 6-10 所示，直线 AB 垂直于画面 K，AB 的灭点是过 P 作 AB 的平行线与画面 K 的交点，即为主点 p'，求 AB 的透视。A 点是画面迹点，其透视为它本身，Ap' 为 AB 的透视方向，用视线迹点法，可作出直线 AB 的透视 AB_1，这种利用直线灭点和过某点的视线在画面上的迹点来求作透视的方法，称视线法（也称建筑师法）。

2）平行于基面的画面相交线的透视作图（水平线）

此类直线的灭点在视平线 h-h 上，如图 6-11a 所示，AB 为一条水平线，A 点位于画面 K 上，求 AB 的透视。

过视点 P'引一条平行于 AB 的视线，它与画面的交点 F 就是所求的灭点，因为 PF 也是一条水平线，所以点 F 必位于 h-h 上，又 pf_0 // ab，f_0 必在 x-x 上，并且 $f_0F \perp xx$，其透视作图方法如图 6-11（b）所示：

①求灭点：过 p 作 pf_0 // ab，与 xx 交于 f_0 点，由 f_0 点引垂线与 h-h 相交得灭点 F。

②作透视：A 点的透视 A_1 与 A 重合，A_1F 即为直线 AB 的透视方向，连接 BP 交 x-x 于 B_0 点，引铅垂线与 A_1F 交于 B_1，即得直线 AB 的透视 A_1B_1。

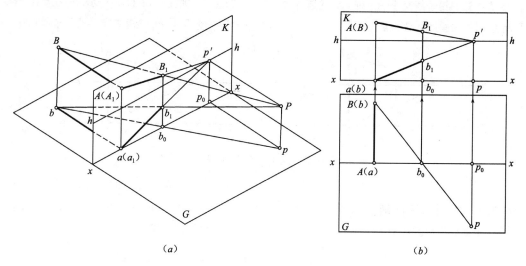

图 6-10 垂直于画面直线的透视
(a) 直观图；(b) 透视图

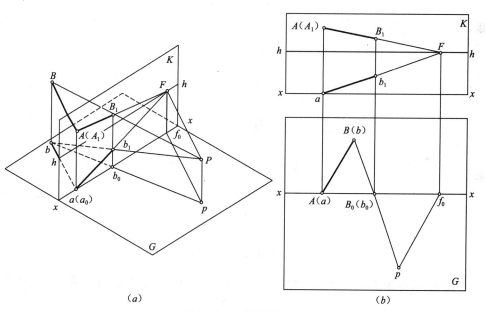

图 6-11 水平线的透视

3）基面垂直线的透视作图（铅垂线）

此类直线平行于画面，所以无灭点，我们知道，铅垂线的透视仍是一条铅垂线，只是由于透视的原因，高度一般不等于原高度，同一铅垂线，与视点距离增加，高度缩短。如图 6-10 所示，Bb 即为一条铅垂线，B_1b_1 为其透视，当铅垂线在画面上时，它的透视就是其本身，反映直线的真高，称真高线，可利用它来解决透视高度的确定问题。

方法一：如图 6-12 (a) 所示，首先在视平线上适当位置选一点 F，连 Fa，并延长交基线 xx 于 t，再自 t 作高度为 H 的铅垂线 Tt，连

TF，与过 a 处的铅垂线交于 A，则 Aa 就是过 a 而真高为 H 的铅垂线的透视。

方法二：如图 6-12（b）所示，先在基线上确定一点 t，使 Tt = H，然后按箭头所示求得 aA。

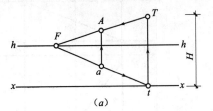
（a）

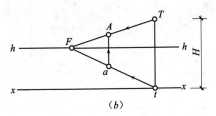
（b）

图 6-12 求透视高度的方法

6.2.3 平面的透视画法
(1) 平面多边形的透视

求作一平面的透视，即为作出此平面各边的透视。如图 6-13 所示，地面 G 上给出一个多边形，其透视作法如下：

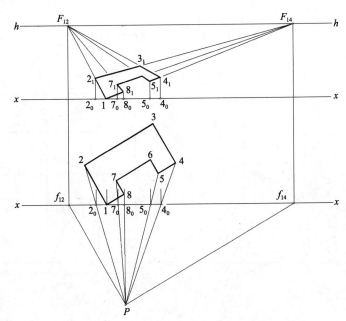

图 6-13 平面多边形的透视作图

1）分别求出直线 12 和 14 的灭点 F_{12}、F_{14}。

2）利用角点 1 和 F_{12}、F_{14} 分别作出 12、14 的透视 12_1 和 14_1。

3）连接 $2_1 F_{14}$ 和 $4_1 F_{12}$ 交于 3_1 点，则 3_1 即为 3 点的透视。

4）自站点 P 分别向 5、7、8 点连线交 x-x 于 5_0、7_0、8_0 点，分别利用 F_{12}、F_{14} 两灭点作透视线，即得平面多边形的透视。

(2) 圆平面的透视

1）当圆所在平面平行于画面时，则其透视仍为圆。

图 6-14 所示是一个圆柱的透视，圆柱的前底面位于画面上，其透视就是它本身。后面圆周在画面后，并与画面平行，故其透视仍为圆周，但半径缩小。为此，先求出后面圆心 O 的透视 O_1，然后求出后面圆的水平半径的透视 $O_1 a_1$，以此为半径画圆，就得到后面圆周的透视。最后，作出圆柱外壁的轮廓素线，就完成了圆柱的透视图。

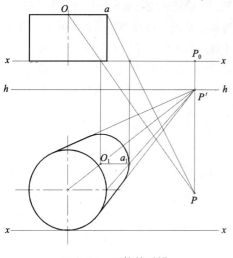

图 6-14 圆柱的透视

2) 当圆所在平面不平行于画面时,圆的透视一般是椭圆。作图时,则应先作出圆的外切正方形的透视,然后找出圆上的八个点,再用曲线板连接成椭圆。如图 6-15 所示,画水平位置圆的透视,具体作图步骤如下:

① 在平面图上,画出外切正方形。

② 作外切正方形的透视,然后画对角线和中线,得圆上四个切点的透视 a_1、b_1、c_1、d_1。

③ 求对角线上四个点的透视。当作两点透视时(图 6-15a),在平面图上将 1、2 延长至 5,然后求出 5_1,连 5_1F_y,在此线上求出 1_1、2_1,3_1、4_1 点的作法相同。当作一点透视时(图 6-15b),直接将 5、6 两点移下来,求出 1_1、2_1、3_1、4_1 四个点。

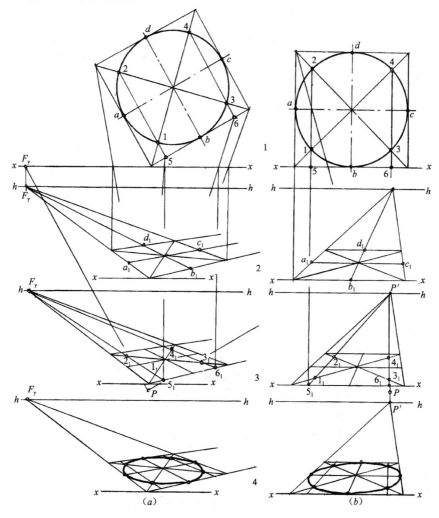

图 6-15 水平圆的透视画法

④用曲线板连八个点，得椭圆，即为所求。

3）绘制水平圆的透视，要注意所给圆在空间与视平线位置的高低关系：

①圆低于视平线，其透视向上消失于视平线。

②圆与视平线同高，其透视为一直线，并重合于视平线。

③圆高于视平线，其透视椭圆向下消失于视平线。

6.3 建筑透视

6.3.1 透视图的分类

我们在绘制建筑物的透视时，它的长、宽、高三组主要轮廓线与画面的相对位置可能平行，也可能不平行。与画面不平行的轮廓线在透视图中就会有灭点（称主向灭点），而与画面平行的轮廓线，其透视与本身平行，就没有灭点。因此，透视图一般按照画面主向灭点的多少分为以下三种：

（1）一点透视

如果建筑物有两组主向轮廓线平行于画面，这两组轮廓线的透视就没有灭点，而第三组轮廓线就必然垂直于画面，其灭点就是主点（图6-16）。这样画出的透视图称为一点透视，又叫平行透视。图6-17为一点透视的实例。

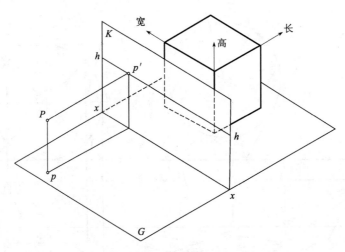

图6-16 一点透视的形成

图6-17 一点透视实例

(2) 两点透视

若建筑物仅有铅垂轮廓线（高度方向）与画面平行，而另外两组水平主向轮廓线（长与宽）均与画面相交，于是，在画面上形成了两个主向灭点 F_x 和 F_y，这两个灭点均应在视平线 h-h 上（图6-18）。这样画出的透视图称为两点透视。在此情况下，建筑物的两个主要方向均与画面成倾斜角度，故又称为成角透视。图6-19为两点透视实例。

图6-19　两点透视实例

(3) 三点透视

如果画面倾斜于基面，即建筑物的三个主向轮廓线均与画面相交，这样，在画面上就会形成三个主向灭点，即在长、宽、高三个方向上均有灭点，如图6-20所示（一般建筑正立面方向的灭点以 F_x 表示，侧立面即宽度方向的灭点以 F_y 表示，高度方向的灭点则以 F_z 表示）。

这样画出的透视图称为三点透视。因画面是倾斜的，故又称为斜透视。因为三点透视绘制比较复杂，所以本书中我们只介绍用视线法绘制一点透视和两点透视。

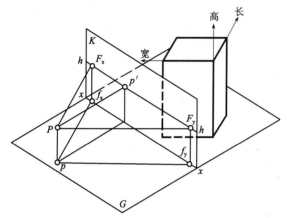

图6-18　两点透视的形成

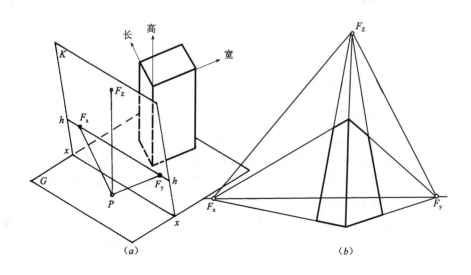

图6-20　三点透视的形成

6.3.2　建筑透视举例

视线法也称为建筑师法，是透视作图的基本方法之一。这种方法在前面我们已经运用过了，其基本原理就是运用直线灭点和过某点视线的画面迹点来求作透视图，这里的某点是指图形的转折点或直线的端点。下面,我们就通过几个例子来介绍一下如何运用视线法来求作建筑形体的一点透视和两点透视。

(1) 用视线法求公园大门的一点透视

如图6-21所示,用视线法求该形体的一点透视,其作图步骤如下:

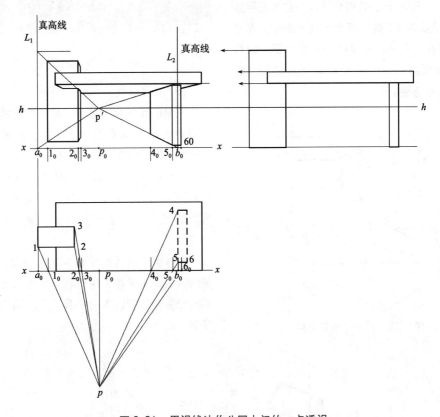

图6-21 用视线法作公园大门的一点透视

1) 选择合适的画面迹线 x-x、站点 P 和视平线 h-h,使画面平行于正面,视角可以稍大些。站点可稍偏于一侧,以免构图太呆板。画好基线与视平线,求宽度方向的灭点,由于宽度方向垂直于画面,所以只要过站点 p 引铅垂线与视平线 h-h 相交,即得灭点 p'。

2) 由站点 p 向该形体平面图各角点引视线,在画面迹线 x-x 上截得 1_0、2_0、3_0、4_0、5_0、6_0 各点。

3) 凡垂直于画面的直线均消失于主点 p',最后根据截得的 1_0、2_0、3_0、4_0、5_0、6_0 各点,配合真高线 L_1、L_2,完成透视图。

从上例可以看出:凡平行于画面的面,其形状与原形相似,一般大小不等于原形;凡垂直于画面的面均有消失特性。

(2) 用视线法作坡顶房屋的两点透视

园林建筑中,常用的屋顶形式主要是坡屋顶。如图6-22所示,用视线法作一坡顶房屋的两点透视,其作图步骤如下:

1) 选择合适的画面迹线 x-x、站点 p 和视平线 h-h,由站点 p 分别作平行于 ab、bc 的视线投影,在 x-x 上截得两个主向灭点的水平投影 f_x 和 f_y,并在视平线 h-h 上截得灭点 F_x 和 F_y。

2) 由站点 p 向柱子平面的 a、c、d、e、

f、Ⅰ、Ⅱ各点引视线投影，在画面迹线 x-x 上得 a_0、c_0、d_0、e_0、f_0、$Ⅰ_0$、$Ⅱ_0$ 各点，并结合两灭点作出 a、c 的透视位置。

3) 过 b、1_0、2_0 各点分别作真高线，并据此完成透视图。

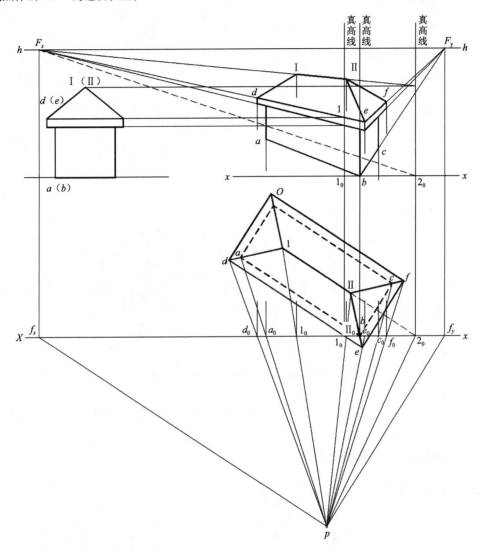

图 6-22 用视线法作坡顶房屋的两点透视

(3) 用视线法作四角方亭的两点透视

如图 6-23 所示，用视线法作四角方亭的两点透视，其作图步骤如下：

1) 选择合适的画面迹线 x-x、站点 p 和视平线 h-h，由站点 p 分别作平行于 12、13 的视线投影，在 x-x 上截得两个主向灭点的水平投影 f_x 和 f_y，并在视平线 h-h 上截得灭点 F_x 和 F_y。

2) 作柱子的透视：以Ⅰ、Ⅱ两柱为例，由站点 p 向柱子平面的 2、3、4、5、6 各点引视线投影，在画面迹线 x-x 上得 2_0、3_0、4_0、5_0、6_0 各点，然后利用过 1 点的真高线作出Ⅰ、Ⅱ两柱的透视。同理，作出Ⅲ、Ⅳ两柱的透视。

3) 作方亭顶部的透视：由站点 p 向 a、b、c 各点引视线投影，在画面迹线 x-x 上得 a_0、b_0、c_0 各点，然后利用过 d 点的真高线作出其透视。方亭顶点 O 的透视可利用辅助点 e 求得。

从此例可以看出：利用视线法有时不需要作出完整的透视平面图，如本题中的 g 点，因为在透视图中看不到它，就不用求其透视，这样可以简化作图步骤。

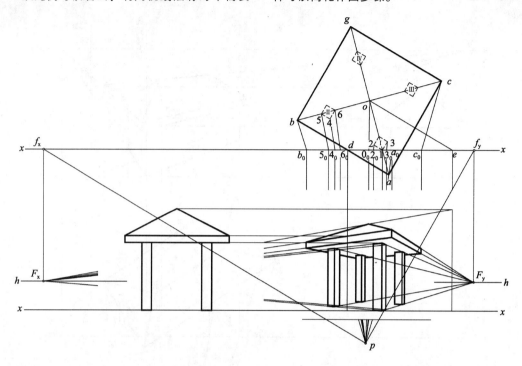

图 6-23　用视线法作四角方亭的两点透视

6.3.3　视点、画面与建筑物间相对位置的处理

求作建筑物的透视图，一般需要我们自己确定站点、视平线以及画面的相互位置。在确定这几项内容时，一般要注意以下几个问题：

(1) 站点的选择

1) 保证视角大小适宜

若建筑物与画面的位置已确定，站点的选择是很重要的。在图 6-24 中，视点 P_1 与建筑物距离较近，视角 α_1 稍大，但由于两灭点相距过近，图像变形较大。如果将视点移至 P_2 处，此时，视角减小，两灭点相距较远，图像看起来较开阔、舒展。可见视角的大小对透视形象的影响甚大，一般视角保持在 30°~40° 为宜。

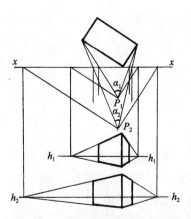

图 6-24　视角大小对透视图的影响

2) 应反映建筑物的全貌

如图 6-25 所示，当视点位于 P_1 处（图 6-25a），则透视不能表达建筑的形体特点。如将

视点选在 P_2 处，则透视图（图 6-25b）效果较好。

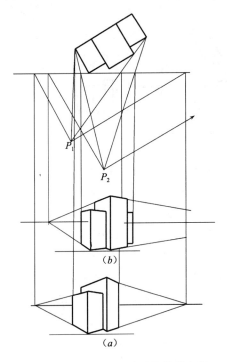

图 6-25 透视图应反映建筑物的全貌

(2) 视平线的选择（视高的确定）

1) 一般透视

视点高度在建筑物高程范围内时形成的透视，称为一般透视。一般情况下，可取人眼睛的高度，即 1.6m 左右。

2) 仰视图

视点在建筑物基面（地面）以下时形成的透视，称为仰视图。降低视平线，则透视图中建筑形象给人以高耸雄伟之感，如图 6-26 所示。

3) 鸟瞰图

视点高于建筑物顶面时形成的透视，称为鸟瞰图。视平线提高，可使地面在透视图中表现得比较开阔，常用于表达园林建筑总体布局，如图 6-27 所示。

(3) 画面与建筑物立面的偏角大小对透视图的影响

一般情况可按前面介绍，取 30°左右；但有

图 6-26 仰视图实例

图 6-27 鸟瞰图实例

时为了更突出主立面，夹角可取小些，如 20°~25°左右；假如主立面和侧立面都要兼顾，则夹角可取大些，如 35°~45°（图 6-28）。另外，设置画面时通常使画面与建筑平面的一个角点接触，这样便于作图。

当视点与建筑物的相对位置确定后，这时若使画面前后平移，将会影响到画出来的透视图的大小，但透视的形象不变（图 6-29）。

画面置于建筑物之前，此时，建筑物上与画面平行的轮廓线的透视，较实长为短，故也称为缩小透视（图 6-29a）。通常使画面与建筑物最前轮廓线接触。

当画面穿越建筑物时，使某些水平线与画面的交点极易定出，可使作图方便（图 6-29b）。

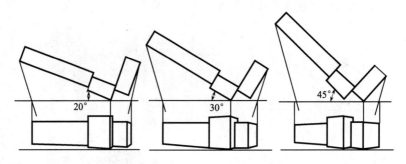

图 6-28　画面与建筑物立面角度不同时的透视

画面置于建筑物之后，此时，建筑物上与画面平行的轮廓线的透视，较实长为长，故也称为放大透视（图6-29c）。

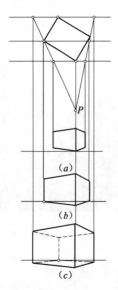

图 6-29　画面前后位置不同时的透视

在绘制透视图时，可针对不同的建筑物和表达要求来选择合适的画面位置。

6.4　透视图中的阴影和倒影

6.4.1　透视图中的阴影

(1) 光线的方向及其确定

绘制透视阴影一般采用平行光线。太阳光线可看作平行光线。建筑物在平行光线照射下的阴影与光线的方向有关。因此，为求作透视阴影，首先需要给出光线的方向。

光线对画面的方向可分为两种情况：

一种是平行于画面。平行于画面的光线，如同平行于画面的直线一样，在画面上没有灭点，称为无灭光线。如图6-30所示，这种光线的透视仍旧互相平行，并且光线投影的透视必平行于视平线。另外，光线本身的透视与其投影的透视之间的夹角 α 必等于光线在空间与地面的倾角 α。

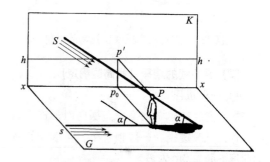

图 6-30　无灭光线的方向及确定

另一种是相交于画面。相交于画面的光线，如同相交于画面的直线一样，在画面上就有它的灭点，称为有灭光线。如图6-31所示，为求光线的灭点，应从视点作视线平行于光线，这条视线与画面 K 的交点，用大写字母 S 表示，即为光线的灭点，在透视阴影的作图中称为光点，它相当于在无限远处的光源的透视。空间光线在地面 G 上有其投影，为求光线投影的灭点，应从视点作水平视线平行于光线投影，这条水平视线与画面的交点必位于视平线 h-h 上，用小写字母 s 表示，即为光线投影的灭点，称为足点，它相当于在无限远处光源的投影的透视。

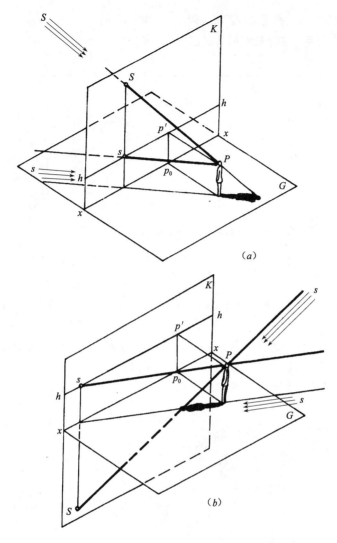

图 6-31 有灭光线的方向及确定

从图 6-31 中还可以看出：

1）如光线从观者的左前方射来（图 6-31a），其光点 S 应位于视平线的左上方；

2）如光线从观者的右后方射来（图 6-31b），其光点 S 应位于视平线的左下方；

3）至于光线投影的灭点（即足点 s），无论光线从什么方向射来，始终要位于视平线上，并且 $Ss \perp hh$。

由此可知：无灭光线的方向由光线和它的投影之间的夹角 α 给定，有灭光线的方向由光点 S 和足点 s 给定。至于有灭光线的光点 S 选择在视平线的上方还是下方，无灭光线的 α 角选择多大，这要根据建筑物的特点和画面的表达需要来考虑。

(2) 透视阴影的基本作图

我们在前面学过的建筑阴影的作法在透视阴影作图中依然适用。直线落影的一些基本特性，例如直线与承影面平行，它的落影必平行于直线本身；直线与承影面相交，它的落影必通过两者的交点；铅垂线在水平面上的落影，必与光线在水平面上的落影重合等，在透视阴影中也同样保持。只是用上述基本方法和基本性质作图时，要注意遵循透视阴影的消失规律。

1) 如图6-32所示，在建筑物的鸟瞰图中作出阴影。

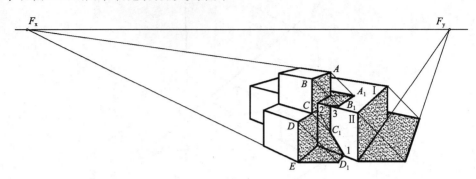

图6-32 在鸟瞰图中作阴影

鸟瞰图中作阴影，一般采用无灭光线。其作图步骤如下：

① 选择光线。使光线与其投影的夹角 $\alpha=45°$，自左向右射来。

② 用光线迹点法作出 D 的影点 D_1。连点 D_1 和 F_y，得 CD 在地面上的落影 $D_1 1$。延长 DC 求得 2，利用线面相交规律求得 C_1。因平行求得阴线 BC 在墙面上的落影 $C_1 3$。

③ 再用光线迹点法作出 A 的影点 A_1。因平行求得阴线 AB 在墙面上的落影 $A_1 B_1$。连 23 即为阴线 BC 的部分落影。

④ 其他各点可根据落影特性和透视规律求出。

2) 如图6-33所示，求作平房的透视阴影。

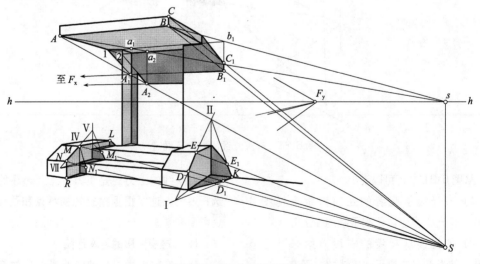

图6-33 平房的透视阴影

如图6-33所示，有灭光线的光点和足点为已知。我们可把此题目分解成几个简单的题目而一一求出。其作图步骤如下：

① 雨篷的阴影。雨篷左角阴点 A 在门洞面上的影点 A_2 可用光线迹点法求出：过 A 向足点 s 作光线的投影（以雨篷底面为水平投影面），在门洞面与雨篷底面的交线上得交点 a_2，再由 a_2 向下作垂线与过 A 点向光点 S 所作的光线相交，得影点 A_2。同样，可以作出雨篷其他阴点在门洞面或墙面上的影点，注意有关的水平面和铅垂面的交线要找正确。

② 台阶的阴影。右侧栏板在地面和墙面上

的落影,可用光线迹点法、扩大平面延长棱线法求出。左侧栏板的阴线 LMNR 在台阶踏步上的落影,可用扩大平面延长棱线法作出。

③洞口本身的阴影很容易作出。

6.4.2 透视图中的倒影

园林建筑物的室外地面如果比较光滑,或者建筑物就坐落在河岸边或水池旁,那么绘制这类建筑物的透视图时,往往需要画出它们在地面和水面上的倒影。其形成原理就是物理学上镜面成像原理,物体在平面镜里的像和物体大小相等,互相对称,对称图形的特点是:

1) 对称点的连线垂直于对称面;
2) 对称点到对称面的距离相等。

以下简要介绍倒影的形成及画法实例。

倒影的形成,如图6-34所示:根据光学定律,入射光线 AA_0 与反射光线 A_0S 位于水面的同一个垂直面内,且入射角 $α$ 等于反射角 $α'$。现延长 SA_0,与过 A 点的垂线交于 A_1 点。连接 AA_1,与水面(扩大后)交于 a 点。则直角△AA_0a 和△A_1A_0a 全等,故 $Aa = A_1a$,应注意到 a 点即为 Aa 直线和 A_1a 直线的对称中心点。也就是说,人在 A_0 处看到的 A 点,与直接看到 A 点对称于水面的倒影 A_1 点一样。

图6-35是水中倒影的透视作法实例。作建筑物透视图的倒影,是以水面为对称面的对称图形,所以它们要共同遵循消失规律,从而简化了作图。首先求出房屋角点 A 在水面上的投影点 a,得线段 Aa 并向下延长,在延长线上截取 $A'a$ 等于 Aa,得到 A' 点。$A'a$ 即为 Aa 线段的倒影。过 A' 点分别向 F_x、F_y 消失,其他线段点的作法以此类推,即可求得其余各倒影点,完成平顶房屋的倒影。

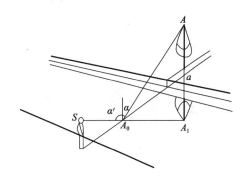

图6-34 倒影的形成

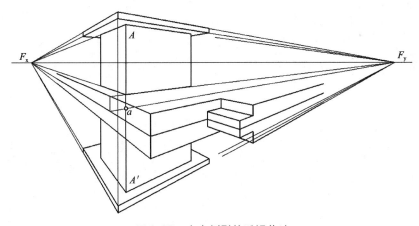

图6-35 水中倒影的透视作法

第7章 园林设计施工图

本章学习要点：
园林设计图的基本知识
园林工程施工图的主要内容
园林植物、山石、水体的画法
园林植物种植设计图绘制步骤

7.1 概述

园林设计施工图是用以指导园林工程施工的一系列图纸。它应用投影的方法，按照设计规范，详尽准确地表示出工程区域范围内总体设计及各项工程设计内容、施工要求和施工做法等内容。

园林设计施工图是园林设计人员表达设计思想、设计意图的工具，也是施工组织、施工放线、编制预算的依据。

园林绿地规划设计一般包括方案设计和施工图设计两个阶段。园林绿化项目的图纸按照不同的阶段分为设计图和施工图。

方案设计指对园林整体的立意构思、风格造型和建设投资估算，有时为体现设计理念和构思，在方案之初应业主要求还要加入类似于总规的概念性设计；总规和详规都属于方案设计内容。方案设计阶段绘制的图纸一般称为园林设计图。

施工图设计则要提供满足施工要求的设计图纸、说明书、材料标准和施工概（预）算，较复杂节点为使构思在施工图中进一步贯彻，还应加入到初步设计阶段。园林工程施工图主要有：园林规划设计平面图、施工总图及竖向设计图、种植工程图、园林建筑工程图、园林山石布置图、水景工程图。

7.2 园林设计图

一个完整的园林设计，一般要由园林设计平面图、地形设计图和种植设计图组成。有时根据需要也画一些立面图、剖面图、透视图及园林建筑初步设计图为辅助用图，来进一步表达园林设计意图和设计效果。但对于面积较小、设计内容也较少的园林设计，往往只绘制园林设计平面图，但该园林设计平面图内应包含种植设计及地形设计等设计内容。

7.2.1 园林设计图的基本知识
(1) 园林设计图

园林设计图是根据投影的原理和有关园林专业知识，并按照国家颁布的有关标准和规范绘制的一种工程图纸。它是园林界的语言，它能将设计者的思想和要求比较直观地表达出来，人们可以形象地理解其设计意图和艺术效果，它也是生产施工和管理的重要依据。

(2) 园林设计图的特点

1) 园林设计的表现对象众多，涉及面广。山岳奇石、水域风景、园林建筑、园林小品、园林植物、路桥……园林设计的表现对象实可谓种类繁杂、形态各异。这是园林设计图不同于建筑、机械等图纸的主要特点。

2) 园林制图涉及的制图标准及规范较多。正因为园林工程涉及面广，因此，绘制园林图涉及的制图标准及规范也很多。国家相关部门于2001年颁布实施了新的制图标准，使之成为园林制图的依据。规范性也是园林设计图纸绘制的基本要求，这是园林设计图的特点之二。由于园林设计图所表达的对象种类繁多、形态各异，且大都没有统一的形状尺寸，尺度比例变化大，使用工具仪器作图较难，为满足园林图自然美观、图线流畅的要求，徒手画法就成为园林设计图绘制的重要方法，这是园林设计图的特点之三。

3) 具有与其他专业不同的特点，绘制内容和绘制技法方面也有所不同，例如园林设计图有很多符号是园林专业所特有的。因此，园林设计图纸还应符合专业性的要求。

4) 园林设计综合了美学、艺术、建筑、绘画、文学等多学科的理论，艺术性强。园林设计以自然景观为基础，通过人为的艺术加工和工程施工等手段，创造出符合一定要求的美的环境，因此，园林制图与一般的工程制图不同，除了规范性和专业性之外，还应该考虑到图纸的观赏效果，根据一定的美学原理，对图面进行布局和装饰。

(3) 园林设计图的种类

设计阶段所需的图纸没有明确的规定，需要根据工程项目的复杂程度、甲方的要求等情况而确定，通常情况下，园林设计图应包括总平面图、现状分析图、功能分区图、道路系统设计图、竖向设计图、景观分析图、植物规划图、园林建筑小品单体设计图、电气规划图、管线规划图等，有的还包括位置图。实际工作中，可以根据需要适当增减。

7.2.2 总平面图

(1) 总平面图包括的内容

总平面图反映的是设计地段总的设计内容，所以其包含的内容应该是最全面的，包括建筑、道路、广场、植物种植、景观设施、地形、水体等各种构景要素的表现，并且通常在总平面图中还配有一小段文字说明和相关的设计指标。

1) 文字

① 标题：通常在图纸的显要位置列出设计项目及设计图纸的名称，从而起到标示、说明及形成一定装饰效果的作用。

② 设计说明：在图纸中需要针对设计方案进行简要的论述，包括设计项目定位、设计理念、设计手法等。

③ 设计指标与参数：在总平面图中还需要列出设计方案中所涉及的一系列指标与参数，如经济技术指标、用地平衡表等。

④ 图例表：表明图中一些自定义的图例对应的含义。

2) 位置图（环境图）

该图表现设计地段所处的位置，属于示意性图纸，图中应标出该园林绿地在城市区域内的位置、轮廓、交通和与周边环境的关系等。有时也可以和现状分析图结合，在总平面图中省略（图7-1）。

3) 设计图纸应表现的内容

① 设计范围：给出设计用地的范围，即规划红线范围。

② 建筑和园林小品：总平面图中应标示出建筑物、构筑物及其出入口、围墙的位置，并标注建筑物的编号。建筑可以用顶平面或平剖面图绘制，但园林建筑，如花架、景亭等，应采用顶平面图表示。一些园林小品可利用图例标示出位置。

③ 道路、广场：应标示道路中心线的位置，主要出入口位置，及其附属设施停车库（场）的车位位置。标示广场的位置、范围、名称等。

④ 地形、水体：绘制地形等高线、水体轮廓线，并填充图案与其他部分区分开。

⑤ 植物种植：标示植物种植点的位置，如果是大片的树丛，可以仅标注出林缘线。

4) 其他：图纸中其他说明性的标示和文字，如指北针、绘图比例等。

(2) 总平面图绘制的要求

1) 内容全面；

2) 布局合理；

3) 艺术美观。

园林规划设计总平面图比例尺，见表7-1。

园林规划设计总平面图比例尺　　　　　　表7-1

公园绿地的面积（hm²）	比例尺
<10	1:200 ~ 1:500
10 ~ 50	1:500 ~ 1:1000
50 ~ 100	1:1000 ~ 1:2000
>100	1:2000 ~ 1:5000

某园林绿地规划设计总平面图，如图7-2所示。

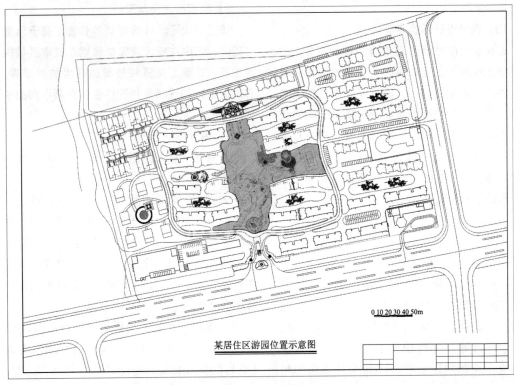

图 7-1　位置示意图

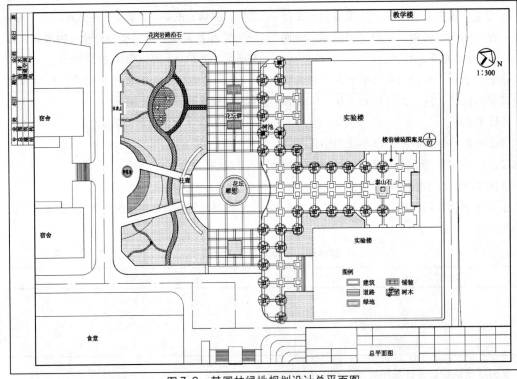

图 7-2　某园林绿地规划设计总平面图

7.2.3 现状分析图

根据收集的全部资料,经分析、整理、归纳后,绘制成图,称为现状分析图。现状分析图一般将设计范围分成若干空间,用圆圈或抽象图形粗略地表示出来,并对现状作出综合评价。

现状分析是园林设计首先需要做的工作,是设计工作的切入点,也是设计意向产生的基础。现状分析是否到位,直接关系到设计方案的可行性、科学性和合理性。

现状分析图包括的内容主要有:

1) 自然因素:地形、气候、土壤、水文、主导风向、噪声、植被情况等。

2) 人工因素:

① 人工设施:保留的建筑物、构筑物、道路、广场及地下管线等;

② 人文历史:历史地段位置分析、历史文化环境等;

③ 服务对象分析;

④ 甲方要求;

⑤ 用地情况;

⑥ 视觉因素:周边的环境分为景观效果较好的和不好的,便于规划设计中造景手法的应用。

3) 指北针、图例表、比例尺等。

7.2.4 功能分区图

复杂的园林工程通常按使用功能的不同,将整个工程划分为若干区,称为功能分区图(图7-3)。

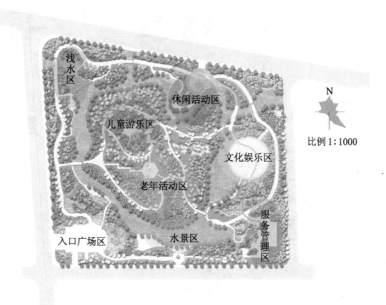

图7-3 功能分区图

分区范围的表示有多种方法,在园林设计中常用的是"泡泡图"法,也就是每一分区的范围都用一个粗实线绘制的圆圈表示,圆圈内可以填充图案或颜色,并标注分区的名称。另外,也可以用粗实线或粗单点长画线绘制分区的边界。

分区后一般应注明分区的名称,可以用大写的英文字母或罗马字母表示,也可以用中文表示。

7.2.5 道路系统设计图

道路系统设计图主要包括道路系统规划图、道路断面图、铺装平面图。

(1) 道路系统规划图

该图纸中应标注主要出入口和主要道路节点,并利用不同宽度和不同颜色的线条表示不同等级的道路,如果有广场也需要标注出广场的位置及名称。当然，指北针、比例尺以及文字说明也必不可少。

(2) 道路断面图

表现道路铺装的横坡、纵坡、道路宽度以及绿化带的布局形式等（图7-4）。

(3) 铺装平面图

应包括铺装材料的材质及颜色，道路边石的材料及颜色，铺装图案放样（图7-5）。

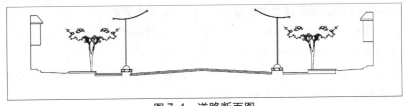

图7-4 道路断面图

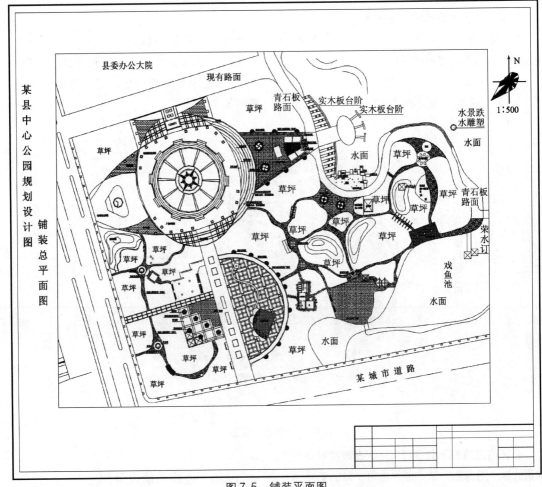

图7-5 铺装平面图

7.2.6 竖向设计图

地形是园林绿地的重要组成要素之一，园林设计中经常需要对原有地形进行改造，以创造优美的园林景观，并有效地组织排水、栽植植物。

(1) 竖向设计图应包括的内容

竖向设计图应包括：建筑物、构筑物室内标高，场地内道路道牙标高，绿地标高，道路主要控制点标高等；地形等高线及标高；地形剖切断面图或者地形轮廓线图；排水方向及坡度；图名、指北针、绘图比例等（图7-6）。

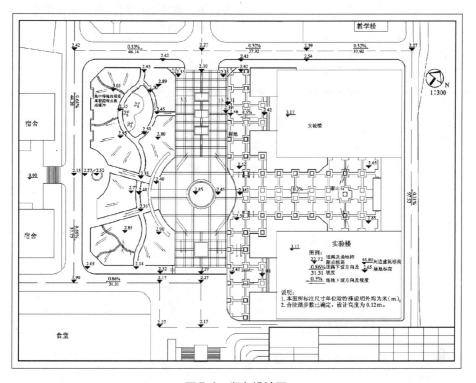

图 7-6 竖向设计图

(2) 竖向设计图的要求

1) 竖向设计图中，标高可以是绝对标高或相对标高；

2) 规划设计单位所提供的标高应与园林设计标高区分开；

3) 可采用不同符号来表示绿地、道路、道牙、水底、水面、广场等标高。

7.2.7 景观分析图

景观分析图应包含：园林设计意向、设计理念分析；景区划分；景观序列组织，主要景观效果图、立面图；图名、指北针、比例尺、图例表和必要的文字说明（图7-7）。

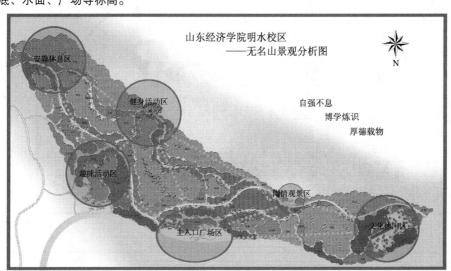

图 7-7 景观分析图

7.2.8 种植设计图

种植设计图应包括：植物种植的位置、群落效果；植物群落剖面图；设计说明、植物表等（图7-8）。

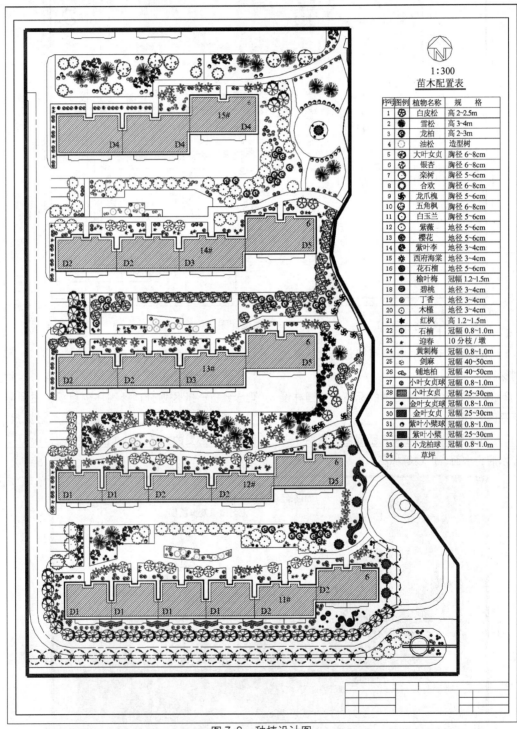

图7-8 种植设计图

种植设计图绘制要求：

1）植物规格按照成龄树进行设计，并在设计说明中加以说明；

2）植物图例应按照乔、灌、草，常绿、落叶加以区分，每一种类的具体树种可用标号加以区分；

3）准确标明植物种植点位置。

7.2.9 园林建筑小品单体设计

需绘出园林建筑小品的平面图、立面图、剖面图（图 7-9）。

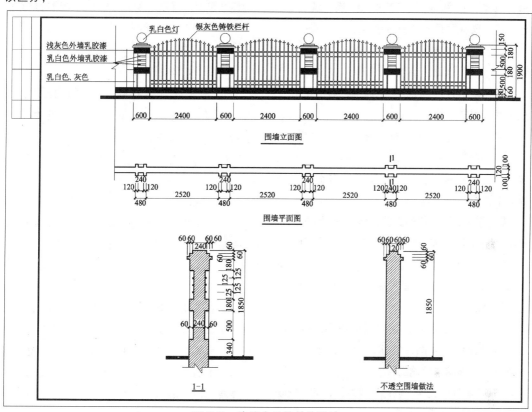

图 7-9 建筑小品的单体设计

7.3 园林工程施工图

施工图是设计者设计意图的体现，也是施工、监理、经济核算的重要依据，所以说施工图在整个项目实施中占有举足轻重的地位。

7.3.1 园林工程施工图概述

(1) 园林工程施工图总要求

1）总要求

① 施工图的设计文件完整，内容、深度等符合要求，文字、图纸准确、清晰，整个文件要经过严格校审；

② 施工图设计应根据已通过的初步设计文件及设计合同书的有关内容编制，内容以图纸为主，应包括：封面、图纸目录、设计说明、图纸、材料表、材料附图以及预算等；

③ 施工图设计文件一般以专业为编排单位，各专业设计文件应严格校审，签字后方可出图及整理归纳。

2）施工图设计深度要求

施工图的设计深度应满足以下要求：

① 能够根据施工图编制施工图预算；

② 能够根据施工图安排材料、设备订货及

非标准材料的加工；

③ 能够根据施工图进行施工和安装；

④ 能够根据施工图进行工程验收。

(2) 园林工程施工图组成

园林工程涉及的专业较多，施工图内容复杂，包括：园林绿化、建筑、结构、给排水、电气等。园林项目施工图应由以下部分组成：

1) 文字部分：封皮、目录、总说明、材料表；

2) 施工放线：施工总平面图、各分区施工放线图、局部放线详图等；

3) 土方工程：竖向施工图、土方调配图；

4) 建筑工程：建筑设计说明，建筑构造做法一览表，建筑平面图、立面图、剖面图，建筑施工详图；

5) 结构工程：结构工程、结构设计说明，基础图，基础详图，梁、柱详图，结构配件详图；

6) 电气工程：电气设计说明，主要设备材料表，电气施工平面图、施工详图、系统图、控制线路图等；

7) 给排水工程：给排水设计说明，给排水系统总平面图、详图，给水、消防、排水、雨水系统图，喷灌系统施工图；

8) 园林绿化工程：植物种植设计说明，植物材料表，种植施工图，局部施工放线图，剖面图。

(3) 图纸封皮、目录的编排及总说明的编制

1) 封皮：施工图集封皮应注明项目名称，编制单位名称，项目的设计编号，设计阶段，编制单位法定代表人、技术总负责人和项目总负责人的姓名及其签字或授权盖章，编制年月（即出图年月）等。

2) 目录编排

图纸目录应包含以下内容：项目名称、设计时间、图纸序号、图纸名称、图号、图幅及备注等。

图纸编号以专业为单位，各专业各自编排各专业的图号。

3) 总说明的编制

总说明的内容包括：

① 设计依据及设计要求：应注明采用的标准图集及依据的法律规范；

② 设计范围；

③ 标高及标注单位：应说明图纸文件中采用的标注单位，采用的是相对坐标还是绝对坐标；

④ 材料选择及要求；

⑤ 施工要求；

⑥ 经济技术指标。

除总说明外，在各个专业图纸之前还应配备专门的说明，有时施工图纸中还应配有适当的文字说明。

以下为某园林绿化工程总说明：

某游园规划设计说明书

一、概况

本项目为××县城的×游园景观规划设计，项目用地位于城区中部，北靠新建成的湖滨花园住宅区，南临湖面，东西长500m左右，南北宽80m左右，总面积约3.5hm^2。

本项目地处景色秀美、风光旖旎的××湖畔，区位及环境条件得天独厚。现状中有部分绿化、雕塑、铺地、园林小品等，××纪念馆西侧约100m范围内现存树木较多，其余基本为废弃杂乱的空地。

现状主要特点如下：

① 北依新区，南临××湖面，环境条件十分优越；

② 现状地形平坦；

③ 现有设施老化、损坏严重，景象陈旧杂乱；

④ 空间单调，缺少文化内涵及特色，整体景观面貌差；

⑤ 缺少休闲游憩、文化娱乐、运动健身用地。

二、设计依据

1. 《游园设计规范》（CJJ 48—92）；

2. 《风景园林图例图示标准》（CJJ 67—95）；

3. 《城市绿化工程施工及验收规范》（CJJT 82—99）；

4. 《园林基本术语标准》（CJJ/T 91—2002）；

5. ××县现状与发展、历史文化、地方特点；

6. ××县城市总体规划、游园规划设计任务要求。

三、规划设计原则

1. 特色性与地方性原则

充分体现建设"湖中有城，城中有湖，城湖一色，环境优美"的园林式中心小城市的城市定位，突出××湖特色，挖掘历史文化内涵，创造精品工程，促进旅游产业发展。园林景观规划设计中，特别做到要有××县地方文化特色和地方风格，体现中国的、有时代特征的园林特点。提倡多元化，而不是盲目效仿欧式风格的景观元素。

2. 生态性原则

适应建设生态城市、园林城市的要求，设计强调生态效益的发挥，以绿为主为其主要着眼点，以绿色、自然为主线，开拓人与自然充分亲近的生活领域，使身居闹市的人们能获得重返自然的美好享受。园林绿化设计中突出地方特色，注意乔灌草合理搭配，并设置了雕塑标志、休息廊架、景石、健身路径及健身器材等设施。

3. 人文性原则与可识别性原则

园林绿化设计以生态自然的景观环境作为其基本特质，同时注意人文氛围的营造，突出城市文化、人文历史与环境特色内涵，增强空间环境的可识别性。强调人性化的园林绿化设计，以人为本，亲切宜人。

4. 因地制宜的原则

主要做到以下两个方面：一是对立地条件的合理利用，最大限度地利用原有的地形地貌，少动土方，顺坡理水。二是对园林植物的选择，以乡土植物为主，适当选取一些适应性强、观赏价值高的外地植物。在设计风格上，绿地内部协调统一，并尽可能与城市绿化、社区绿化协调统一。对规划范围内生长良好的树木，尽力保留，并加强栽培养护管理措施。

5. 可持续性与可行性原则

达到绿地的可持续性生长和利用，并使绿地建设切实可行。

四、××县城市文化要素分析

1. 书画艺术文化——××县素有"中国书画艺术之乡"的美称，书画文化源远流长；

2. 历史文化——历史悠久，文化灿烂，名人辈出；

3. 水文化——河流湖泊水系发达，作为本项目重要依托的××湖碧波万顷、风光无限，系××县城的母亲湖；

4. 工业文明——××县机械制造、农副产品加工等行业闻名遐迩。

五、绿地规划设计特点

（一）立意

"七彩时空，诗画××"。

（二）总体思路

1. 准确定位：充分考虑拟建绿地在××城区规划中所处位置，分析城区内名胜古迹、景观风光带，以植物景观创造为主，体现时代特征，融合现代造园手法及要素，使之成为集休闲、健身及观赏于一体的城市中心绿地。

2. 全新创意：突出植物丰富的色彩及季相变化，辅之以彩虹形钢构架，创造出极具现代园林特色及视觉冲击力的植物景观，充分体现"七彩时空"的创意。

3. 降低造价：（1）规划设计中，尊重现存地形，顺坡理水，少动土方；（2）充分利用现状中生长较好，较大的现存绿化苗木，使园林绿地的生态效益、景观效果尽快尽早发挥；（3）尽可能保留及利用现存园林小品，使之在新的园林景观中发挥更大作用；（4）绿地中尽可能少设铺装路面，以降低单位面积工程造价。

4. 时代特征：拟建游园西临北湖路，是城市绿地系统的有机组成部分，也是集中展示城市形象及现代风范的窗口。因此，该景区定位为"城市之窗"广场，利用景观花柱、文化景墙、城市标志等，集中展示××县改革开放以来所取得的成就，尤其是宣传××农用机械厂、

××纸业有限公司等著名企业，使游人体会到浓郁的时代气息。

（三）景观分区

1. "城市之窗"广场及西部春景区：位于拟建绿地西侧，即绿地西部入口。规划设置景观花柱、喷泉、文化景墙、城市之窗标志及多组植物花带、植物造型字"书画之乡"等。突出体现时代特征及××县"中国书画艺术之乡"的文化内涵。该区结合色彩鲜明的图案式植物栽植，主要选择各种春季观花赏叶的植物，如丁香、连翘、海棠、碧桃等，创造春花烂漫的植物景观。

2. "夏日荷风"景区：该区以水系为主体，结合荷花等水生植物，突出体现夏季植物景观。该景区结合拟建绿地中西部地势平坦、大型绿化树木较少的特点，利用叠山理水的造景手法，水面曲折有致、开合自如，创造出夏日清风阵阵、荷香四面的园林景观。

3. "流光溢彩"景区：该区地处游园南入口。采用规则式造景手法，设置了拉膜亭大门、旱喷泉、景观灯柱、演歌台、小区标志等景观要素，力求简洁规整的景观效果，使之成为小区居民休闲、健身、文化娱乐的重要场所。

4. "稚园"景区：系××纪念馆东侧绿地。该绿地东邻健身广场、儿童游乐场，系现游园中游乐设施较为齐全的地段。根据立地条件，将其设计为与东部游乐设施、健身器材较为协调的儿童活动区，取名"稚园"。该景区由植物迷宫（内设十二生肖造型树）、儿童戏水池、植物图案等组成，强调植物造景，草坪中设置瓢虫造型，小广场中设铅笔橡皮造型的环境小品，并可兼作儿童座凳，极富童心童趣。

5. "沿湖看柳"景区：贯穿整个绿地，自西向东延伸。该景区设计中保留了原有雕塑，为突出"七彩时空"的总体立意，设置数组彩色拱形钢构架，自九孔玉带桥及××湖南岸望去，如道道彩虹飞落于湖畔，增强了视觉冲击力，具有鲜明的时代特征。植物栽植以色叶植物的图案式栽植为主，强调规整的修剪及流线形造型，生动、自然。亲水堤岸上原有柳树修整补植，并设树穴围护式座凳，方便游人。

六、树种选择

综合考虑立地条件、工程造价及当地欣赏习惯等因素，树种选择以乡土树种为主，常绿树与落叶树相结合、乔灌藤草相结合。

常绿树种：雪松、龙柏、蜀桧、油松、大叶女贞、淡竹、广玉兰、大叶黄杨等；

落叶树种：白蜡、法桐、合欢、苦楝、国槐、旱柳、垂柳、毛白杨、银杏等；

花木类包括：榆叶梅、樱花、海棠、石榴、紫叶李、紫薇、木槿、碧桃、紫荆、月季、珍珠梅、腊梅等；

草坪及地被植物：冷季型草坪、麦冬、白三叶等。

七、项目工程概算

1. 广场及道路铺装：40万元；

2. 建筑小品：包括索膜亭一处、弧形花架一座、文化景墙一处、彩色钢架12只、旱喷泉一处、喷泉一处、雕塑性标志二处、木构架亭一处等，计40万元；

3. 灯具：计20万元；

4. 绿化：60万元；

5. 喷灌等：5万元；

6. 水体：10万元。

总计：175万元。

7.3.2 园林工程施工图的主要内容

(1) 施工总平面图

施工总平面图用以表现设计范围内所有组成部分的平面布局、轮廓等，是其他施工图的依据和基础，施工总平面图中通常包括施工放线网格，作为施工放线的依据。

1）施工总平面图包括的内容（图7-10）

道路、铺装的位置和尺度，主要点的坐标、标高以及定位尺寸；小品主要控制点坐标及其定位、定形尺寸；地形、水体的主要控制点坐标、标高及控制尺寸；植物种植区域轮廓；指北针（或风玫瑰图），绘图比例，文字说明，景点、建筑物、构筑物的名称标注，图例表等。

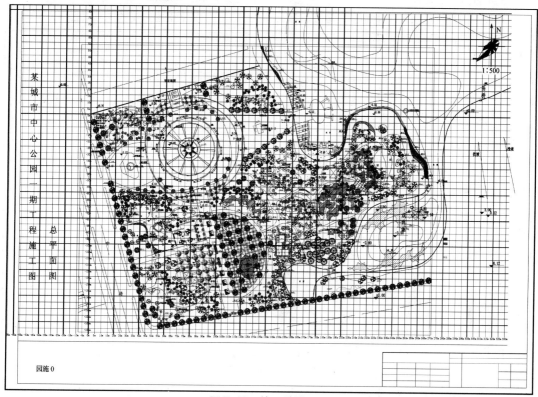

图 7-10　施工总平面图

2) 施工总平面图的绘制要求

① 布局与比例：图纸应按上北下南方向绘制，根据场地形状或布局，可向左或向右偏转。一般采用 1:500、1:1000、1:2000 的比例绘制。

② 图例：依据《总图制图标准》规定的图例绘制建筑物、构筑物、道路、铁路以及植物等，另设图例时，应在总图上绘制专门的图例表进行说明。

③ 图线：应根据具体内容采用不同的图线。

④ 计量单位：施工总平面图中的坐标、标高、距离宜以"米"为单位；详图宜以毫米为单位。建筑物等的方位角、道路的转向角等，宜注写到"秒"。道路纵坡、场地平整角度、排水沟沟底坡度宜以百分比计。

⑤ 坐标网络：为了保证工程施工放线的准确度，在施工中往往利用坐标定位。坐标分为测量坐标和施工坐标。

测量坐标：即绝对坐标，测量坐标网应画成交叉十字线，坐标代号宜用"X、Y"表示。

施工坐标：即相对坐标，相对零点通常选用已有建筑物的交叉点或道路的交叉点，用大写英文字母 A、B 表示。施工坐标网络应以细实线绘制，多用 100m×100m 或 50m×50m 的方格网表示，面积较小时方格网的尺寸也较小。

⑥ 坐标标注：坐标宜直接标注在图上，如图面无足够位置，也可列表标注。

⑦ 标高标注：标高标号应按《房屋建筑制图统一标准》（GB/T 50001—2001）中"标高"一节的有关规定标注。

3) 施工总平面图绘制方法

① 绘制设计平面图。

② 根据需要确定坐标原点及坐标网格的精

度，绘制测量和施工坐标网。

③ 标注尺寸、标高。

④ 绘制图框、比例尺、指北针，填写标题、标题栏、会签栏，编写说明及图例表。

(2) 竖向施工图

1) 竖向施工图绘制的内容（图7-11）

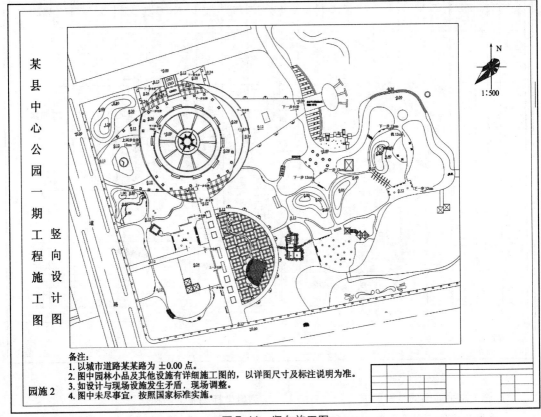

图7-11 竖向施工图

① 指北针、图例、比例、文字说明、图名。

② 现状与原地形标高：设计等高线的等高距一般取0.25~0.5m，当地形较为复杂时，需要绘制地形等高线放样网格。

③ 最高点或某些特殊点的坐标及标高。如道路的起点、变坡点、转折点和终点的设计标高；建筑物、构筑物室内外设计标高；挡土墙、护坡或土坡等构筑物的坡顶和坡脚设计标高；水体驳岸、岸顶、岸底标高等。

④ 地形的汇水线和分水线，或用坡向箭头标明设计地面坡向，指明地表排水的方向、排水的坡度等。

⑤ 绘制重点地区、坡度变化复杂地段的地形断面图，并标注标高、比例尺等。

2) 竖向设计施工图绘制要求

① 计量单位：通常标高的标注单位为米（m）。

② 线型：设计等高线以细实线绘制，原有地形等高线用细虚线绘制，汇水线和分水线用细单点长画线绘制。

③ 坐标网格及标注：坐标网格采用细实线绘制，网格间距取决于施工的需要以及图形的复杂程度，一般采用与施工放线图相同的坐标网体系。对于局部的不规则等高线，或者单独作出施工放线图，或者在竖向设计图纸中局部缩小网格间距。

④ 地表排水方向和排水坡度：利用箭头表示排水方向，并在箭头上标注排水坡度。对于

道路或铺装等区域,除了标注排水方向和排水坡度外,还要标注坡长,一般排水坡度标注在坡度线的上方,坡长标注在坡度线的下方。

(3) 植物种植施工图(图7-12)

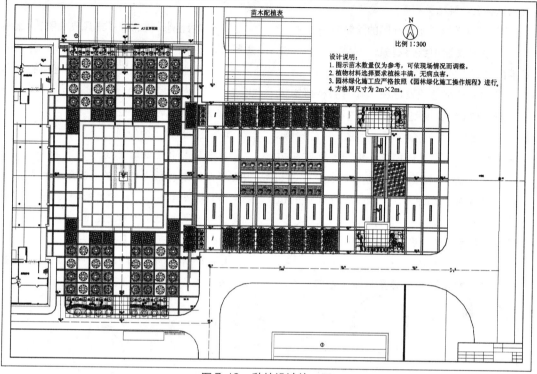

图7-12 种植设计施工图

1) 植物种植施工图的绘制内容

① 图名、比例、指北针、苗木表以及文字说明。

(A) 苗木表:苗木表应规范、统一,内容包括:编号、图例、植物名称、规格、数量、苗木来源、备注等内容,有时还标注植物的拉丁学名、植物种植时和后续管理时的形态要求、整形修剪特殊要求等。其中,植物的标注较为复杂,多分为苗高、冠幅、胸径、地径及其他,可根据不同植物种类选择一至多种标注方式。

(B) 施工说明:针对植物选苗、栽植和养护过程中需要注意的问题进行说明。

② 植物种植位置,并通过不同图例区分植物种类以及原有植被和设计植被。

③ 利用引线标注每一组植物的种类、组合方式、规格、数量(或者面积)。

④ 植物种植点的定位尺寸:规则式栽植应标注出株间距、行间距以及端点植物与参照植物的距离;自然式栽植往往借助坐标网格定位。

⑤ 某些有着特殊要求的植物景观还需要给出这一景观的施工放样图的剖、断面图。

2) 植物种植施工图的绘制要求

① 现状植物的表示

如场地现状中具有较大数量需要保留的植被,应绘出准确的植物现状图,以指导施工方案的实施。如需保留的植物数量较少,可直接在植物种植施工图中表示。一般可直接采用不同图例,并辅以文字说明即可。

② 图例及尺寸标注

(A) 行列式种植:行道树、树阵等行列式种植的植物可用尺寸标注出株行距,始末树种植点与参照物的距离。

(B) 自然式栽植:自然式栽植形式的植物,可用坐标标注种植点的位置或采用三角形标注法进行标注。

(C) 片植、丛植:施工图中应绘出清晰的种植范围边界线，标明植物名称、规格、密度等。

(D) 草皮种植：以打点方法表示，标注应注明草种名及种植面积等。

3) 园林植物种植设计图的绘制方法

① 在平面图中绘出建筑、水体、山石、道路等的位置。

② 自然式种植的设计图：宜将各种植物按平面图中的图例，绘制在所设计的种植位置上，树冠大小按成龄后冠幅绘制。为便于区分树种，计算株数，应将不同树种统一编号，标注在树冠图例内（宜用阿拉伯数字）。

③ 编制苗木统计表：列表说明所设计的植物编号、树种名称、拉丁名称、单位、数量、规格等，而后布置在图面适当位置。

④ 标注定位尺寸。

⑤ 绘制种植详图：必要时按苗木统计表中编号（即图号）绘制种植详图，说明种植某一种植物时挖坑、覆土、施肥、支撑等种植施工要求。

⑥ 绘制比例、指北针（或风玫瑰图），编写主要技术要求，填写标题栏、会签栏。

以下为种植设计施工图中园林植物的表示方法：

1. 园林植物的平面表示

1.1 园林树木的绘制

在平面图中绘制的是园林树木 H 面投影，需要标出树木种植点的位置。最简单的表示方法是以种植点为圆心，以树木冠幅为直径作圆。但为了图面美观且易于识别，往往采用较为复杂的图例。主要有以下几种类型：

1.1.1 轮廓型：树木平面中只用线条勾勒出轮廓，线条可粗可细（图7-13）。

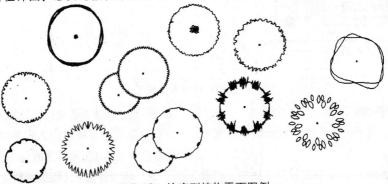

图 7-13 轮廓型植物平面图例

1.1.2 分枝型：树木平面中只用线条的组合表示树枝或树干的分权，线条以不超过圆圈外为宜（图7-14）。

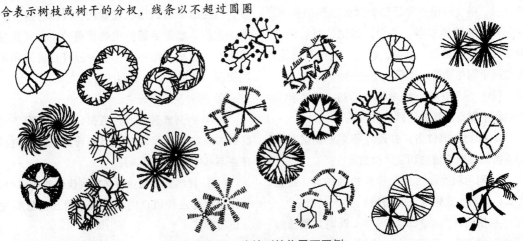

图 7-14 分枝型植物平面图例

1.1.3 枝叶型：树木平面中既表示分枝，又表示树冠、叶片（图7-15）。

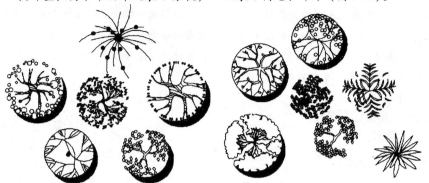

图7-15 枝叶型植物平面图例

1.1.4 质感型：在树木平面中只用线条的组合或排列表示树冠的质感。

当然，树木既有常绿与落叶之分，又有针叶和阔叶之别，为便于识别和记忆，平面图例最好与形态特征相一致。如阔叶树图例用圆滑的线条，针叶树图例则突出针状成簇、尖锐的效果（图7-16）。

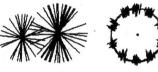 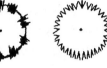

（a）　　　　　　　　　　　　　　　（b）

图7-16 针叶树种与阔叶树种植物平面图例
(a) 针叶树种；(b) 阔叶树种

树丛、树群的绘图中，应重点强调树丛、树群的平面轮廓线，即将各边缘树木的水平投影的外围连成线，去掉交叉部分线条（图7-17）。

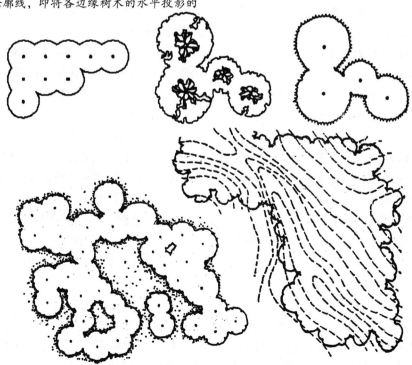

图7-17 树丛树群的绘图

1.2 灌木和绿篱的平面表示

灌木是无明显主干的木本植物,植株矮小,近地面处枝干丛生,多体形矮小、变化丰富。单株栽植的灌木画法与乔木基本相同,丛植的灌木则需反映出外轮廓线,并适当加入其他一些符号。

绿篱是由植物成行密植而成,多修剪整齐,使用的植物枝多叶密。绘图的原则是表示出绿篱设计的宽度(图7-18)。

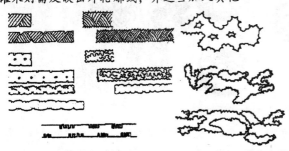

图7-18 灌木和绿篱的绘图

1.3 草坪与草花的绘制

园林景观中多以草坪作为景观基底,绘制时最为常用的就是打点法。一般在树木的边缘、道路的边缘、建筑物的边缘或者水体的边缘圆点适当加密,而后逐渐变稀,以增强图面的立体感。打点一般采用0.2mm的针管笔笔身垂直下落,以保证点出的是圆点而不是短线。

草花的种类繁多,平面表示法多种多样。一般花带用连续曲线画出花纹或用自然曲线画出花卉种植范围,中间用小圆圈、小三角、打叉等表示花卉,有时也可将简单花卉图案直接画在设计图上。

2. 园林植物的立面表示

树木的立面图即其立面投影。绘制时应了解植物的基本形态,如冠形、干形等。其绘制方法也可分为轮廓、分枝、质感等。绘制时应把握的要点是:省略细部、高度概括、画出树形、夸大枝叶(图7-19)。

(4) 园林山石、水景施工图

山石、水体是中国自然山水园中不可缺少的重要组成部分,规划设计经常遇到如何在设计图纸中表现山石、水体的问题(图7-20)。

1) 假山施工图

假山的外形虽千变万化,但基本结构与建筑也有相通之处,即分为基础、中层和顶层三部分。

假山施工图包括平面图、立面图、剖(断)面图、基础平面图、细部详图等。

① 平面图:假山平面图主要表示假山的平面布局,各部的平面形状,周围的地形、地貌,假山的占地面积、范围等。并通过坐标方格网表示尺寸大小,注明必要的标高表示各处高程等。

绘图方法和步骤如下:

(A) 绘出定位轴线:绘出定位轴线和坐标方格网,为绘制各高程位置的平面形状及大小提供绘图控制标准;

(B) 绘出假山平面形状的轮廓线:绘出假山底面、顶面及各高程位置处平面形状;

(C) 检查底图,描深图形;

(D) 注写有关数字和文字说明;

(E) 检查并完成全图。

② 立面图:立面图主要表示山体的立面造型及主要部位高程,与平面图配合,可反映出峰、峦、洞、壑等各种组合单元的变化和相互位置关系。为了完整表现山体的各面形态造型,一般应绘出前、后、左、右等四个方向的立面图。

假山立面图的绘图方法与步骤:

(A) 绘出定位轴线;

(B) 绘制假山的基本轮廓;

(C) 依轮廓加皱,描深线条;

(D) 注写数字和文字,包括坐标数字、轴线编号、图名及有关文字说明;

（E）检查并完成全图。

③剖面图：假山剖面图主要表示假山、山石某处断面外形轮廓及大小；假山内部及基础的结构、构造的形式位置关系及造型尺度；假山内部有关管线的位置及管径大小；假山的材料、做法、施工要求，假山山石各山峰的控制高程；假山种植池的尺寸、位置和做法等。

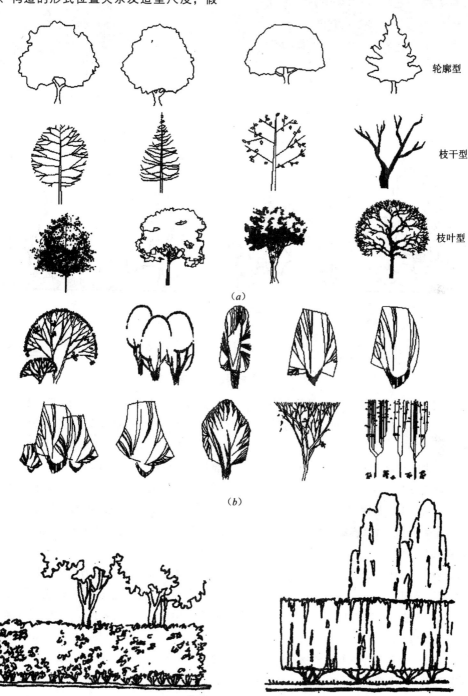

图7-19 园林植物立面图绘制
(a) 写实型；(b) 图案形

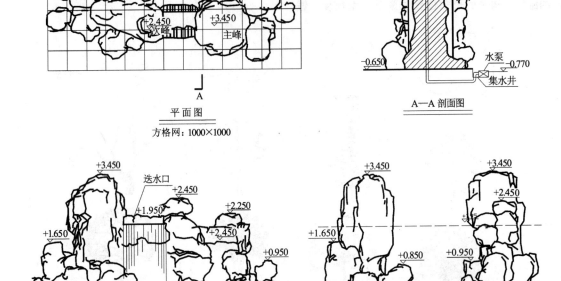

图 7-20 园林假山工程施工图

假山剖面图的具体绘图方法与步骤如下:

(A) 绘出图形控制线,绘出定位轴线及定位直角坐标方格网;

(B) 绘出断面轮廓线(一般用粗实线);

(C) 绘出细部构造;

(D) 检查底图,加深图线;

(E) 标注尺寸,注写标高及文字说明。

④ 基础平面图

假山基础平面图用以表示假山基础的平面位置、形状、范围。

具体绘图方法及步骤如下:

(A) 绘定位轴线;

(B) 绘出假山基础平面形状轮廓线;

(C) 检查底图并加深轮廓线,完成全图。

2) 水景工程图

水是环境空间艺术创作的要素之一,其形式多样,包括水池、溪流、河湖、喷泉、瀑布、跌水等。本节仅以水池为例略作说明。

水池施工图包括:水池平面图、立面图、剖面图、管线布置图和详图等。

① 平面图:水池平面图主要反映水池的平面形状、大小、布局及水池附属物的形状、大小、位置和周围环境。具体内容和绘制方法如下:

(A) 绘制直角坐标方格网:规则式水池可不画方格网,但应绘出定位轴线;用细实线按图中比例绘出坐标方格网,以便于施工放线;

(B) 水池及附属物:根据水池的形状绘出水池的驳岸线、水底线及山石汀步、小桥种植池、进水口、泄水口、溢水口、泵房等的形状和位置;

(C) 根据设计标注水池及附属物的定形、

定位尺寸以及池岸、池底、周围地形、进水口、泄水口、溢水口、泵房等的设计高程；

（D）标注排水方向；

（E）绘制比例、注写标题栏、技术要求等。

② 立面图：用以反映水池的高度变化、水池池壁顶与周围环境的高差关系、池壁顶形状及喷水池的喷水立面效果等。

③ 剖面图：用以表示水池驳岸、池底、山石、汀步及岸边处理等的关系。应包括：水池驳岸、池底、附属物的断面形状、结构层次、材料及施工方法和要求。

④ 管线分布图：水池管线分布图主要包括给排水管网布置图和配电管线布置图。

给排水管网布置图用以表明给排水管的走向、平面位置并注明管径、每一段长度、标高以及水泵的类型和型号，并加以简单说明确定所选管材及防护措施等。

配电管线布置图主要反映电缆线走向、位置及各种电气设备、照明灯具的位置等。

⑤ 详图：水池详图是水池一些细部构造的施工图，通常用于水池平、立、剖面图或管线布置图中用小比例无法表达清楚的细部。详图中，应用较大比例表达水池细部的详细构造，包括式样层次、做法、材料和详细尺寸。

以下是园林山石及水体的表示方法：

1. 园林山石的表示方法

1.1 山石的画法

园林造景中所选用的石材有很多种，其纹理、形状、质感各不相同，画法也各不相同。如湖石玲珑剔透，多缝、穴、孔、眼，绘图时先用自然曲折的线条勾画出轮廓线，再用随形线条表现自然起伏的石理，最后用深淡线点着重刻画大小不同的洞穴；再如黄石雄浑沉实、平正大方，块钝而棱锐，具有强烈的光影效果，绘图时应多用平直、转折线表现石块钝而棱锐的特点，为加强石头的质感和立体感，在背光面常加线或用斜线加深，与受光面形成明暗对比。

1.2 园林工程平、立面图中山石的表示方法

园林工程图中，无论平面图还是立面图，通常只用线条勾勒轮廓，很少采用光线、质感的表现方法，以免使图面过于凌乱。用线条勾勒时，轮廓线宜粗，石块面、纹理面的线条宜细宜淡。剖面图上的石块，轮廓线应用剖断线，石块剖面上还可加上斜纹线（图 7-21）。

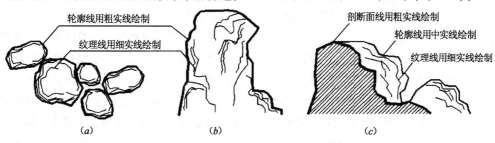

图 7-21 园林景石的绘制

(a) 景石平面图绘制；(b) 景石立面图绘制；(c) 景石剖面图绘制

2. 水体的表示方法

2.1 水体平面图的绘制方法

水面可以采用线条法、等深线法、平涂法等方法绘制。

2.1.1 线条法

用工具或徒手绘制的平行线条表示水面的方法称为线条法。绘图时可将整个水面全部用线条均匀地布满，也可以局部留白，或只局部画线。线条可采用波纹线、水纹线、直线或曲线。组织良好的曲线还能表现出水面和波动感。

2.1.2 等深线法

等深线与地形等高线相近。在靠近岸线的水面中，依岸线的曲折形状画出二三根闭合曲线，表示深度相同的各点的连线。通常河岸线用粗实线绘制，内部的等深线用细实线绘制。对自然实体，等深线应流畅自然，且线条间距不等；对规则水体，细实线应规则整齐。

2.1.3 平涂法

用水彩或墨水平涂表示水面的方法称为平涂法。用水彩平涂时，可将水面渲染成类似等深线时的效果。

除上述方法外，为了丰富图面观赏效果，可以根据水体的特征添加一些与其有关的配景，如在池塘中添加睡莲或荷花等，在大的水面上可以添加游船等。

2.2 剖断面

水面剖断面的表现与地形剖切断面的表示方法相同。

(5) 园林建筑工程图

园林建筑工程图是表达建筑设计构思和意图的"工程技术语言"，是组织和指导施工的主要依据。它按照《房屋建筑制图统一标准》、《总图制图标准》和《建筑制图标准》的统一规定绘制。一套完整的园林建筑施工图，根据作用、内容的不同，可分为：

1) 建筑施工图（简称建施）：主要表达建筑设计的内容。其中包括建筑的总体布局、内部各室布置、外部形状以及细部构造、装饰、设备和施工要求等。基本图纸包括：总平面图、平面图、立面图、剖面图和构造详图等。

2) 结构施工图（简称结施）：主要表达结构设计的内容。其中包括建筑物各承重结构的形状、大小、布置、内部构造和使用材料的图样。基本图纸包括：结构布置平面图和各类构件详图。

3) 设备施工图（简称设施）：主要表达设备设计的内容。包括各专业的管道和设备布置及构造。基本图纸包括：给排水（水施）、采暖通风（暖通施）、电力照明（电施）等设备的布置平面图、系统轴测图和详图。

7.4 园林植物种植设计图绘制

园林植物种植设计施工图是植物种植施工、工程预决算、工程施工监理和验收的依据，应能准确表达出种植设计的内容和意图，并且对于施工组织、施工管理以及后期的养护管理都起到很大作用。本节将着重介绍其绘制步骤。

7.4.1 建筑、水体、山石、道路的绘制

依据施工总平面图的要求，在园林植物种植设计图中，首先绘出建筑、水体、山石、道路等园林要素的位置。其中水体边界线用粗实线，沿水体边界线内侧用一细实线表示出水面；建筑用中实线；地下管线或构筑物用中虚线（图7-22）。

7.4.2 植物绘制

首先确定不同植物的图例，而后分别绘制在设计位置上。

为了便于区分树种，计算株数，应将不同树种统一编号，以阿拉伯数字标注在树冠图例内，并以点表示树干位置。单株栽植的乔木或灌木，可每图例均附带标号；成片栽植的植物，可用细实线绘出种植范围，而后标注编号、设计数量。同一树种在可能的情况下，尽量以粗实线相连，并以粗实线引出，注写树种编号及数量（树种编号在前，数量在后，数字之间以短横线相连），也可用索引符号逐树种编号，圆圈的上半部注写植物编号，下部注写数量，并尽量使索引符号排列整齐，保证图面清晰（图7-23）。

如为计算机绘图，可按树种设计图层，以便图纸绘制的稍后阶段统一数量。

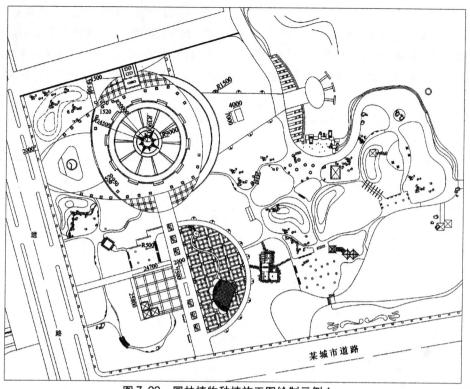

图 7-22 园林植物种植施工图绘制示例 1

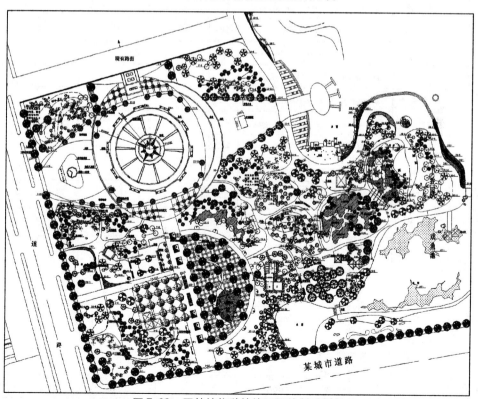

图 7-23 园林植物种植施工图绘制示例 2

7.4.3 编制苗木统计表

在图中适当位置，列表说明所设计植物的种类、数量、规格等内容。园林植物种植设计图的苗木表应尽可能详尽，以便于施工。尤其是"规格"一栏，由于园林植物生长状况所涉及的标准较多，很难以单一标准界定，因此应尽量标注清晰，并可辅之以一定的文字说明为"备注"，见表7-2。

苗木配置一览表　　　　表7-2

编号	植物图例	植物名称	拉丁学名	数量（棵）	规格（cm）			备注
					胸径	高度	冠径	
1		白蜡	Fraxinus chinese Roxb.	101	7~8			
2A		大叶黄杨球	Euonymus japonicus Thunb.	24		120	160	修剪整齐，树形优美
2B		大叶黄杨球	Euonymus japonicus Thunb.	67			60~120	
3		垂柳	Salix babylonica L.	40	6~7			
4		栾树	Koelreuteria paniculata Laxm.	33	6~7			
5		刺槐	Robinia pseudoacacia L.	12	6~7			
6		丁香	Syringa oblata Lindl.	23	4~5			
7		棣棠	Kerria japonica（L.）DC.	1213				每丛20~25分枝
8		国槐	Sophora japonica L.	35	4~5			
9		合欢	Albizzia julibrissin Durazz.	68	6~7			
10		红叶李	prunus cerasifera f. atropurea Jecq.	21	5~6			
11		五角枫	Acer mono Maxim.	16	6~7			
12		桧柏	Sabina chinesis（L.）Ant.	209		150~200		
13		青桐	Frimiana simplex（L）W. F. Wight.	8	6~7			
14		碧桃	Prunus persica f. duplex Rehb.	30	4~5			
15		垂枝桃	Prunus persica f. pendula Dipp.	19	3~4			
16		淡竹	Phyllostanhys glauca Muclure.	400				10棵/m²
17		连翘	Forsythia suspensa（Thunb.）Vahl.	101				每丛16~20分枝
18		紫荆	Cercis chinensis Bunge.	35	单枝胸径2~3cm			3~5分枝
19		悬铃木	Platanus acerifolia Willd	61	7~8			截干，定干高3.5m以上
20		紫藤	Wisteria sinensis Sweet.	14	地径4~5			
21		紫薇	Lagerstroemia indica L.	24	地径4~5			
22		枣树	Ziziphus jujuba Mill.	1	12~15			
23		柿树	Diospyros kaki Thunb.	1	10~12			
24		龙爪槐	Sophra japonica var. pendula Loud.	5	5~6			
25		木槿	Hibiscus syriacus L.	40		150~200		
26		小龙柏	Sabina chinensis cv. kaizuka	1350			20~25	25棵/m²

续表

编号	植物图例	植物名称	拉丁学名	数量（棵）	规格（cm）			备注
					胸径	高度	冠径	
27		金叶女贞	*Ligustrum Vicaryi*	1310			20~25	25棵/m²
28		季节性草花		30m²				
29		红叶小檗	*Berberisthunbergii cv. atropurpurea*	1240			20~25	25棵/m²
30		丰花月季	*hybridaFloribunda Roses.*	6560				红色，三年生
31		花石榴	*Punica granatum*	1000			1.2	
32		荷花	*Nelumbo mucifera*	135				5棵/m²

7.4.4 标注定位尺寸

自然式种植的园林植物种植设计图，宜采用坐标网的形式标注种植位置。坐标网宜与设计平面图、地形图同样大小。如设计平面图、地形图中的坐标网尺寸较大，也可于其内另设次级方格网，以使植物种植位置更清晰（图7-24）。

规则式种植的园林植物种植设计图，宜相对某一固定点，如砌体、构筑物等，用株行距标注的方式确定种植位置。

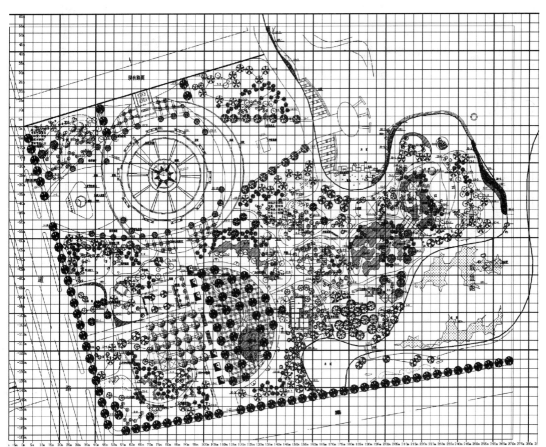

图7-24 园林植物种植施工图绘制示例3

7.4.5 绘制种植详图

必要时按苗木统计表中的编号绘制种植详图，说明种植施工要求。图7-25即为某花境种植设计详图。

7.4.6 绘制比例、风玫瑰图或指北针、标题栏

如有必要，可在图中适当位置注写文字说明，主要标示施工技术要求等未尽事宜。

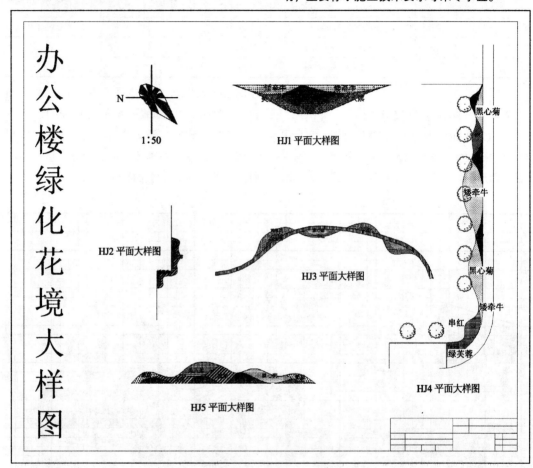

图7-25 花境大样

主要参考文献

[1] 张建林,周建华编. 园林工程制图(西南农业大学自编教材). 重庆:西南农业大学园林教研室,1996.
[2] 谭伟健主编. 建筑制图与阴影透视. 北京:中国建筑工业出版社,1997.
[3] 吴机际编著. 园林工程制图. 广州:华南理工大学出版社,1999.
[4] 张吉祥主编. 园林制图与识图. 北京:中国建筑工业出版社,1999.
[5] 王晓俊编著. 风景园林设计(增订本). 南京:江苏科学技术出版社,2000.
[6] 马晓燕,卢圣编著. 园林制图(修订版). 北京:气象出版社,2001.
[7] 魏艳萍主编. 建筑制图与阴影透视. 北京:中国电力出版社,2004.
[8] 金煜主编. 园林制图. 北京:化学工业出版社,2005.
[9] 赵景伟,魏秀婷,张晓玮编著. 建筑制图与阴影透视. 北京:北京航空航天大学出版社,2005.

全国建设行业中等职业教育规划推荐教材【园林专业】

园林制图习题集

主编 董南
参编 李莹 齐海鹰 孟丽
主审 解万玉

中国建筑工业出版社

说　明

《园林制图》是一门实践性很强的专业基础课，要将所学知识融会贯通，达到"学以致用"的目的，必须将理论与实践相结合，进行大量的作业练习。

本习题集配合山东城市建设职业学院董南主编的《园林制图》教材使用，是按照中等职业教育的教学要求并参照国家建筑制图标准编写而成的，共179题，编排次序紧密配合《园林制图》教材内容。

本习题集包括制图基本知识（字体练习、线型练习、几何作图）、投影作图（点、线、面的投影，体的投影，轴测图，剖面图与断面图，建筑阴影，透视图）和专业制图（园林工程图抄绘）三部分，在习题编排上着重考虑学生的实际水平和接受能力，力求做到由浅入深，循序渐进，难易结合，以适应不同的教学需要，各学校可根据各自的教学要求和教学时数自行选定。

作图要求：投影完整，正确；线型准确，美观。并注意提高作图速度，逐渐养成耐心细致、认真负责和一丝不苟的工作作风。

本习题集由山东城市建设职业学院董南主编，山东城市建设职业学院解万玉主审。参加编写工作的有：山东城市建设职业学院孟丽（1～49题），董南（50～106题，130～162题），李莹（107～120题，163～179题），齐海鹰（121～129题，180题）。不足之处希望广大读者给予批评指正。

编者
2008年2月

目 录

说明 ··· 1
字体练习 (1~2题) ··· 4
线型练习 (1~2题) ··· 6
几何作图及尺寸标注 (3~5题) ····································· 7
投影的基本知识 (6题) ·· 8
点的投影 (7~13题) ·· 11
直线的投影 (14~23题) ·· 16
平面的投影 (24~49题) ·· 29
平面体的投影 (50~61题) ·· 35
曲面体的投影 (62~75题) ·· 42
组合体的投影 (76~89题) ·· 54
平面与立体相交 (90~97题) ·· 58
两立体相交 (98~106题) ·· 63
轴测投影 (107~120题) ··· 70
剖面图 (121~128题) ·· 75
断面图 (129题) ··· 76
点的落影 (130~135题) ··· 79
直线的落影 (136~139题) ··· 81
平面的落影 (140~141题) ··· 82
反回光线法 (142~143题)

平面立体的阴影（144~147 题）············ 83
曲面立体的阴影（148~151 题）············ 85
建筑细部阴影（152~160 题）············· 87
轴测图中的阴影（161~162 题）············ 92
点与直线的透视（163~166 题）············ 93
平面的透视（167~170 题）··············· 95
视线法（171~176 题）·················· 97
透视阴影（177~178 题）················ 102
倒影（179 题）······················· 104
工程图抄绘（180 题）·················· 105

仿宋字、阿拉伯数字、英文字母练习。

仿宋大园林道路其器建筑品间句物景观工程即匠条

字体练习（一）

姓名　　成绩　　日期

1

仿宋字、阿拉伯数字、英文字母练习。

字体练习（二） 姓名 成绩 日期 2

仿宋字、阿拉伯数字、英文字母练习。

字体练习（三）

| 姓名 | 成绩 | 日期 |

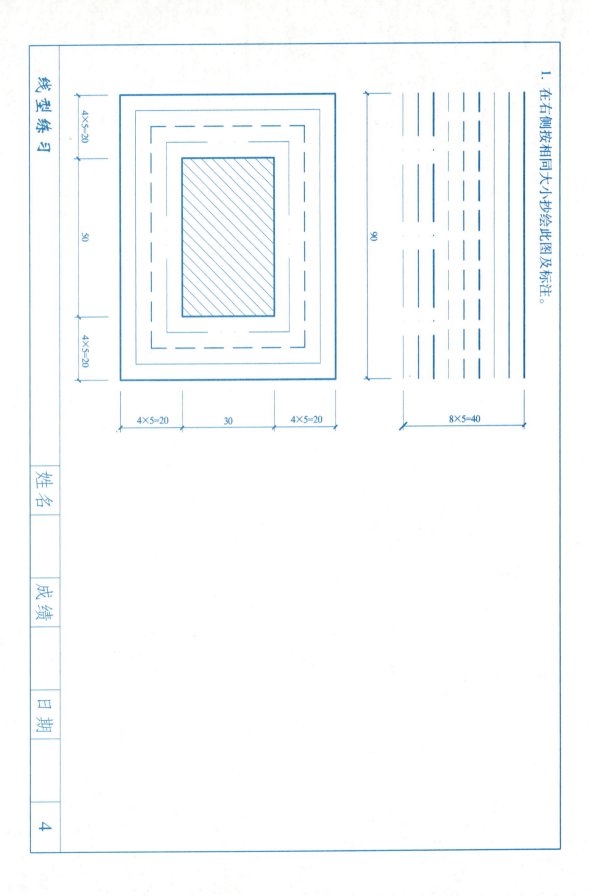

2. 在右侧按相同大小抄绘此图及标注。

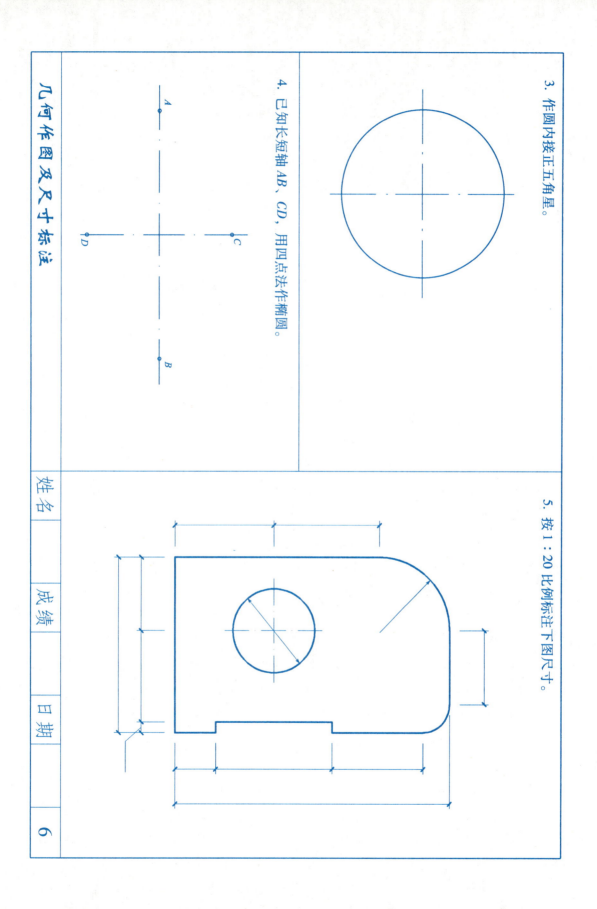

6. 对应直观图找投影图，并在圆圈内填上相应的数字。

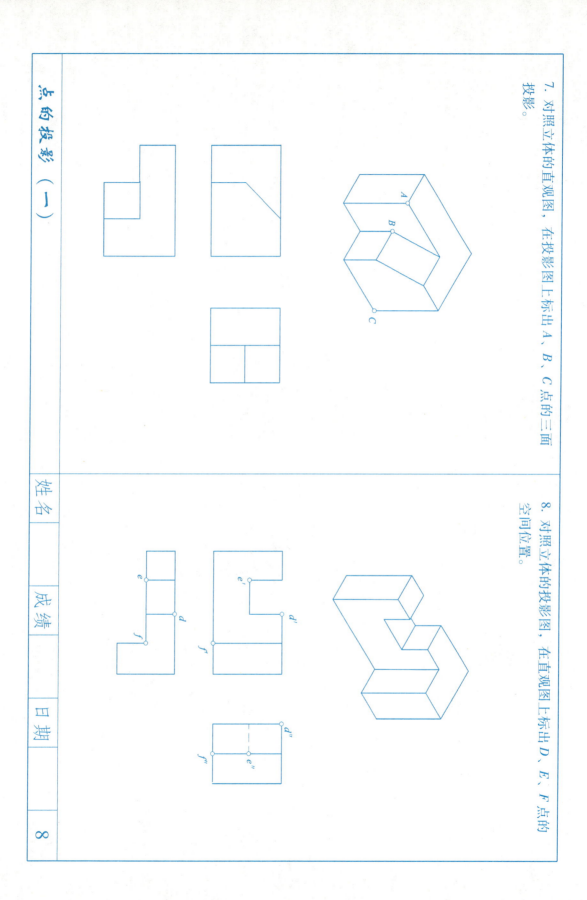

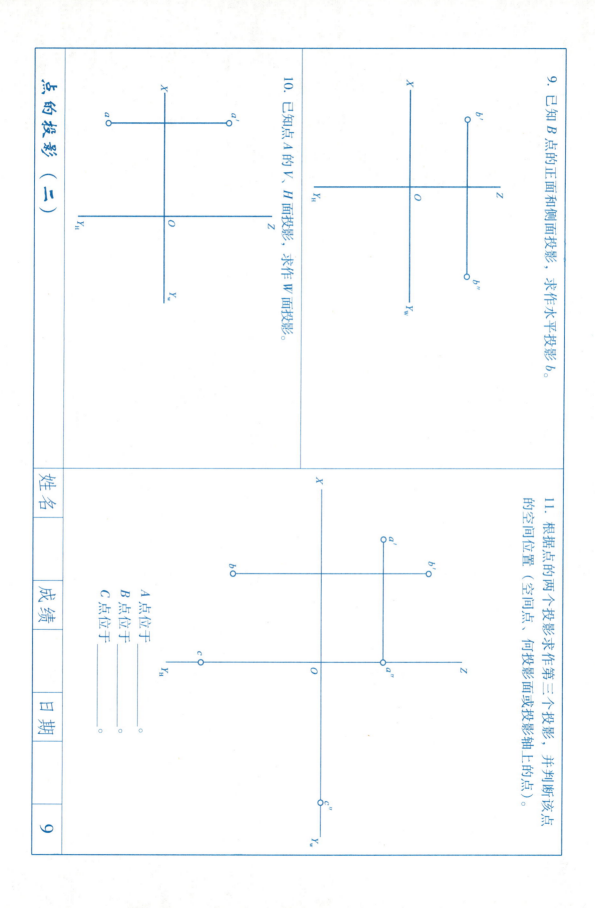

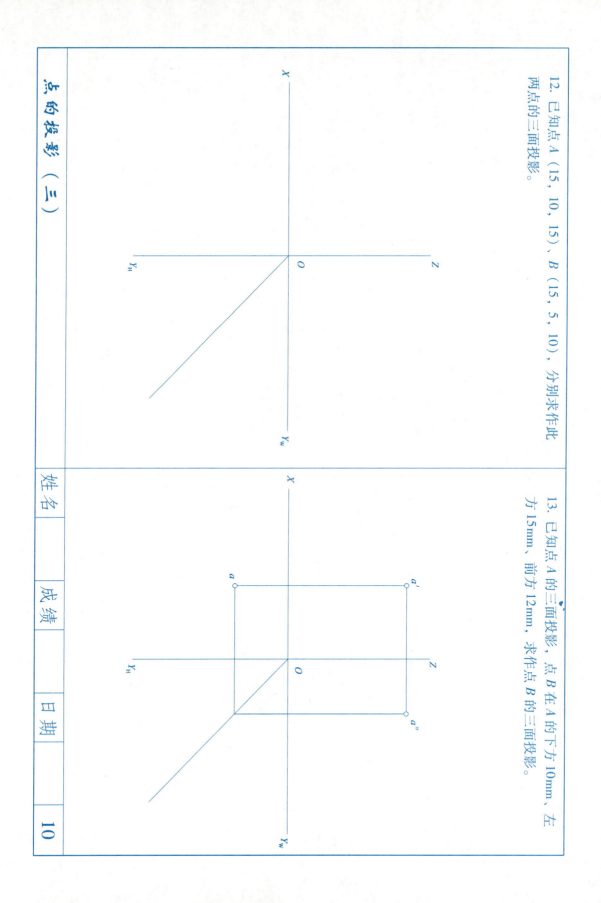

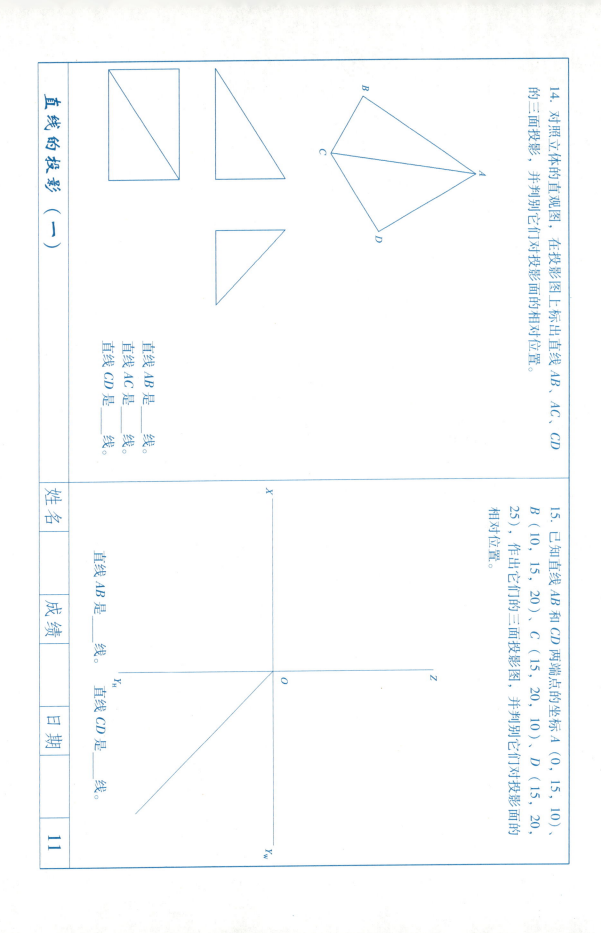

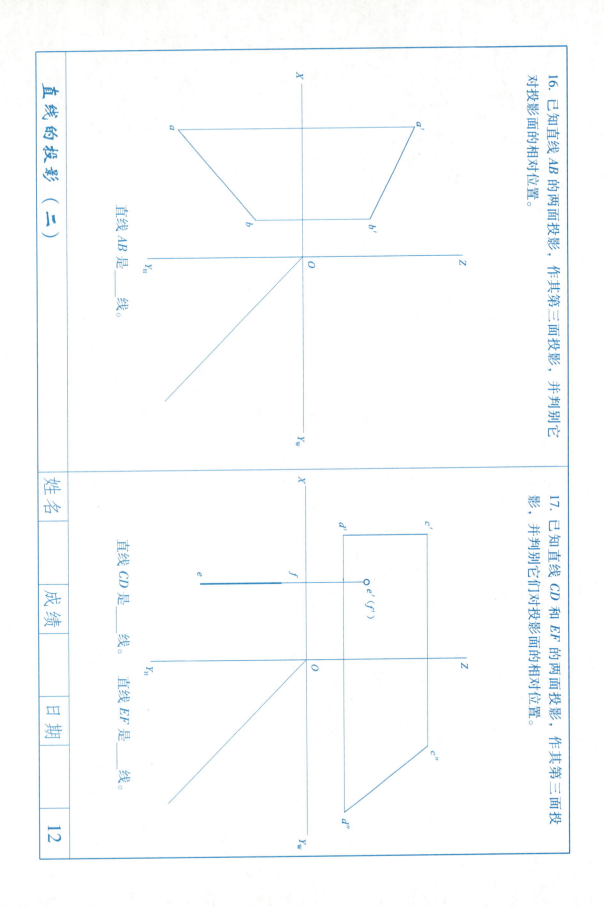

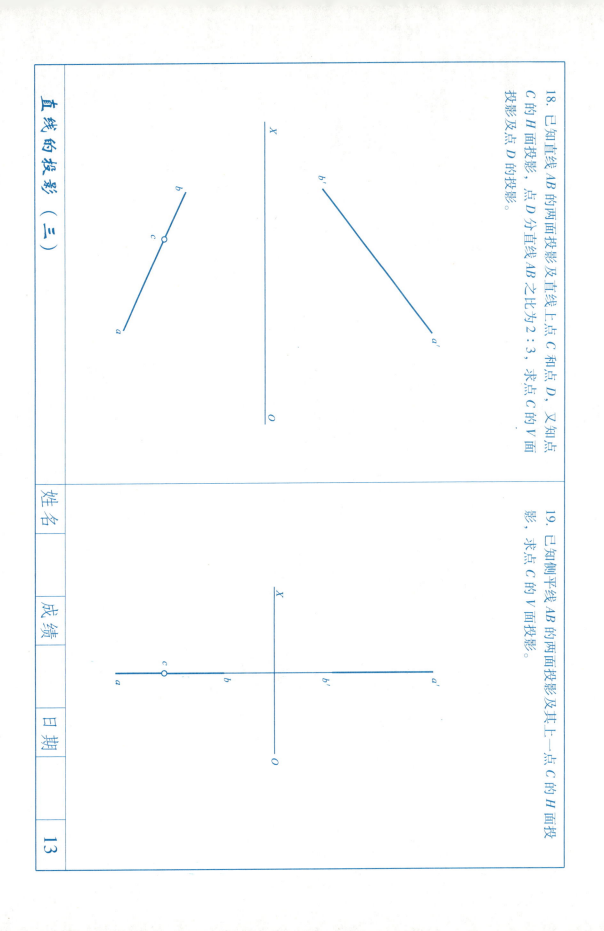

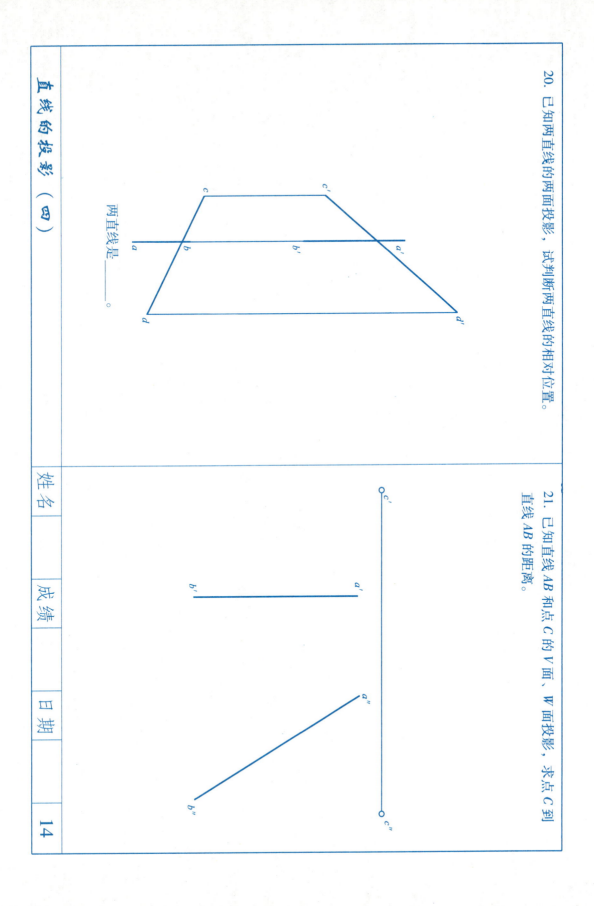

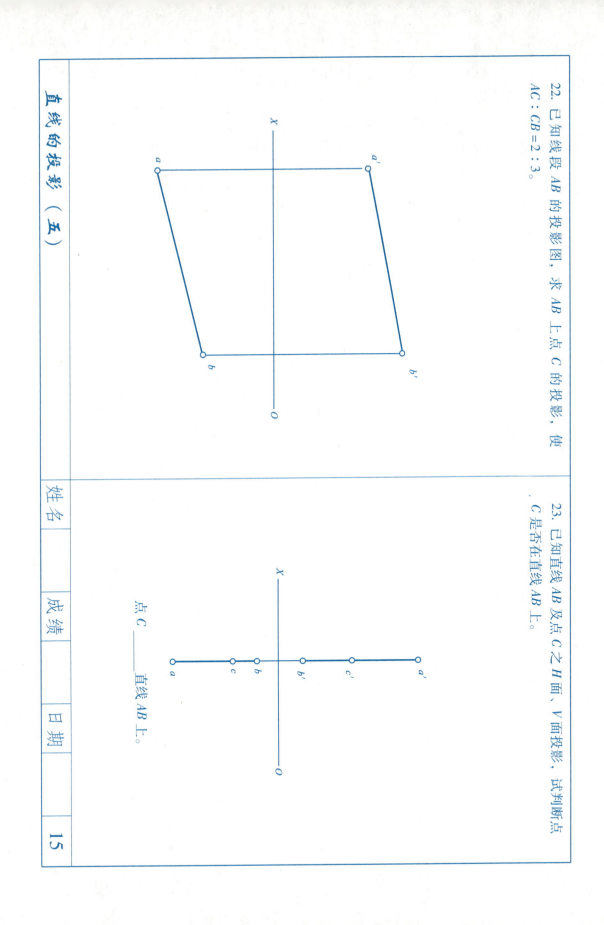

22. 已知线段 AB 的投影图，求 AB 上点 C 的投影，使 AC∶CB = 2∶3。

23. 已知直线 AB 及点 C 之 H 面，V 面投影，试判断点 C 是否在直线 AB 上。

点 C _____ 直线 AB 上。

直线的投影（五）

24. 对照立体的直观图，在投影图上标出平面 A、B、C、D 的三面投影，并判断它们对投影面的相对位置。

平面 A 是 ___ 面。
平面 B 是 ___ 面。
平面 C 是 ___ 面。
平面 D 是 ___ 面。

25. 根据平面的两面投影补作第三面投影，并判断其对投影面的相对位置。

平面的投影（一）

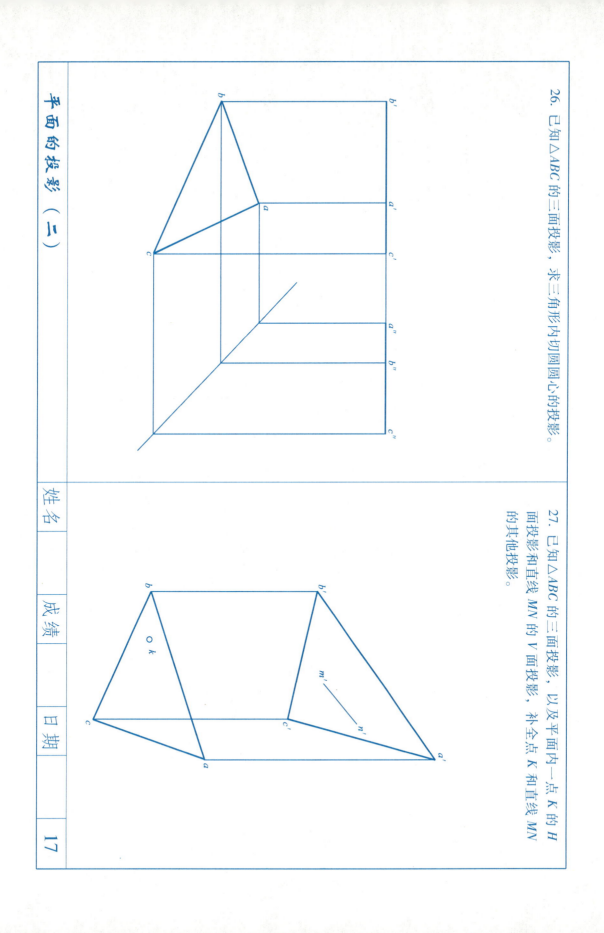

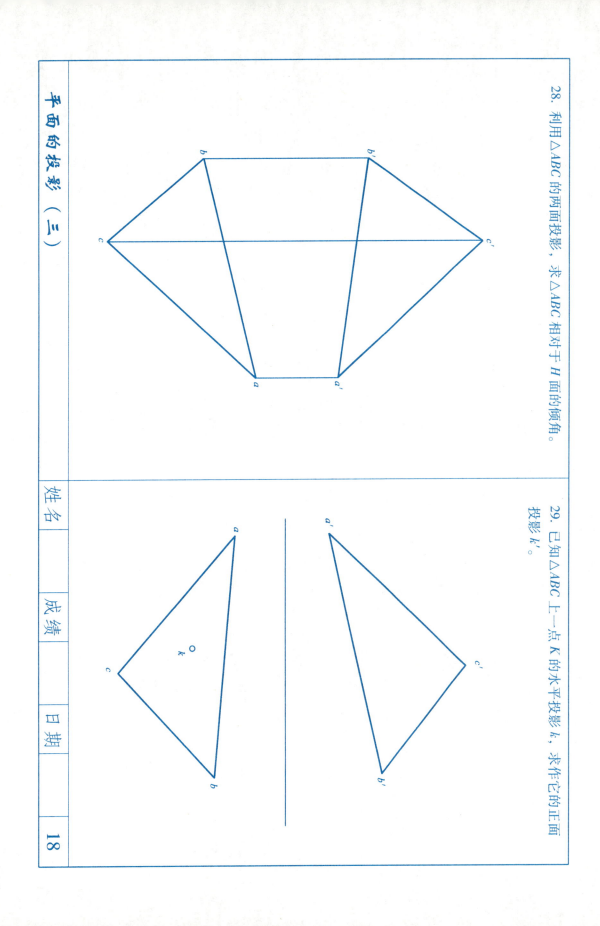

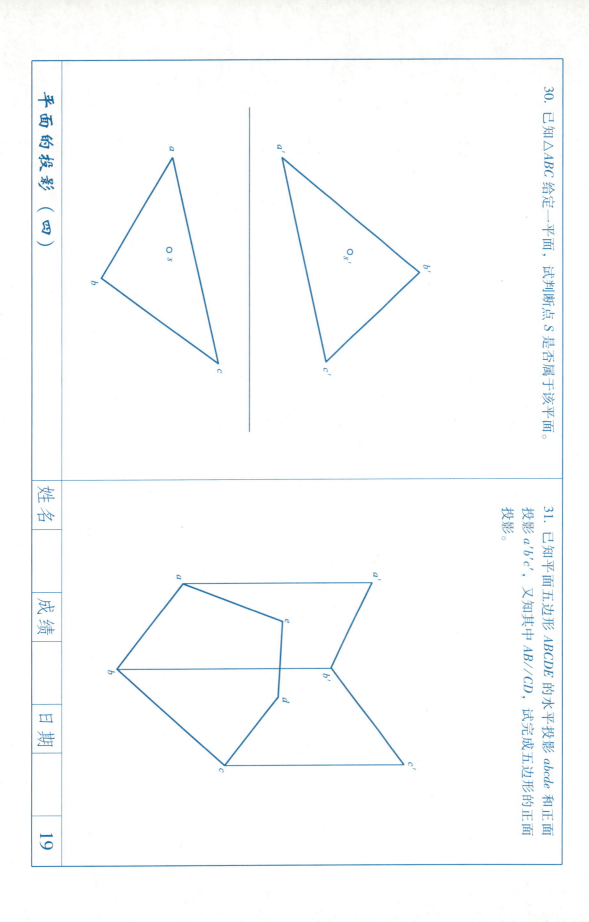

32. 已知△ABC给定一平面，试过点A作属于该平面的水平线，过点C作属于该平面的正平线。

33. 试过水平线AB作一与H面成30°倾角的平面。

平面的投影（五）

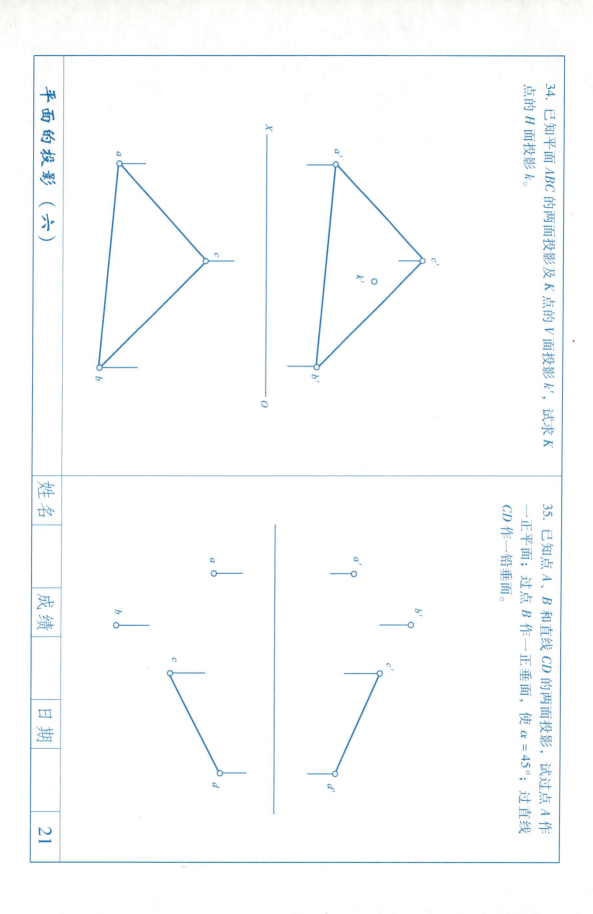

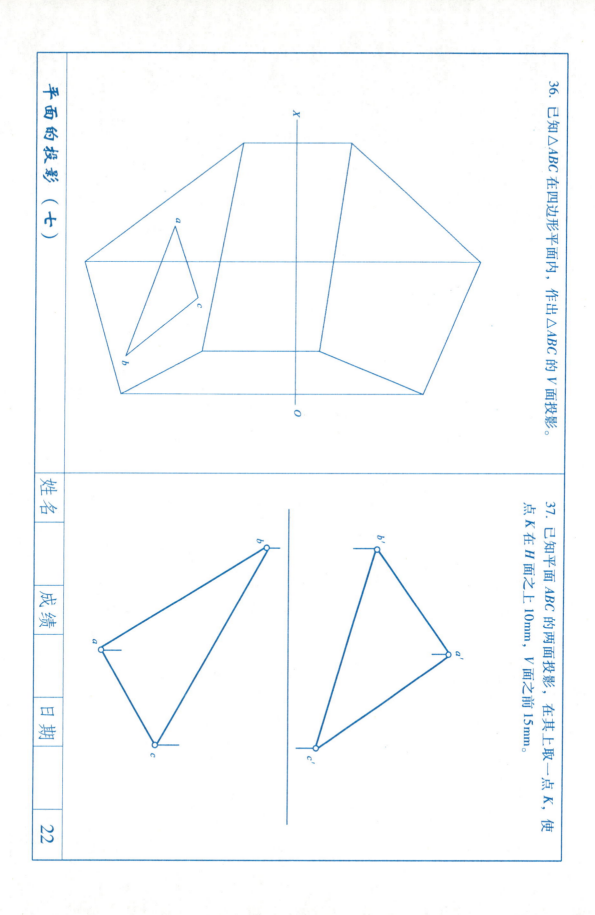

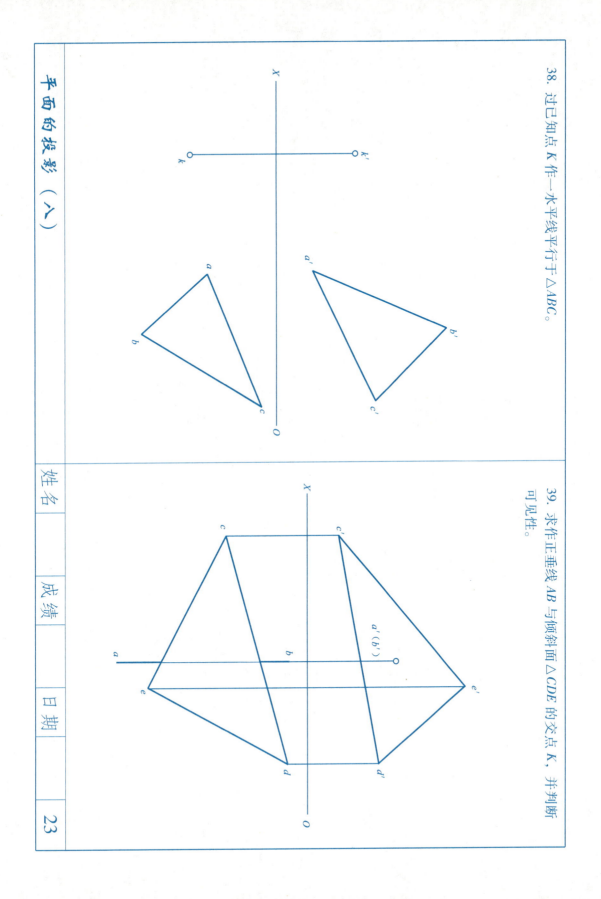

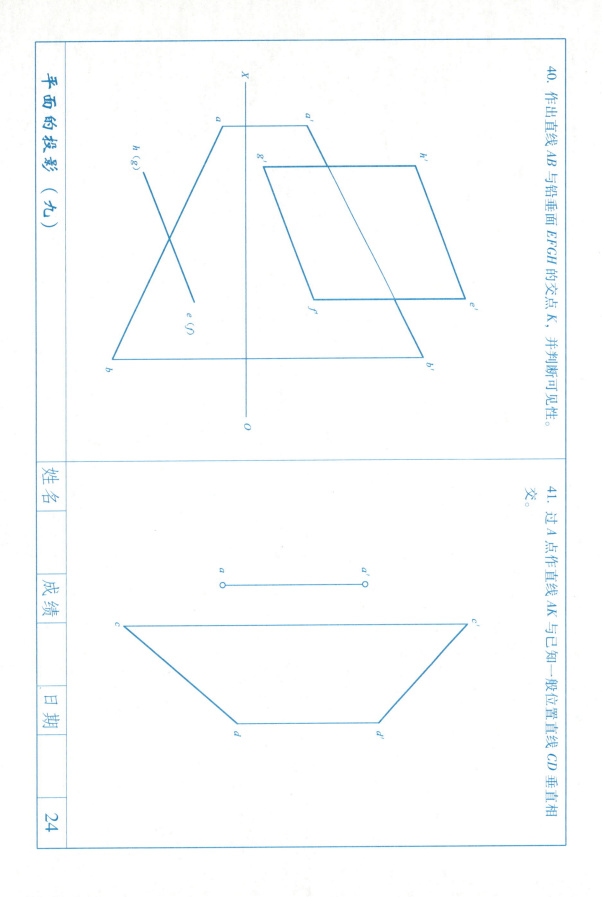

平面的投影 (十)

42. 过点 A 作直线与 △DEF 所给定的平面平行，并与直线 BC 相交。

43. 已知直线 AB, △CDE 和点 P 的两面投影，求：
    (1) 检验直线 AB 是否与 △CDE 互相平行；
    (2) 过点 P 作一水平线平行于 △CDE。

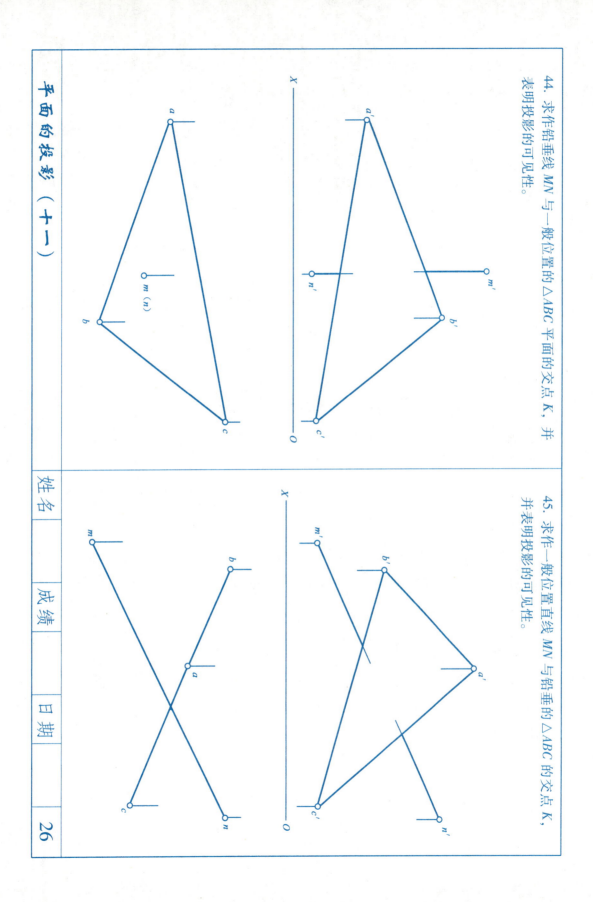

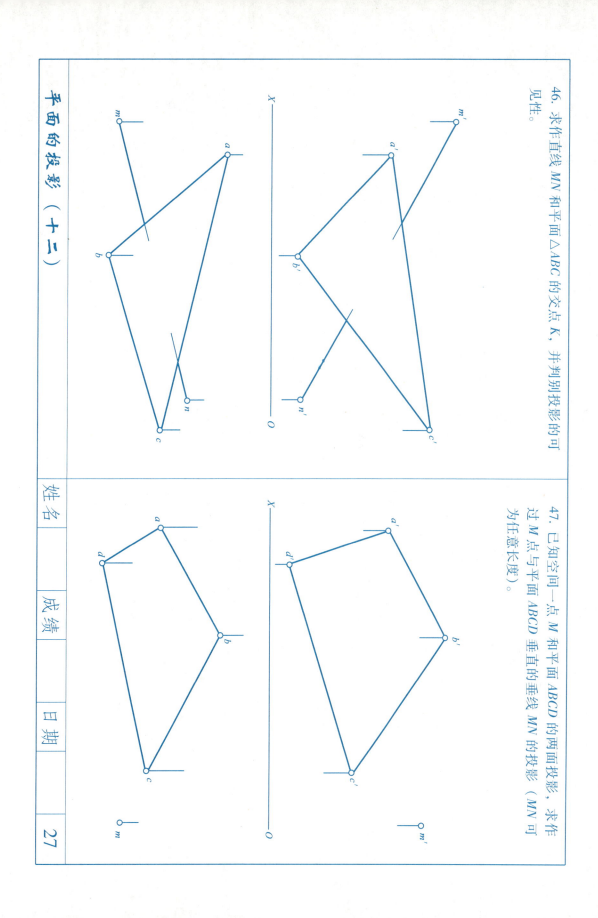

46. 求作直线 MN 和平面 △ABC 的交点 K，并判别投影的可见性。

47. 已知空间一点 M 和平面 ABCD 的两面投影，求作过 M 点与平面 ABCD 垂直的垂线 MN 的投影（MN 可为任意长度）。

平面的投影（十二）

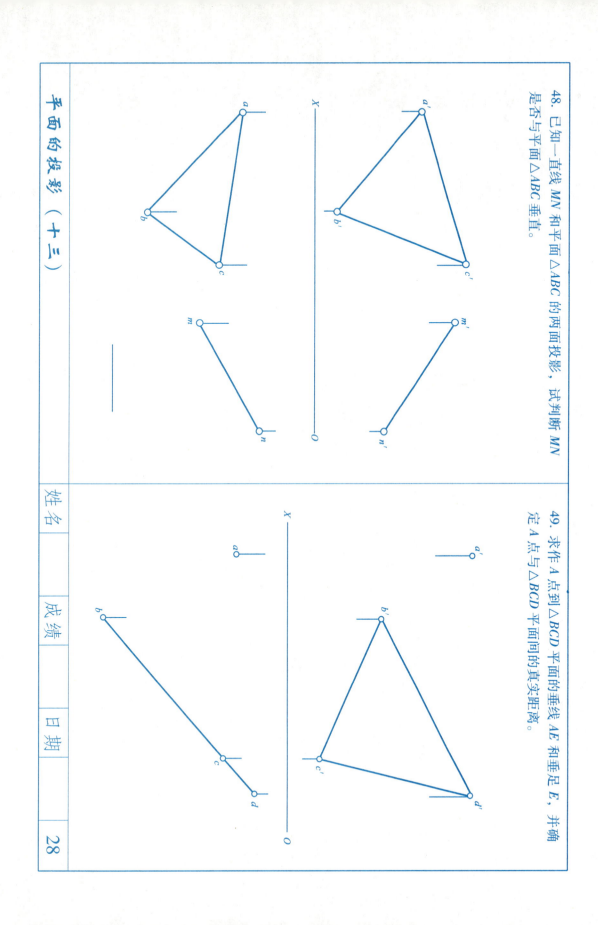

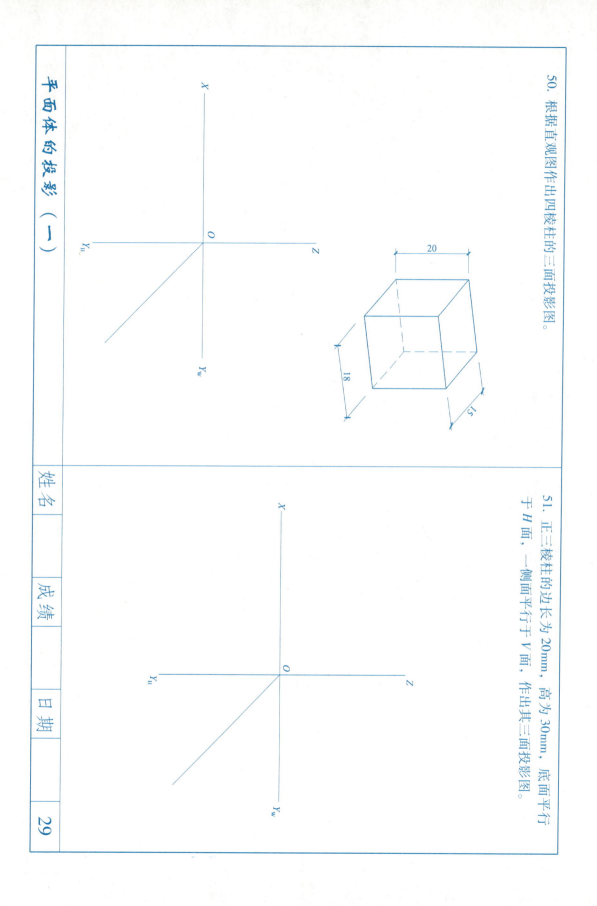

50. 根据直观图作出四棱柱的三面投影图。

51. 正三棱柱的边长为 20mm，高为 30mm，底面平行于 H 面，一侧面平行于 V 面，作出其三面投影图。

平面体的投影（一）

52. 根据直观图作出四棱锥的三面投影图。

53. 一底边平行于 V 面的正三棱锥的底边长为 20mm，高为 30mm，底面平行于 H 面，作出其三面投影图。

平面体的投影（二）

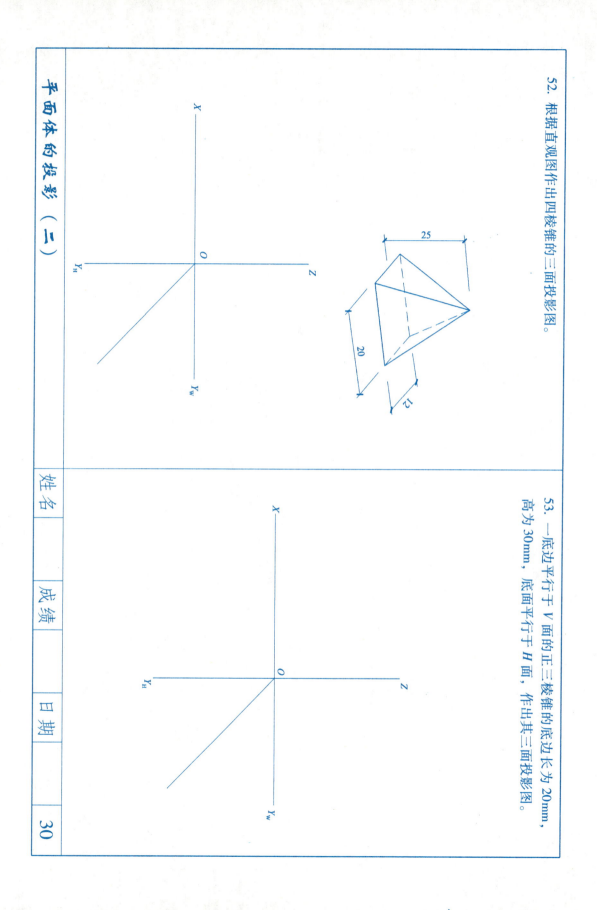

54. 已知三棱柱表面上点 K 的 V 面投影 k'，求点 K 的其余两面投影。

55. 求作五棱柱表面 A、B、C 点的其余投影。

平面体的投影（三）

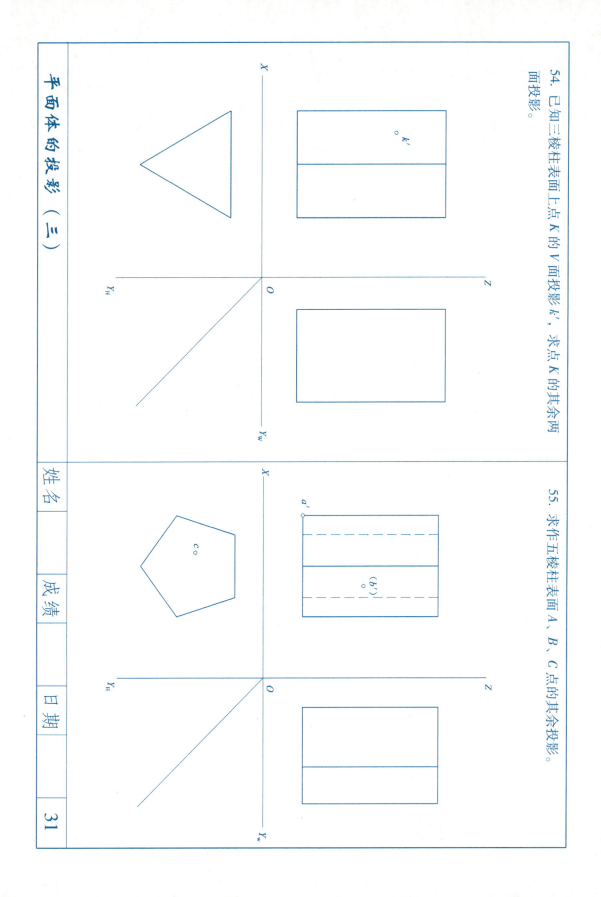

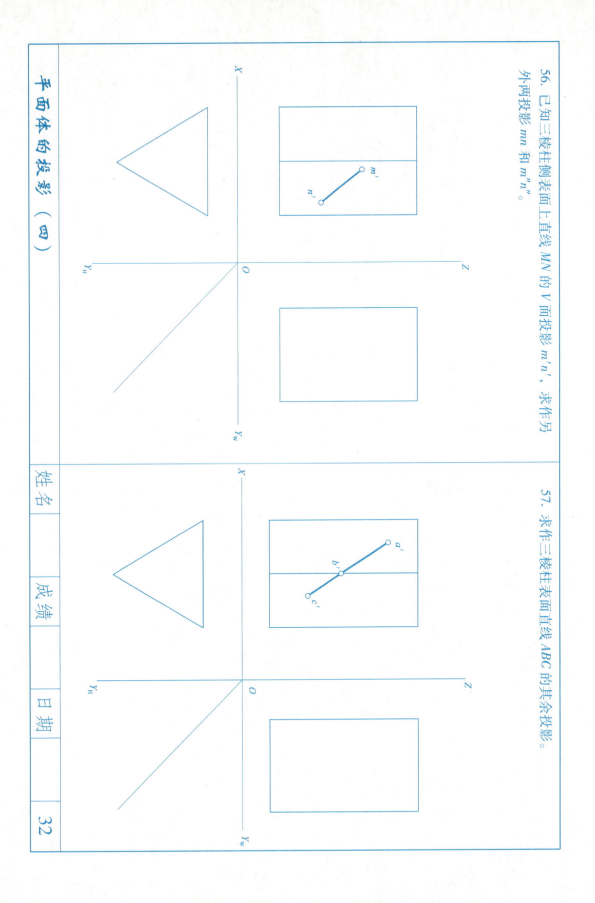

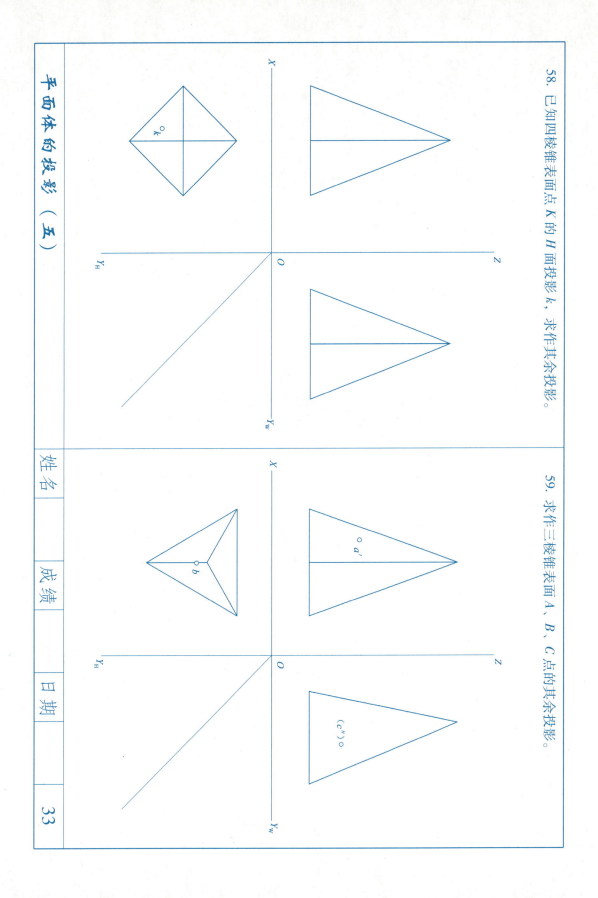

60. 已知三棱锥表面直线 AB 的 H 面投影 ab，求作其余投影。

61. 求作三棱锥表面直线 CDE 点的其余投影。

平面体的投影（六）

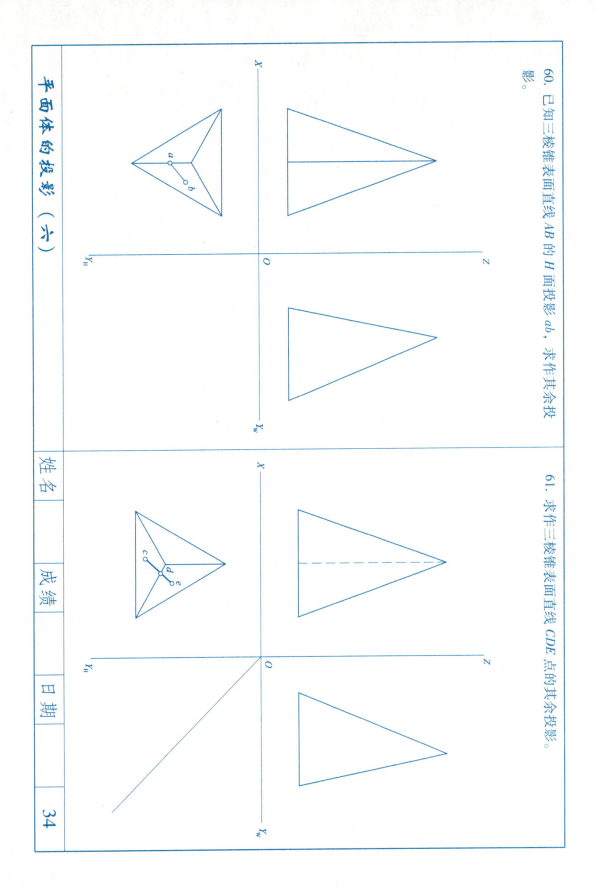

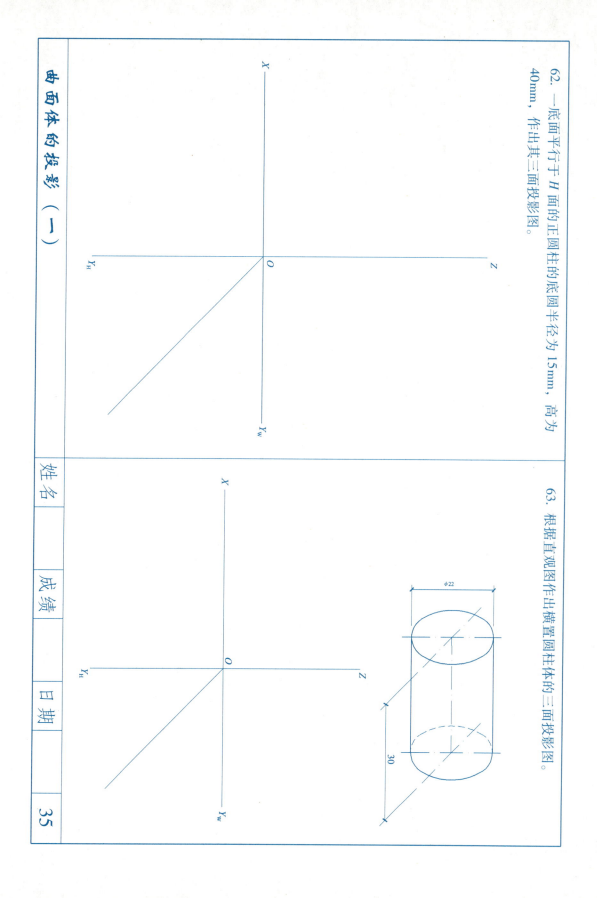

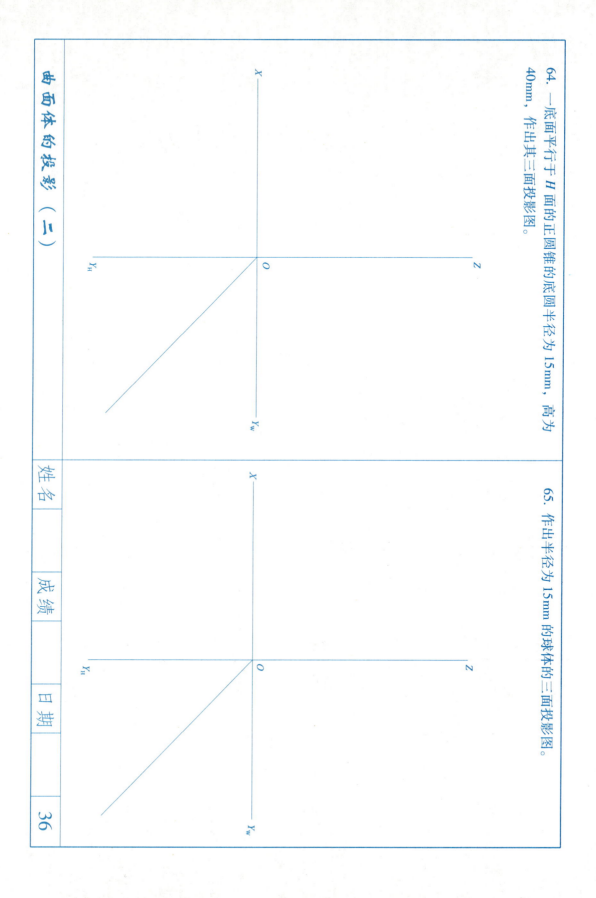

64. 一底面平行于 H 面的正圆锥的底圆半径为 15mm，高为 40mm，作出其三面投影图。

65. 作出半径为 15mm 的球体的三面投影图。

曲面体的投影（二）

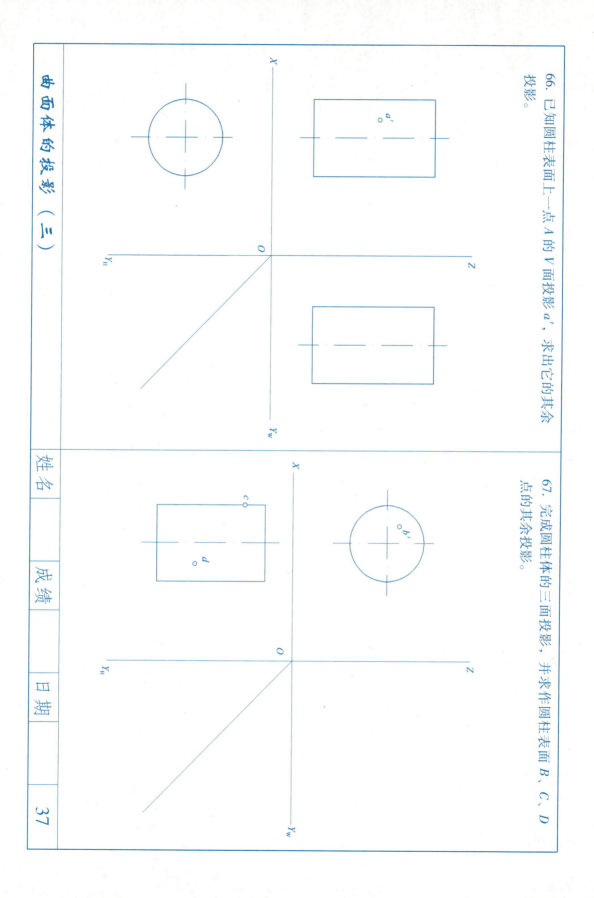

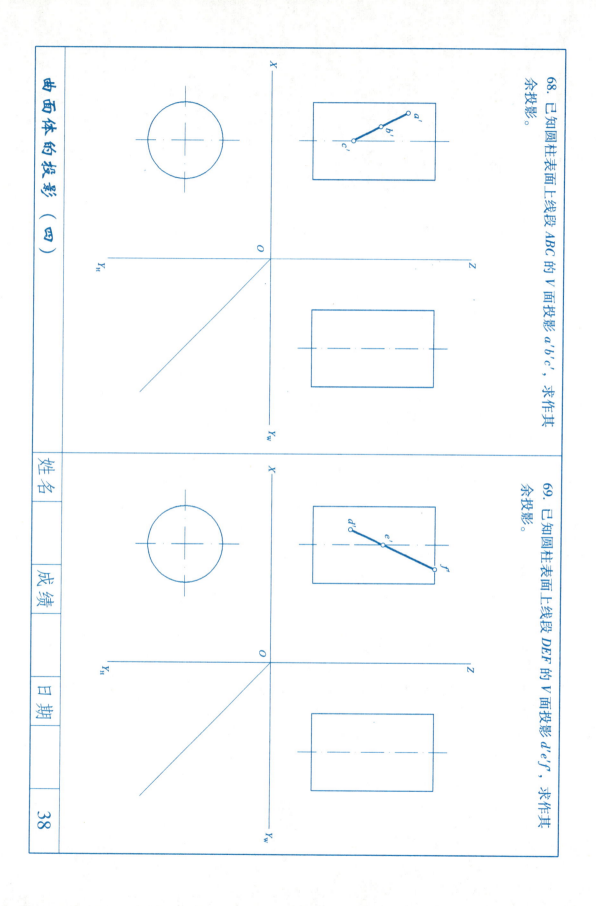

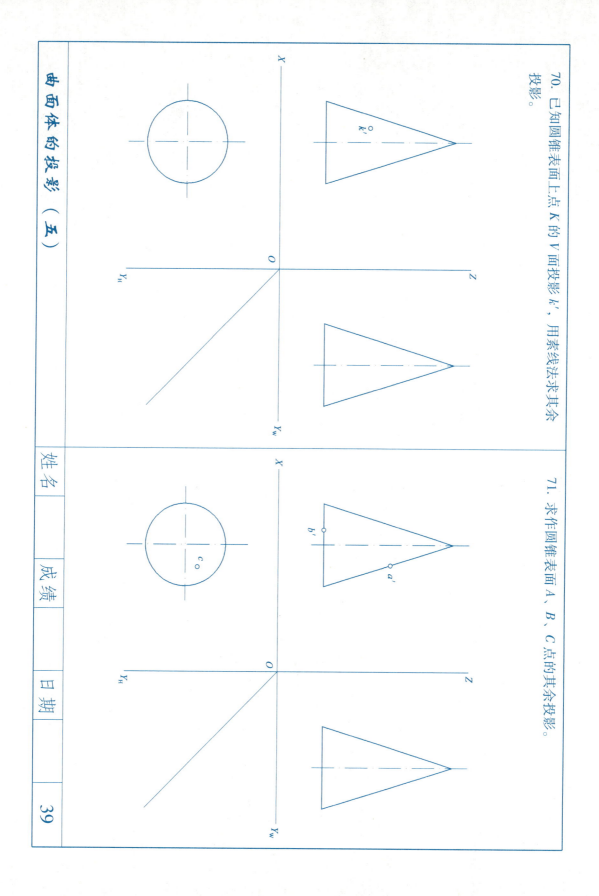

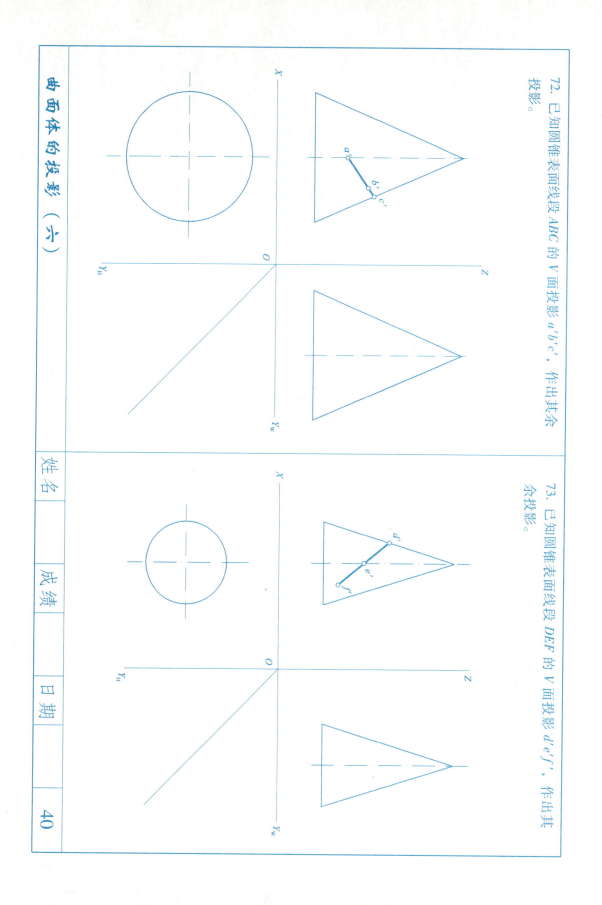

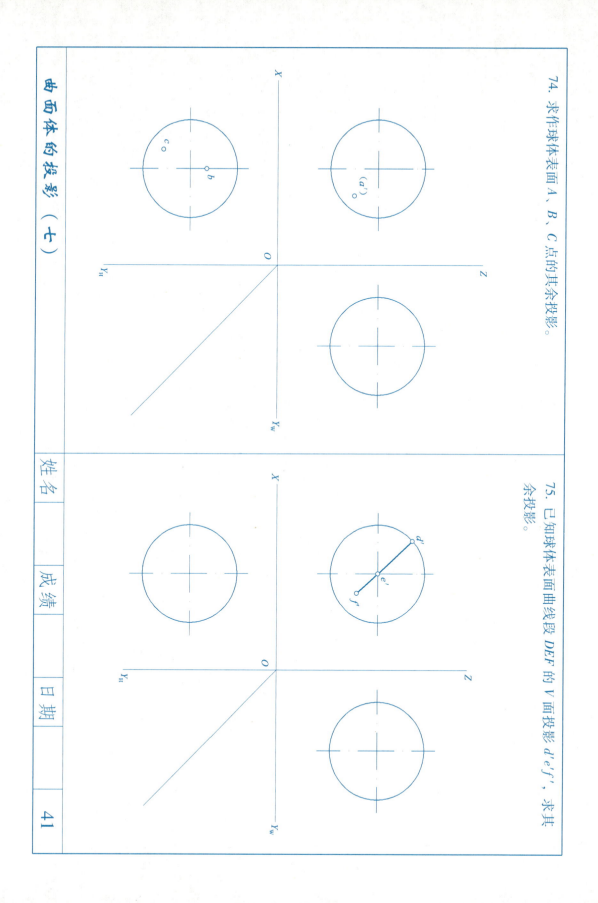

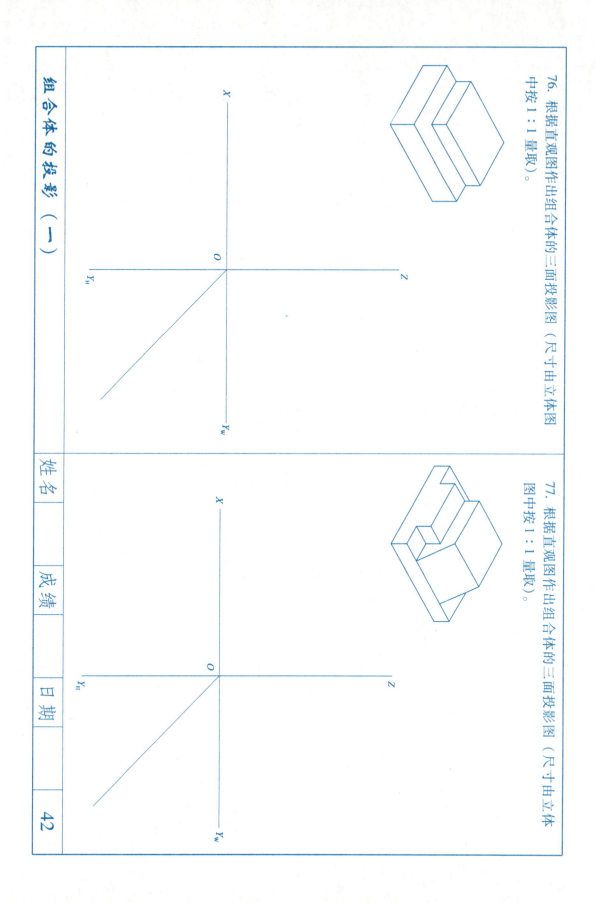

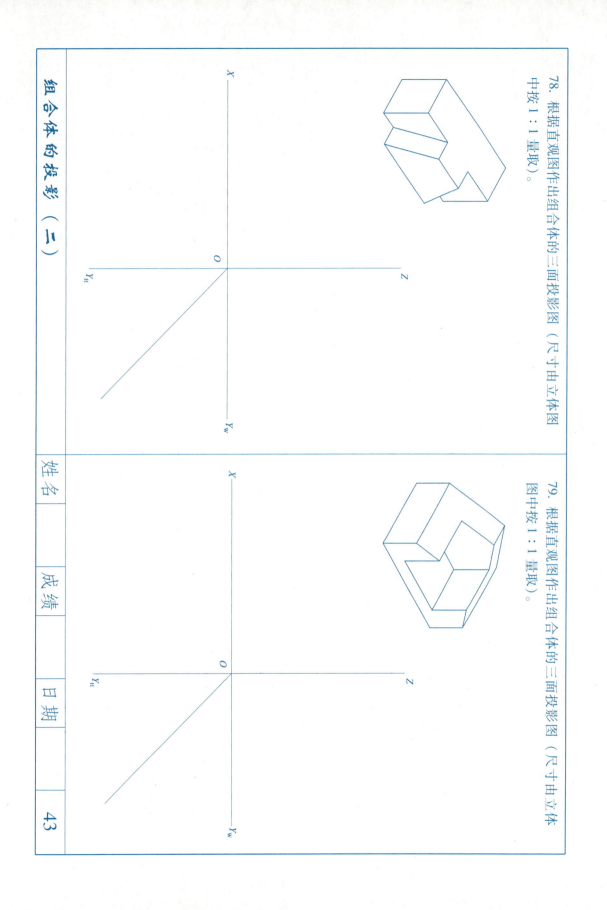

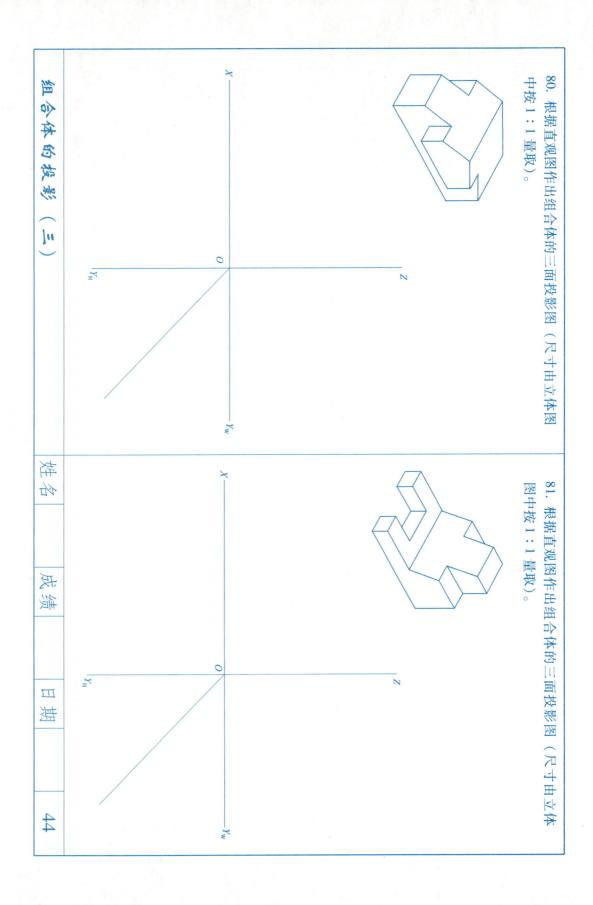

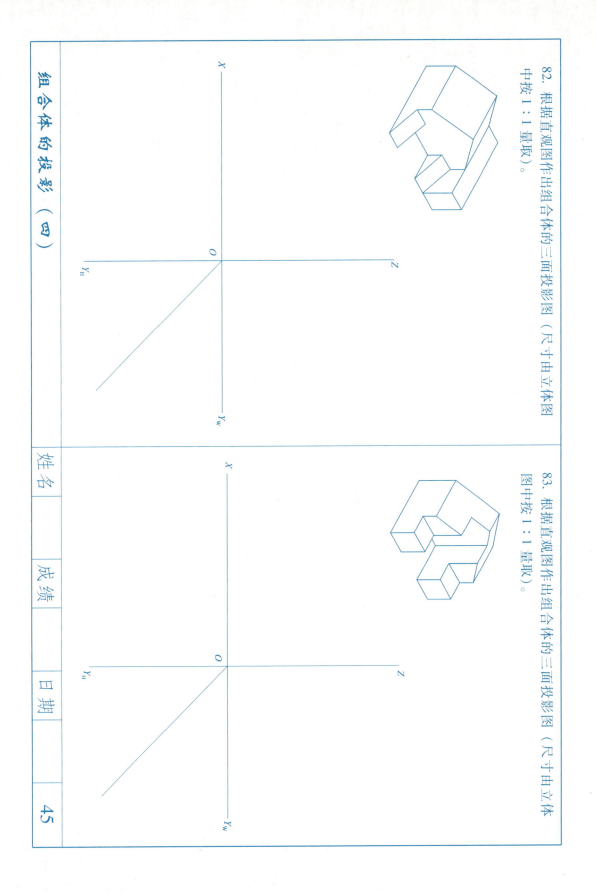

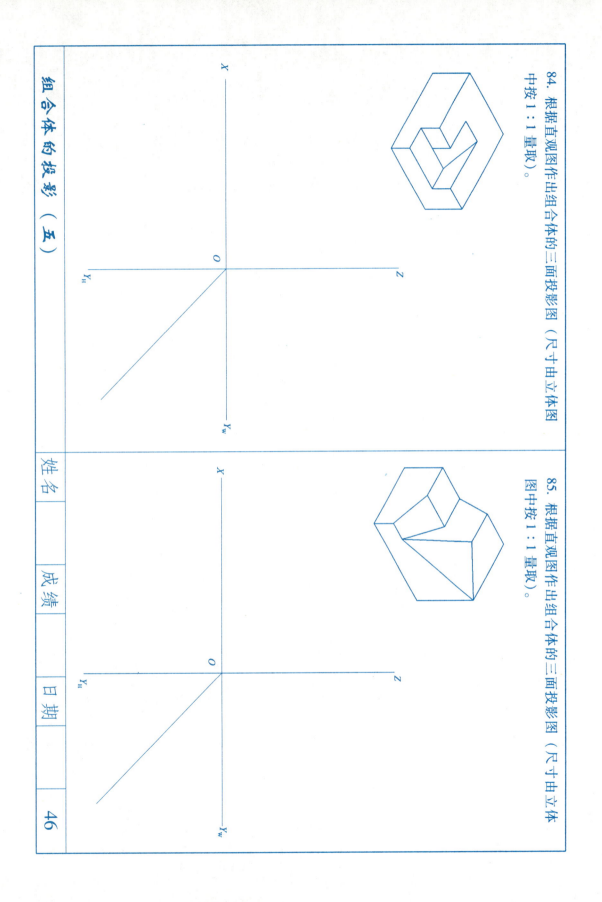

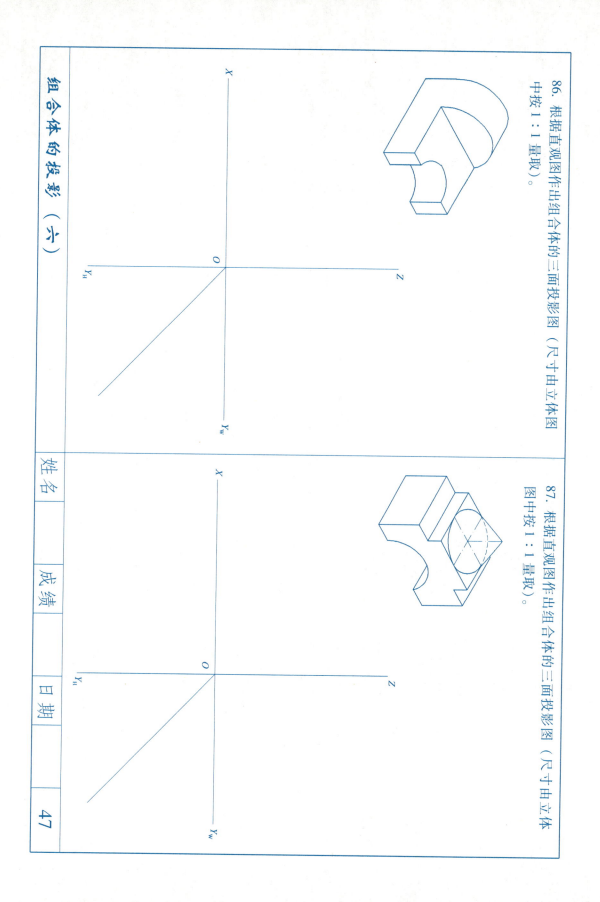

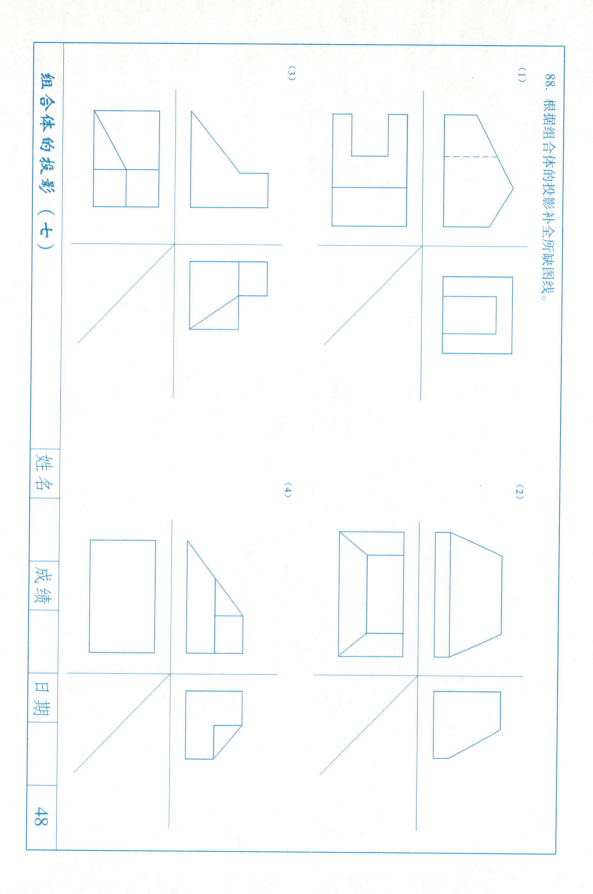

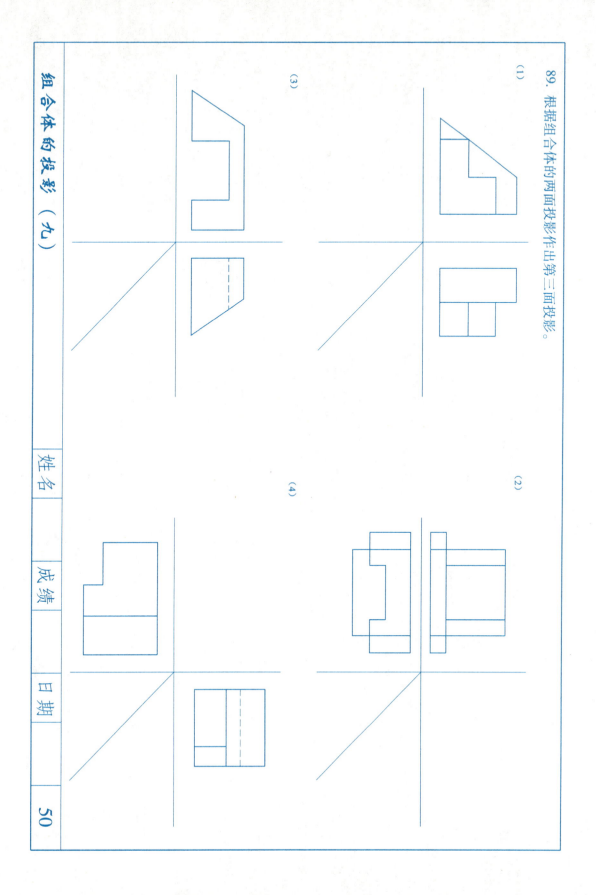

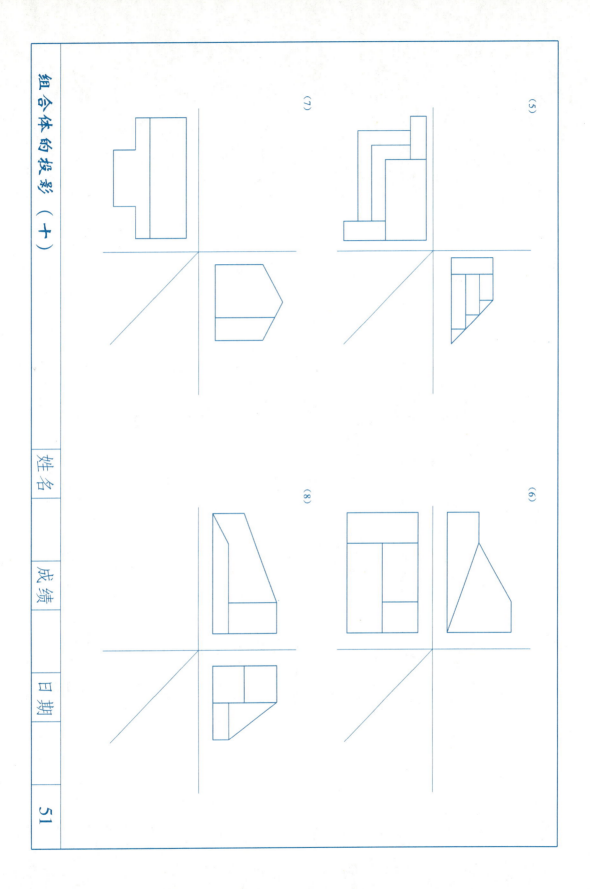

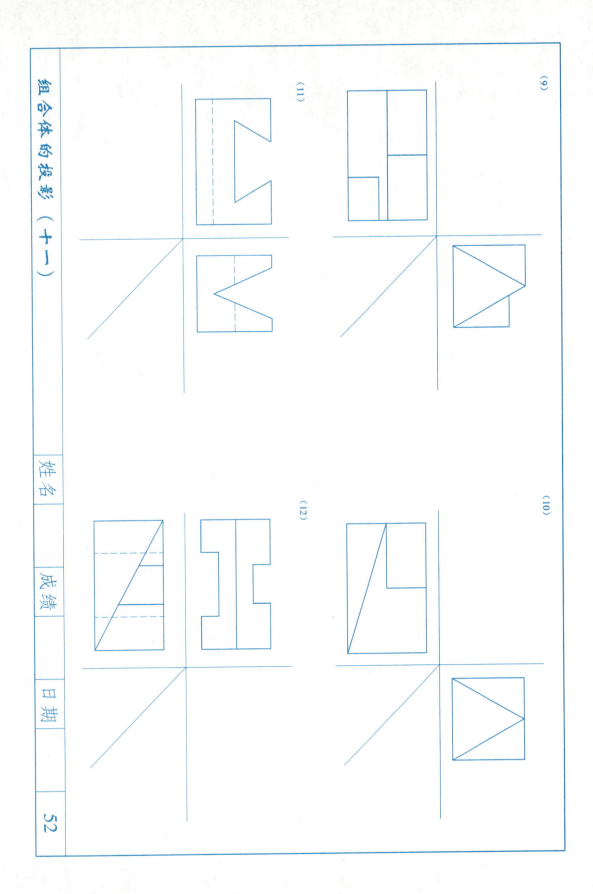

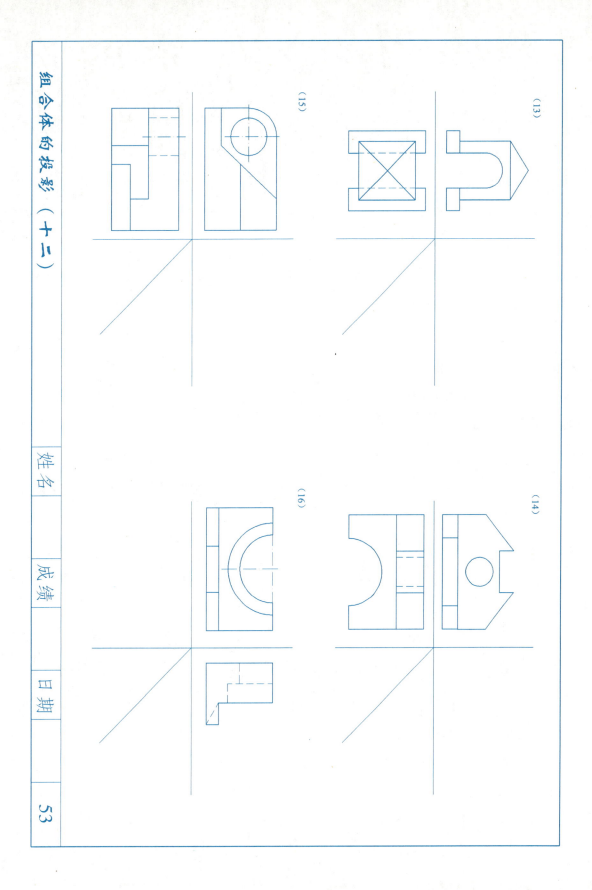

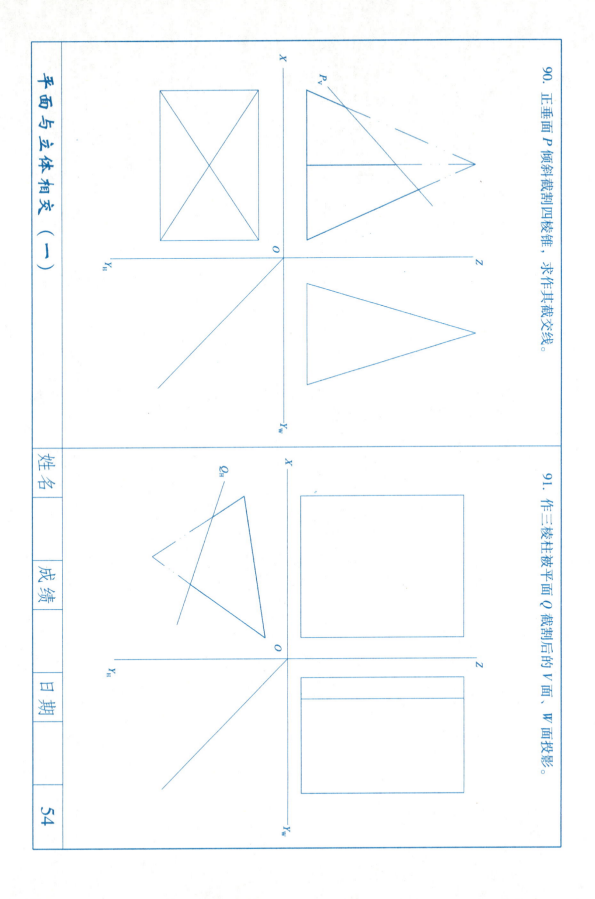

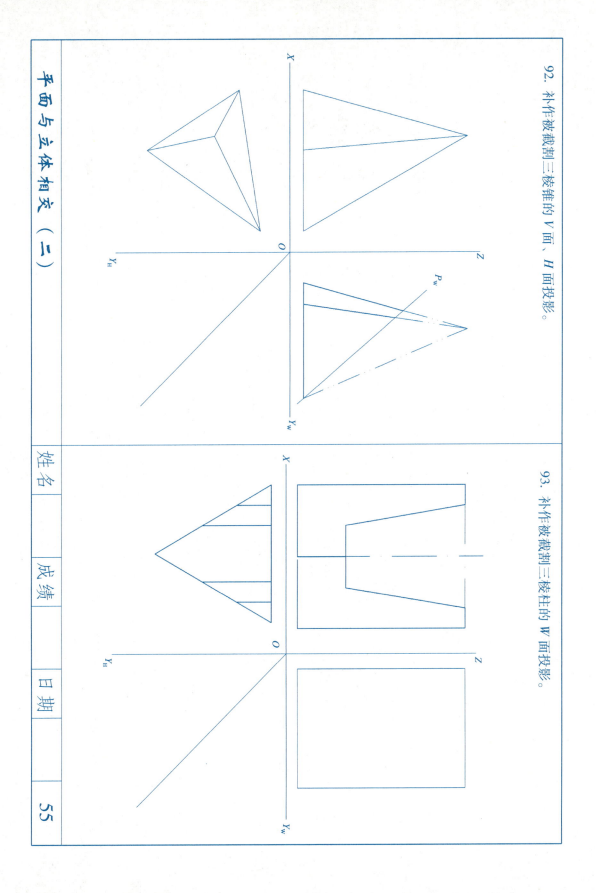

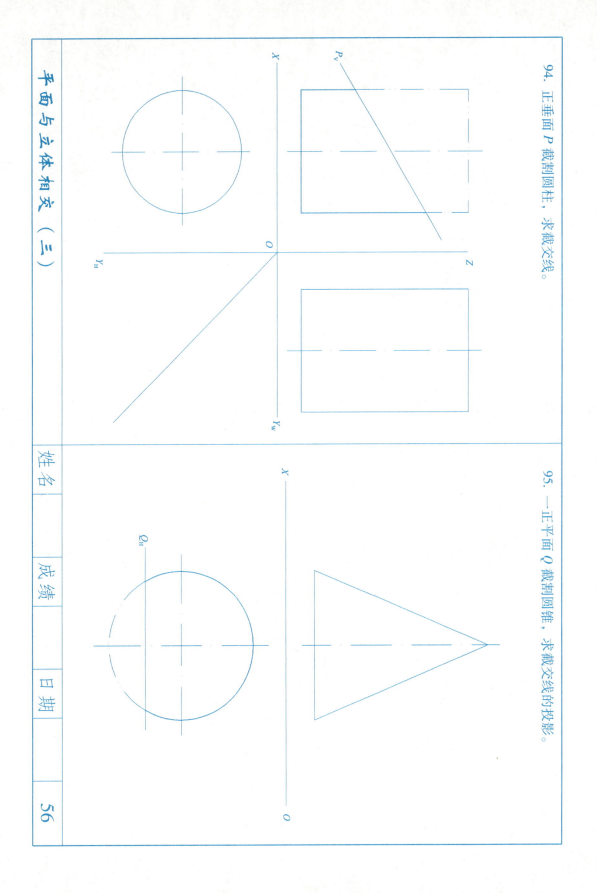

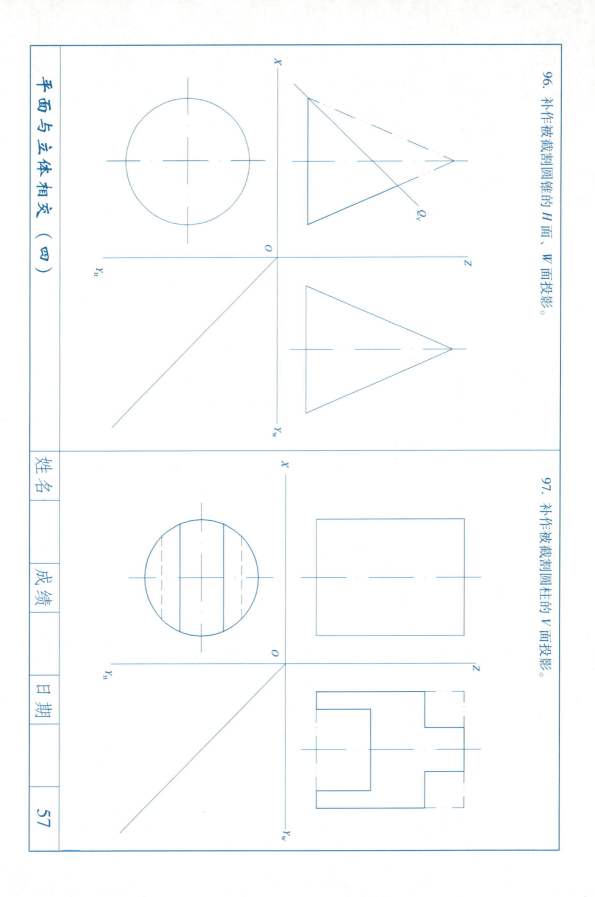

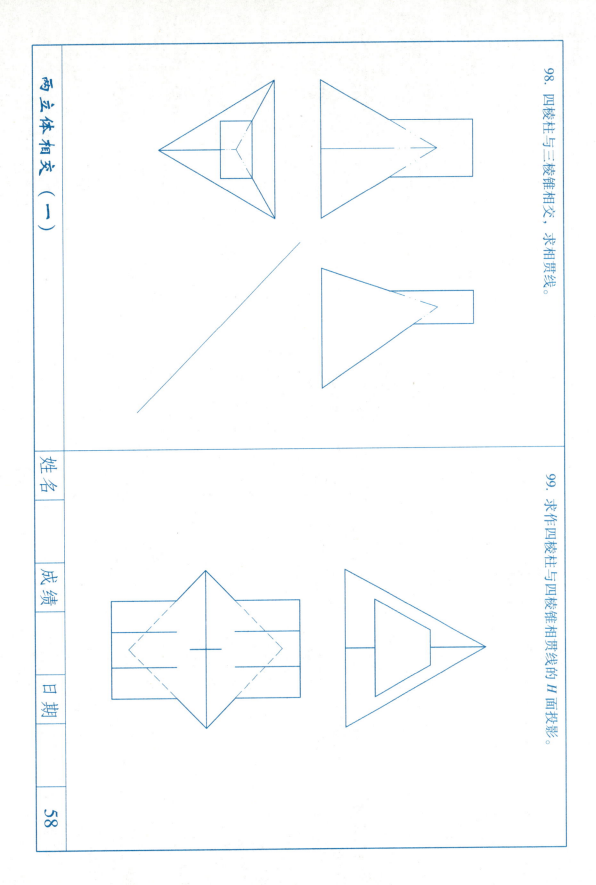

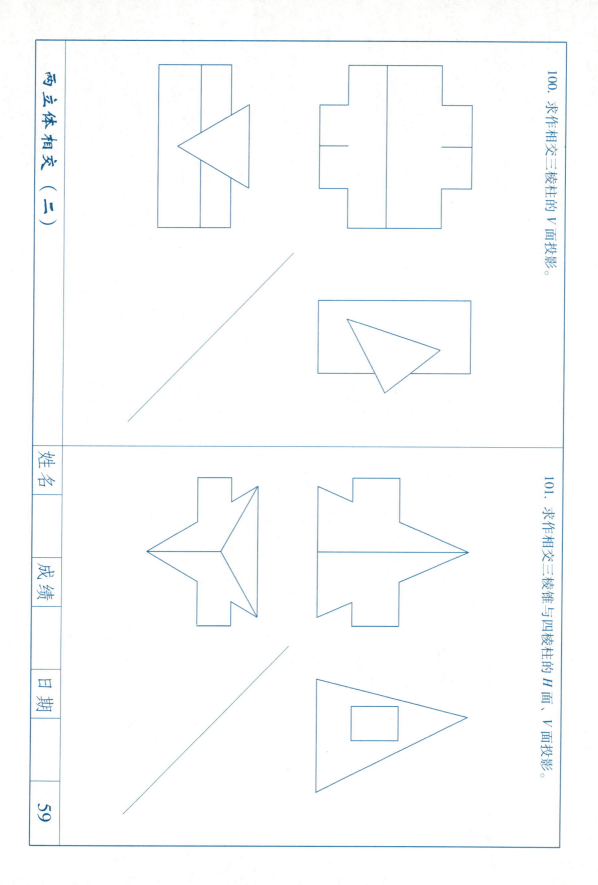

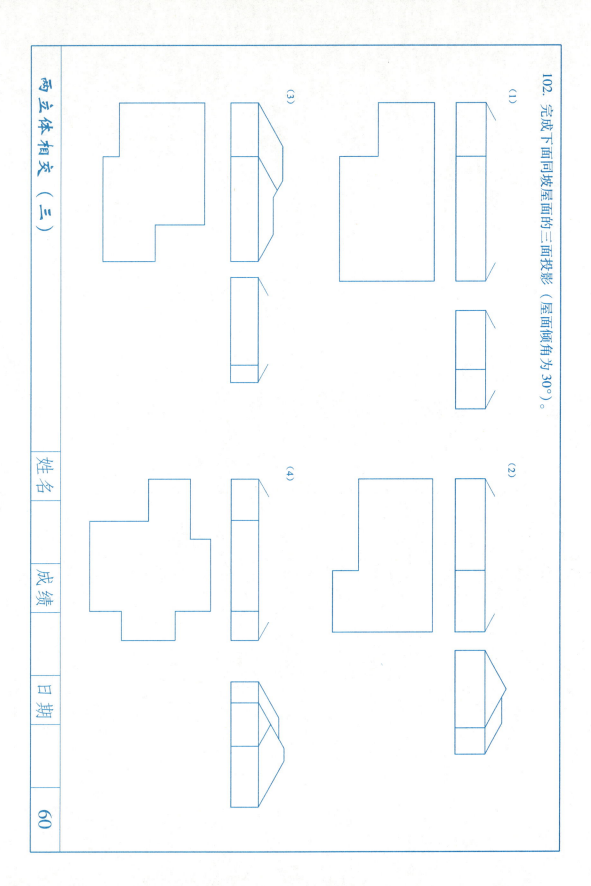

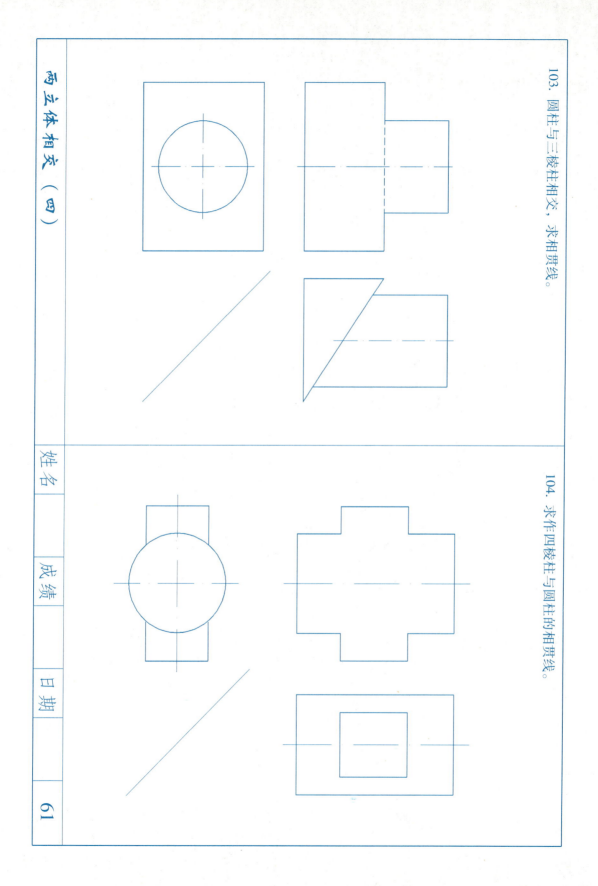

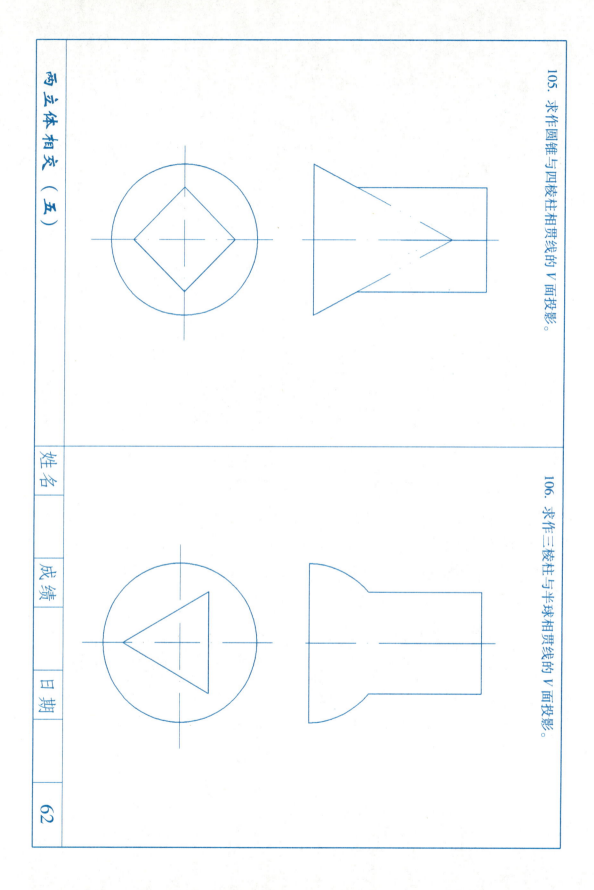

107. 根据正投影图作正等测图。

108. 根据正投影图作正等测图。

轴测投影（一）

109. 根据正投影图作正等测图。

110. 根据正投影图作正等测图。

轴测投影（二）

111. 根据正投影图作正等测图。

112. 根据正投影图作正等测图。

轴测投影（三）

113. 根据正投影图作正二测图。

114. 根据正投影图作正二测图。

轴测投影（四）

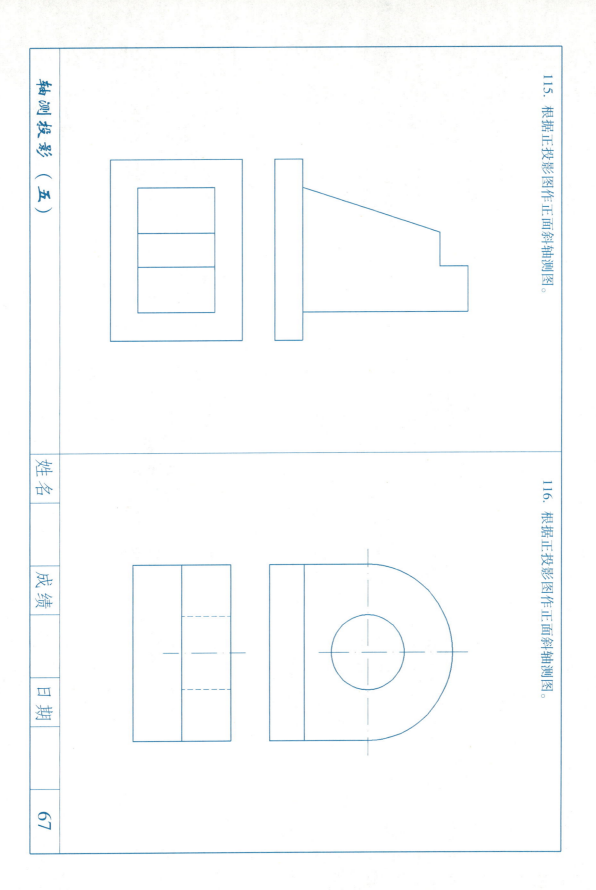

117. 根据正投影图作水平斜轴测图。

118. 根据正投影图作水平斜轴测图。

轴测投影（六）

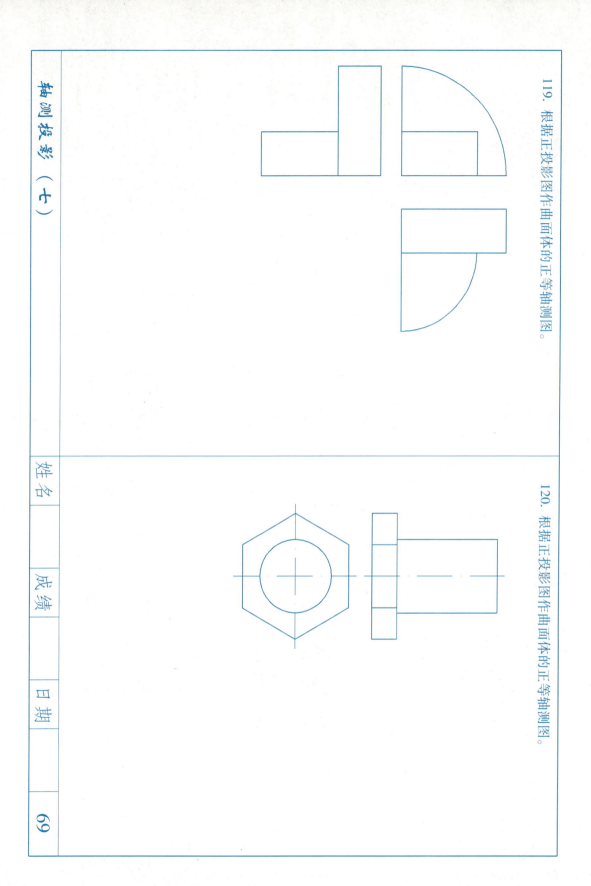

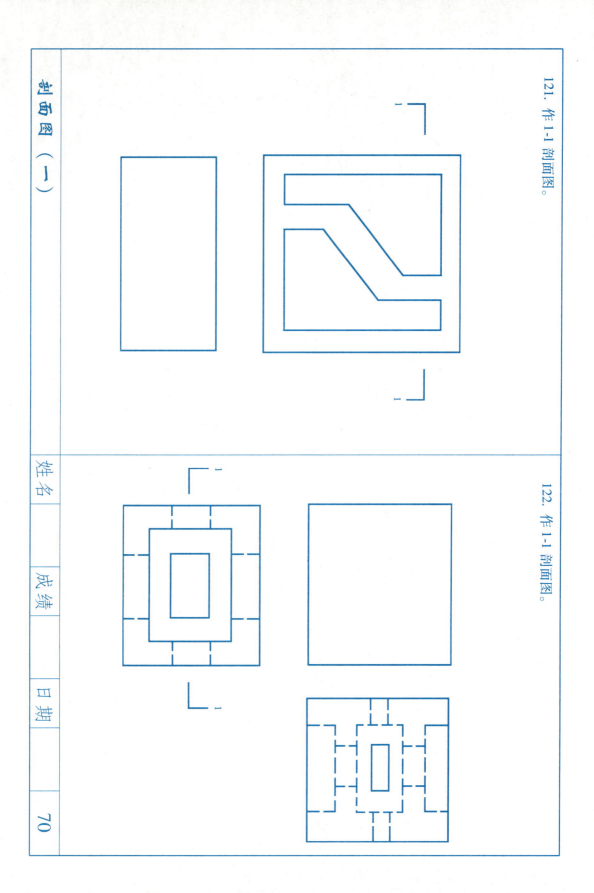

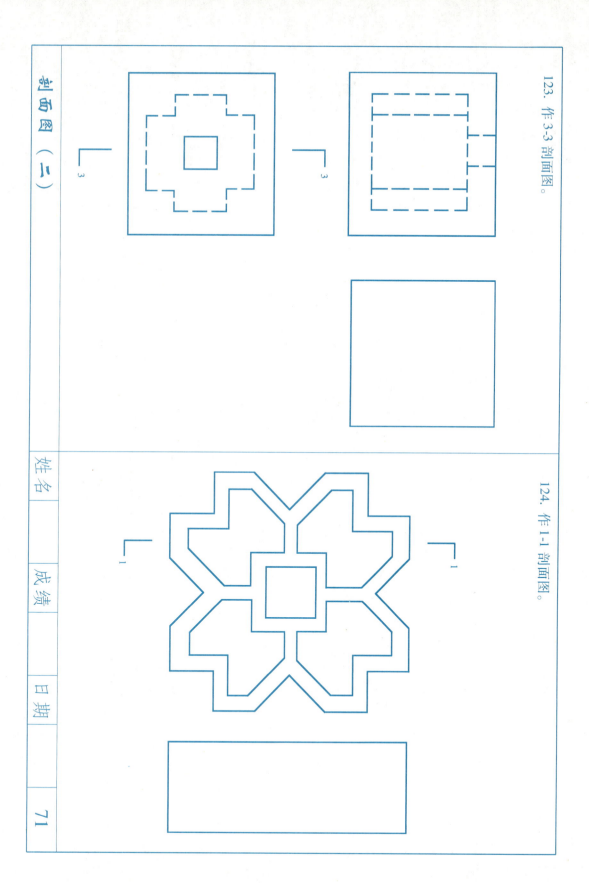

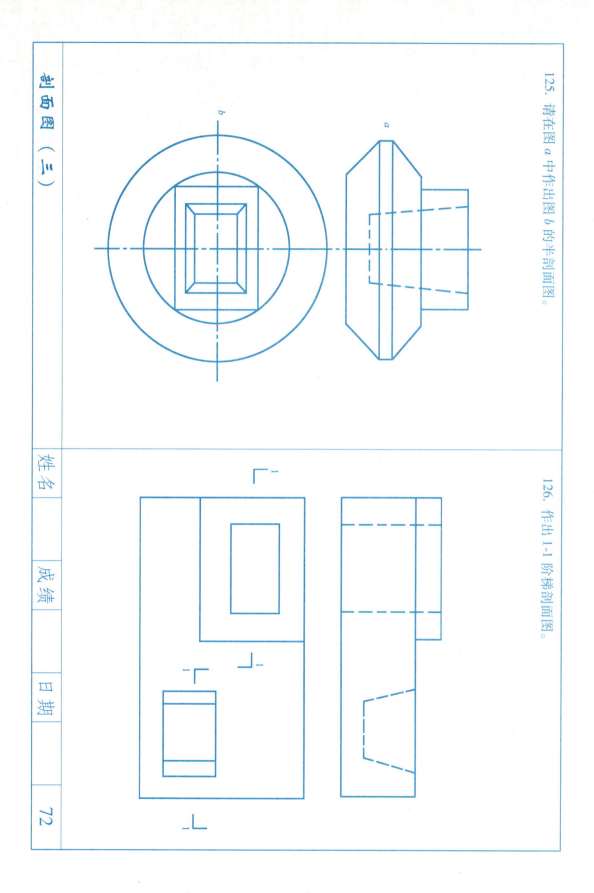

127. 请根据图示景墙的平面图、立面图作出 1-1、2-2 剖面图。

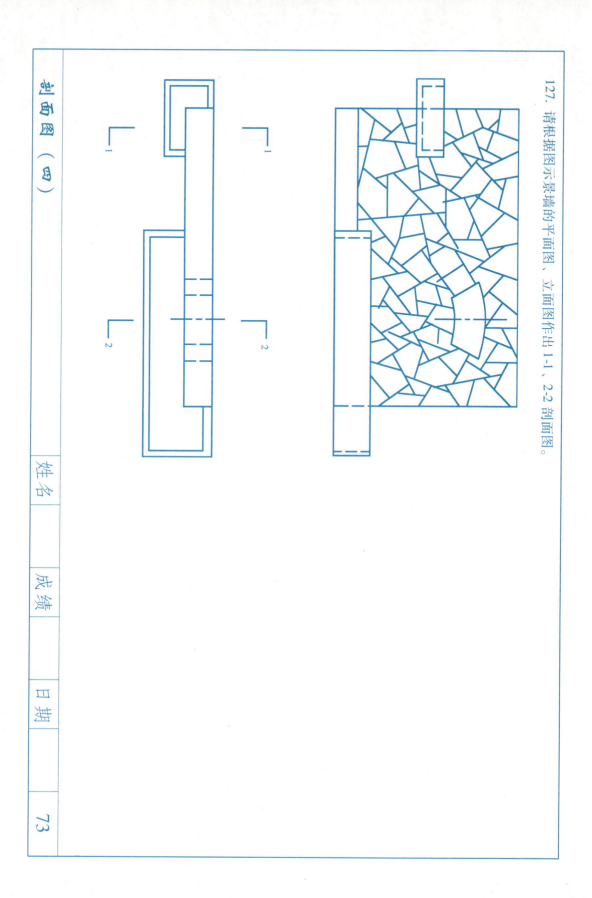

剖面图（四）

128. 试绘制楼梯的 1-1 剖面图。

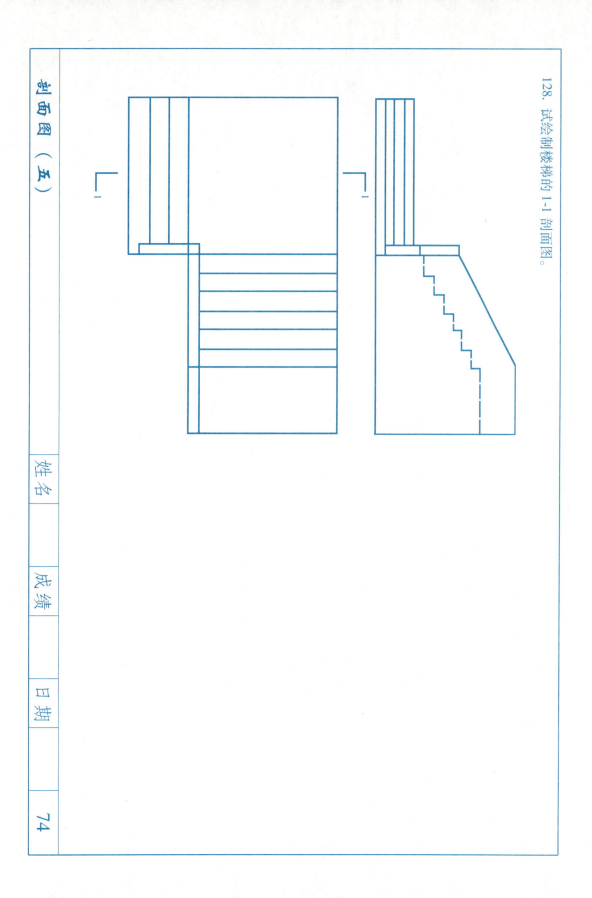

剖面图（五）

129. 试绘制 1-1、2-2 断面图。

130. 求作 A 点在平面 P 上的落影。

131. 求作 B 点在平面 Q 上的落影。

点的落影（一）

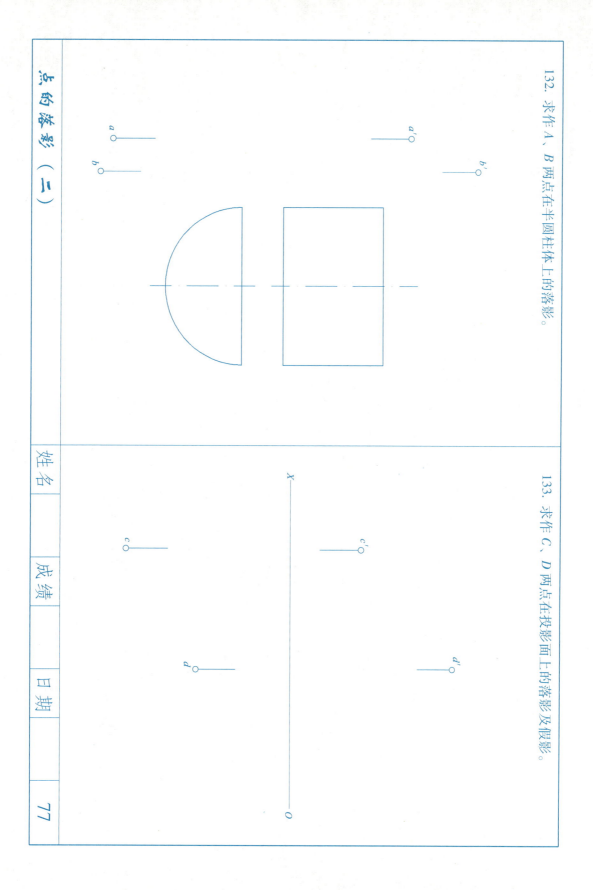

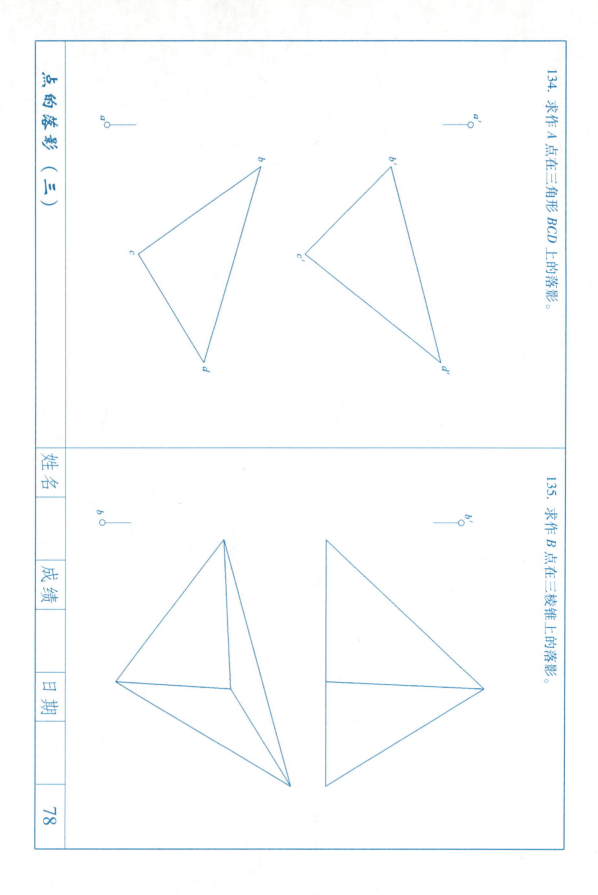

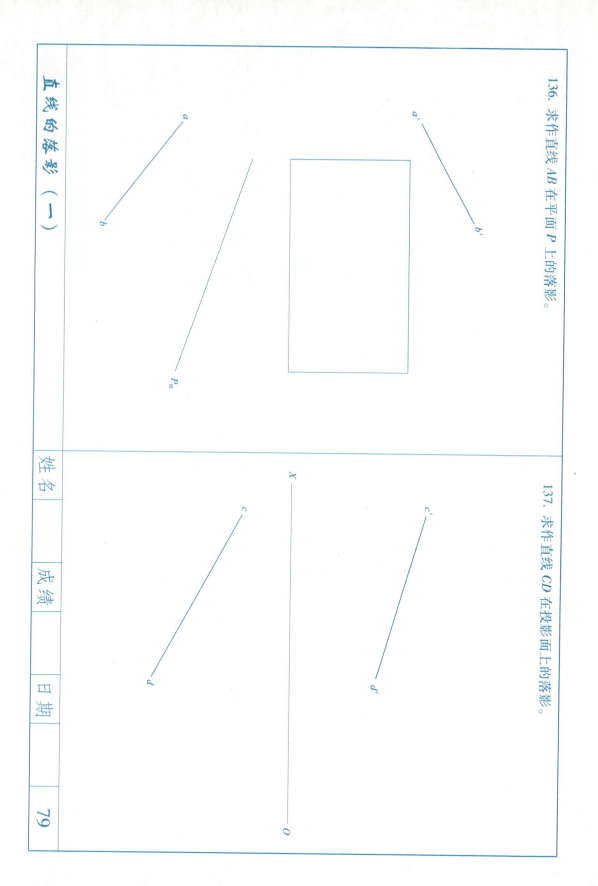

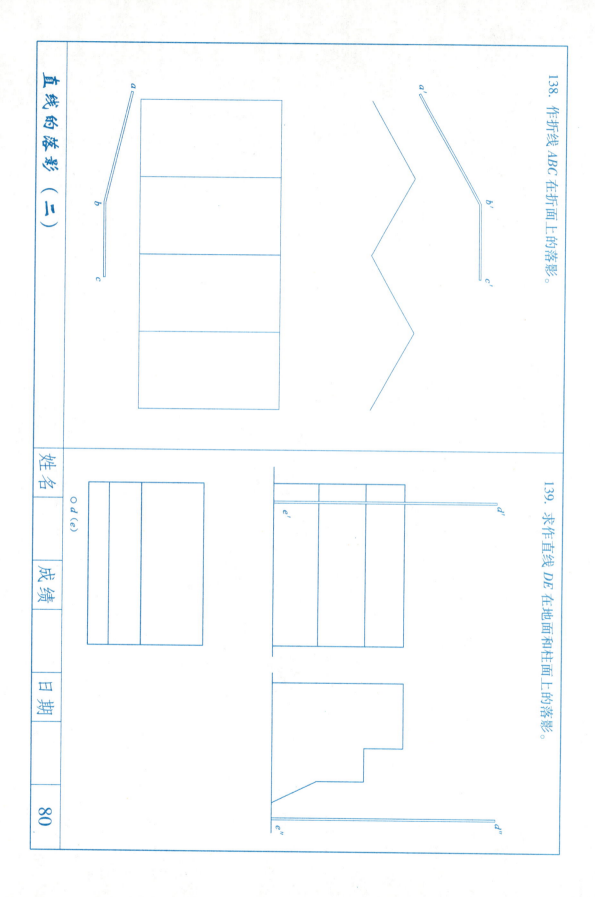

140. 求作平面形在墙面上的落影。

141. 求作带圆孔的平面形在墙面上的落影。

平面的落影

| 姓名 | 成绩 | 日期 | 81 |

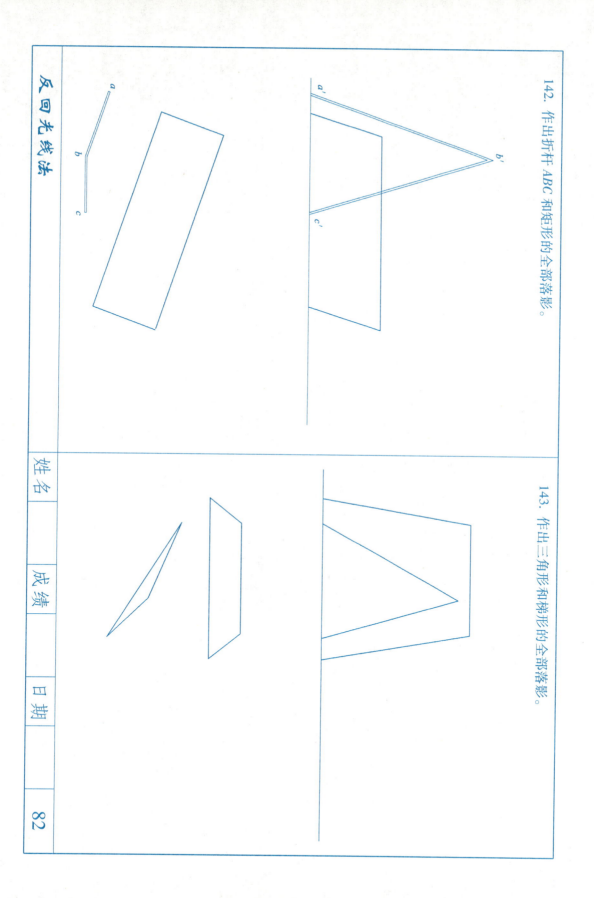

144. 求作三棱柱的阴影。

145. 求作四棱锥的阴影。

平面立体的阴影（一）

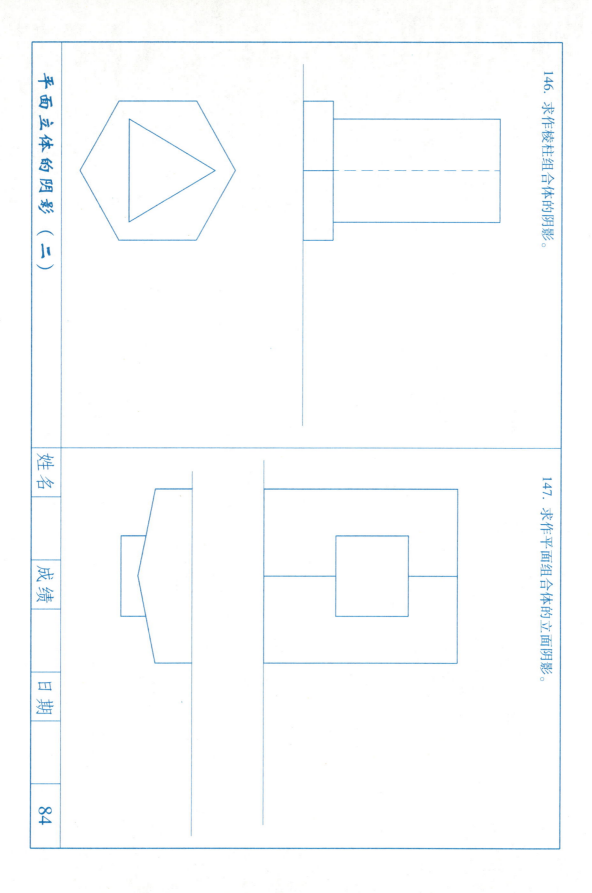

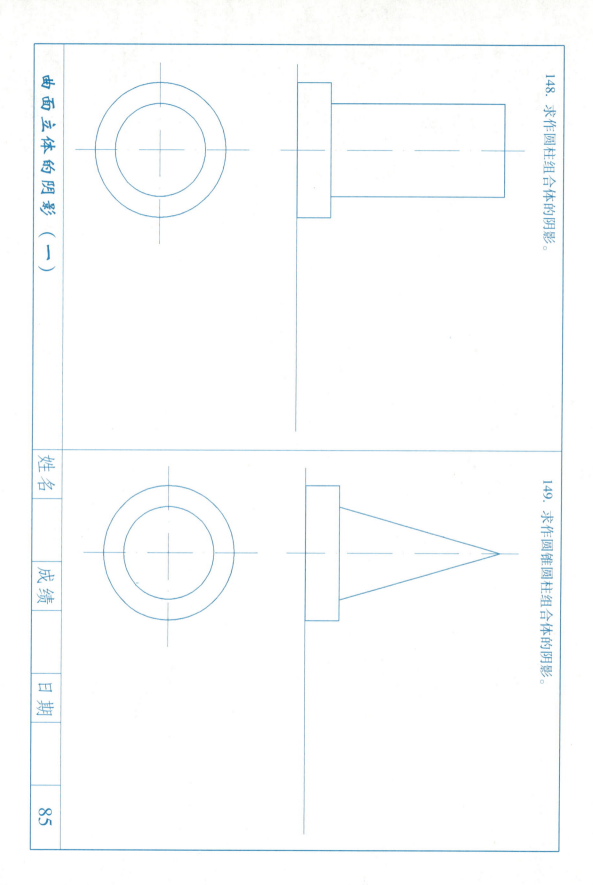

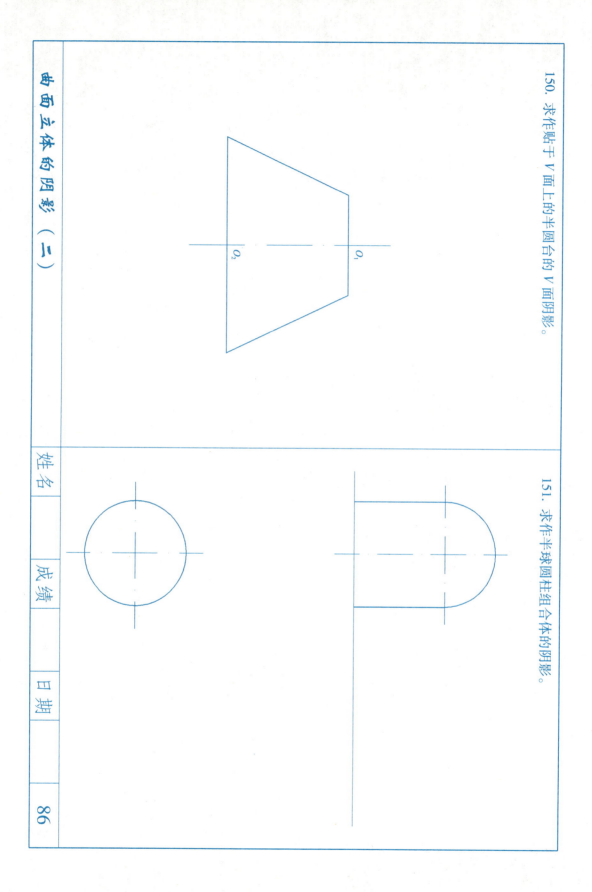

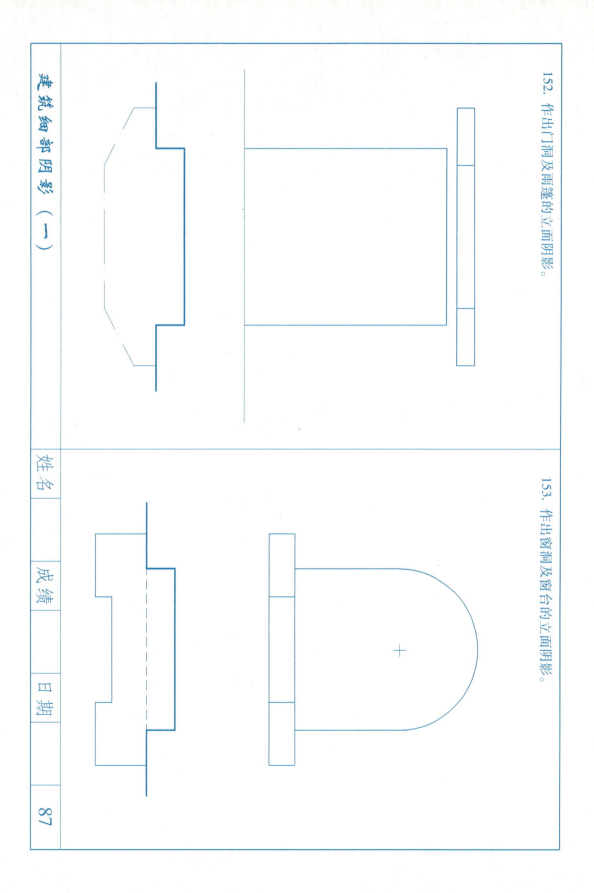

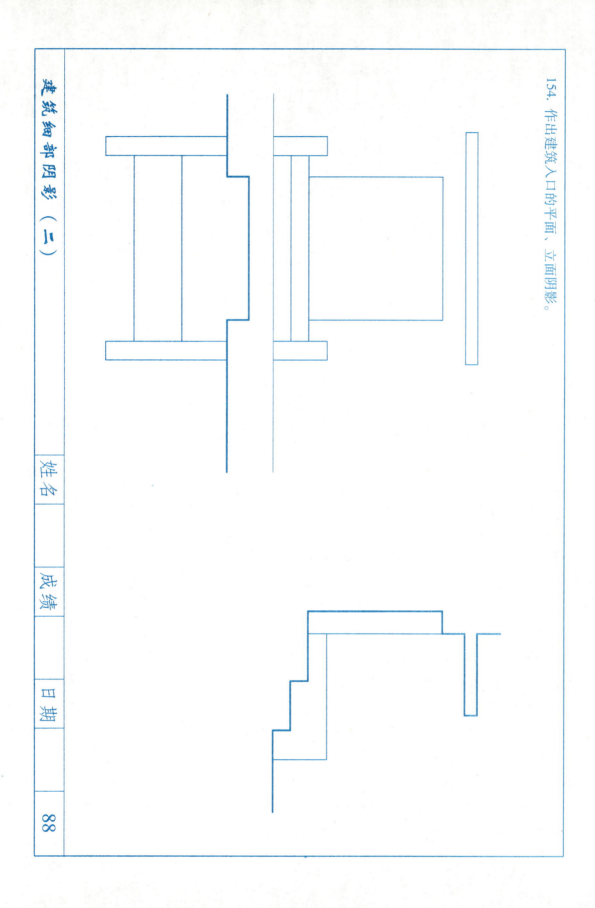

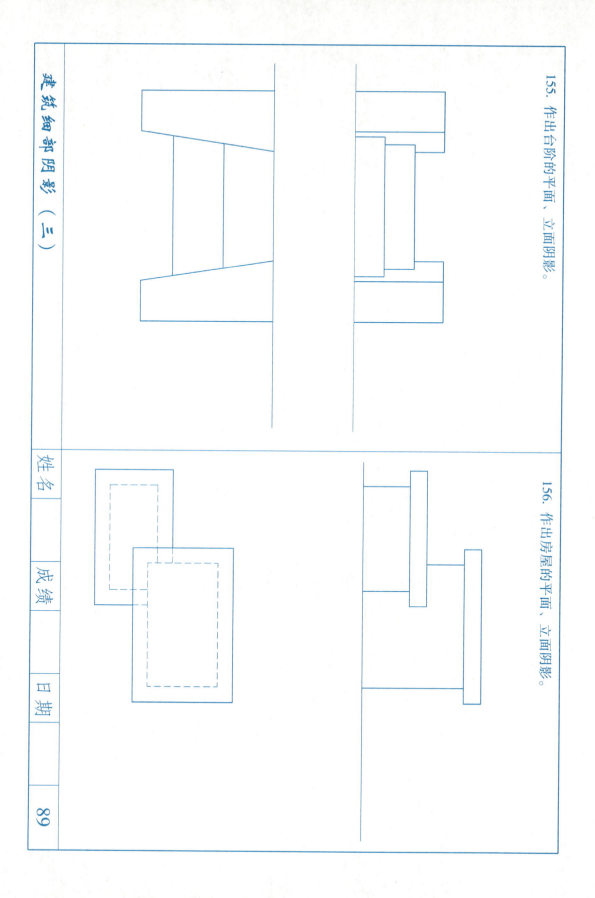

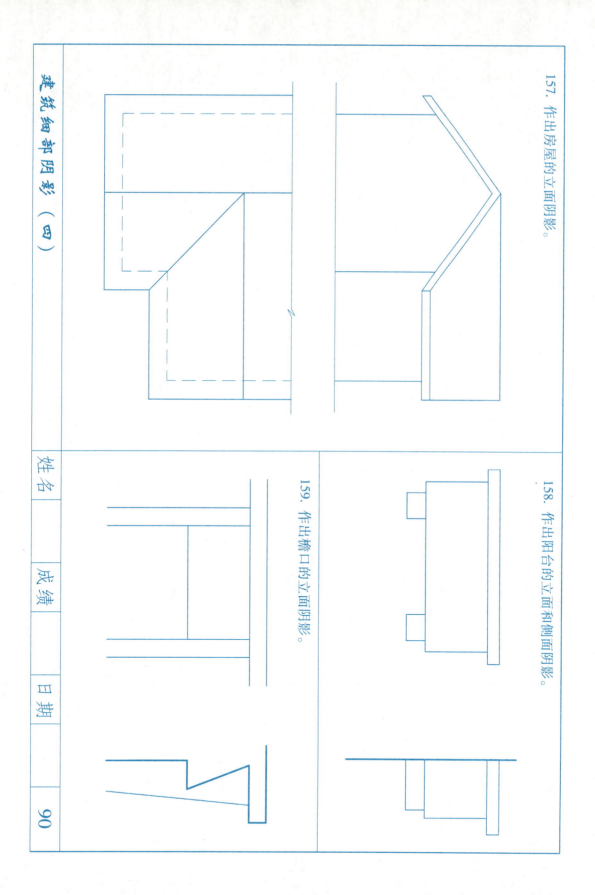

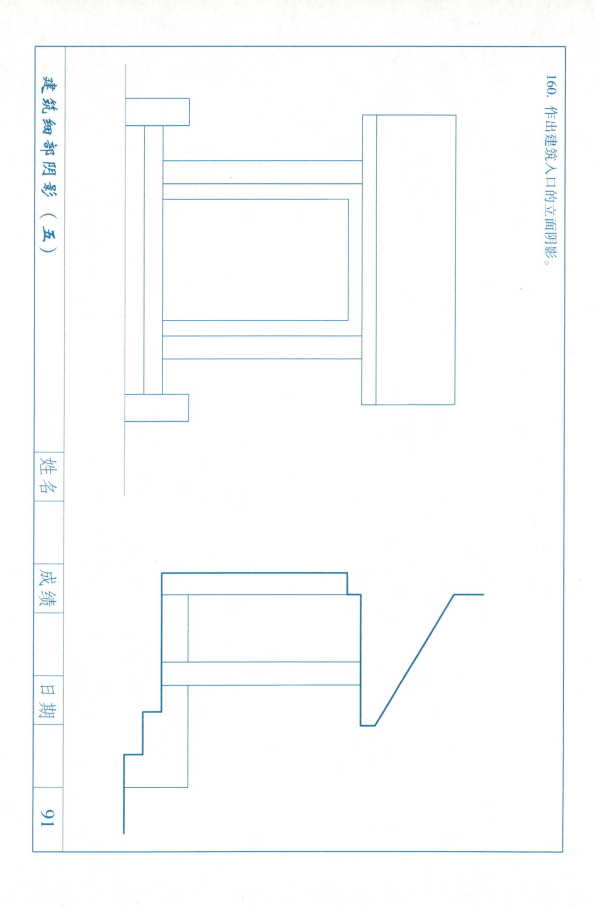

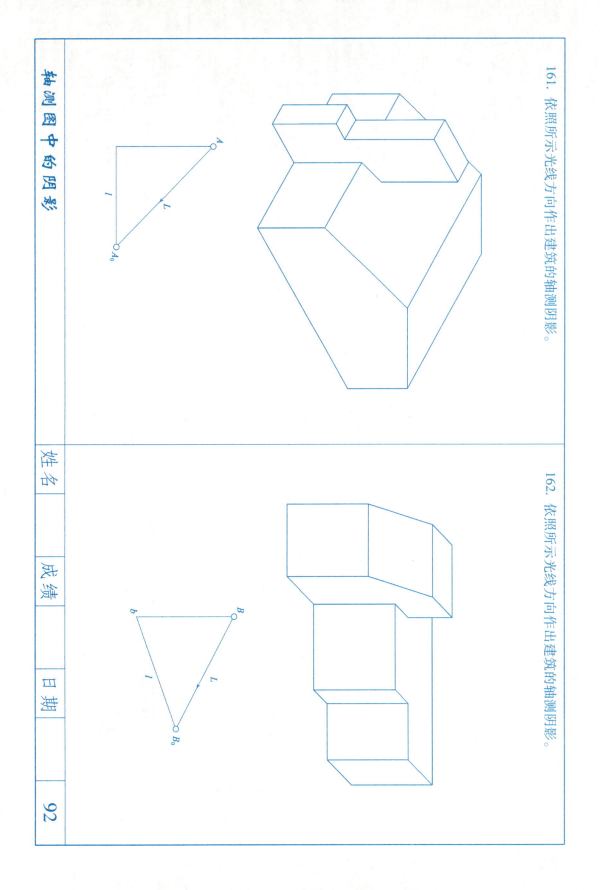

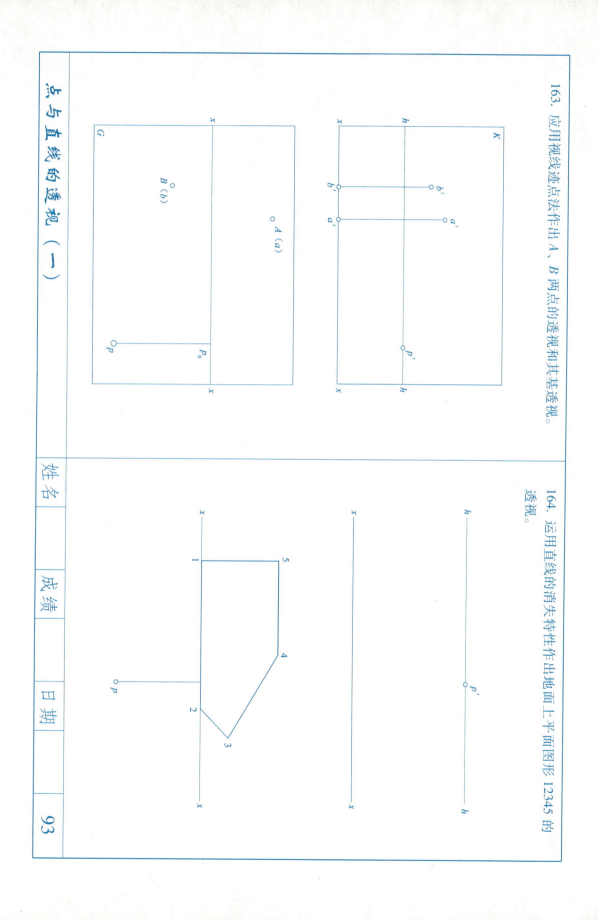

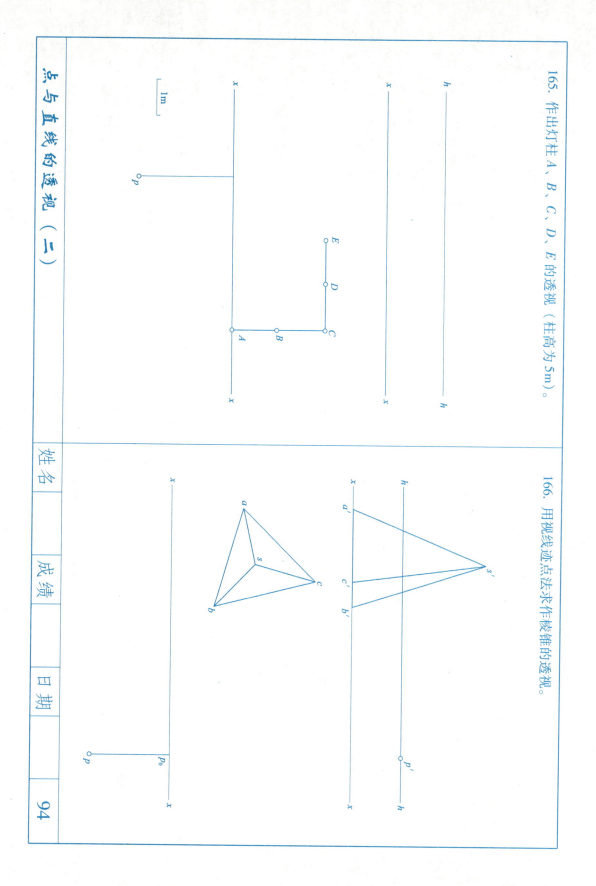

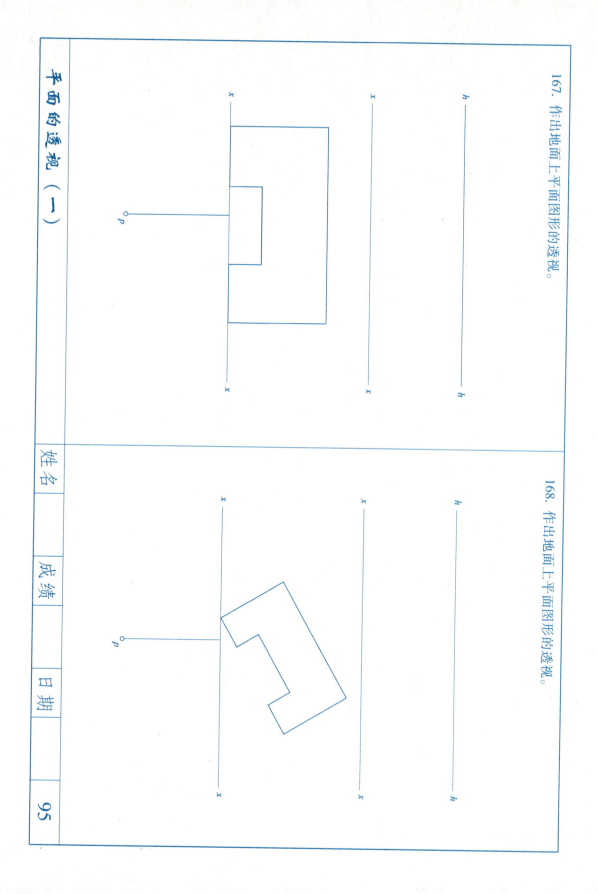

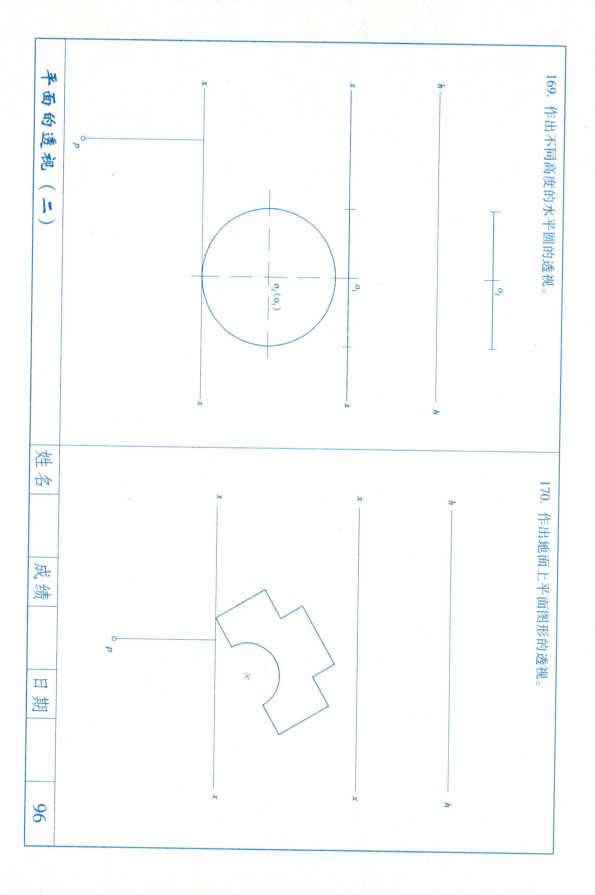

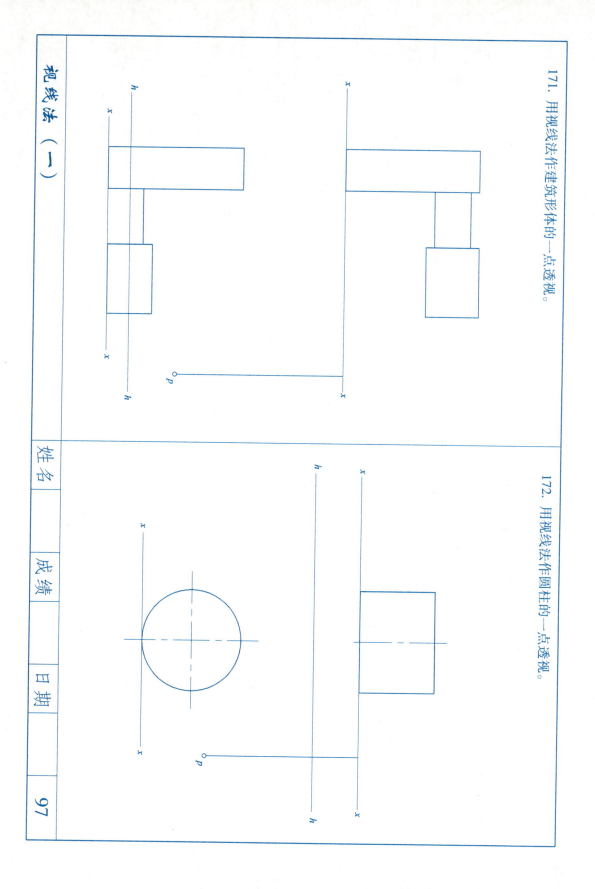

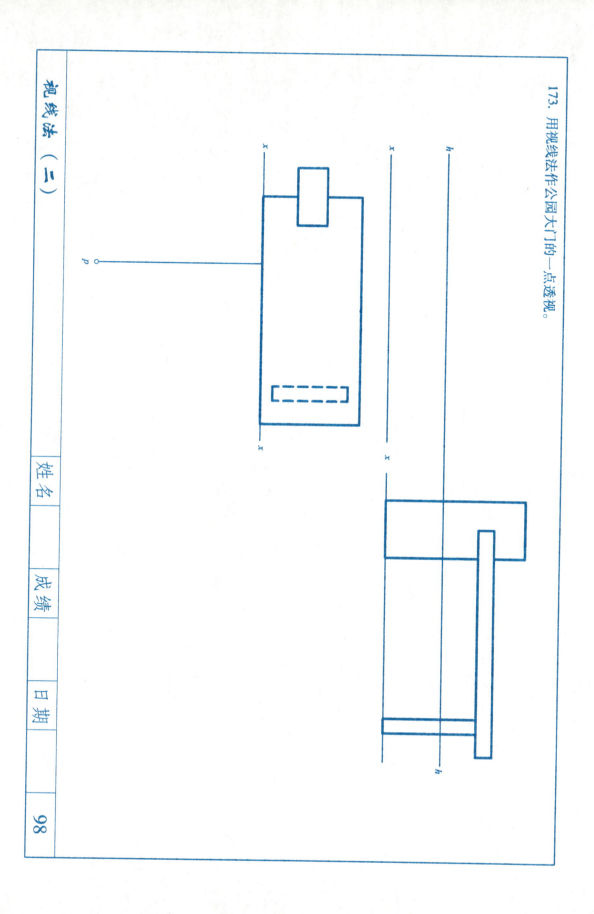

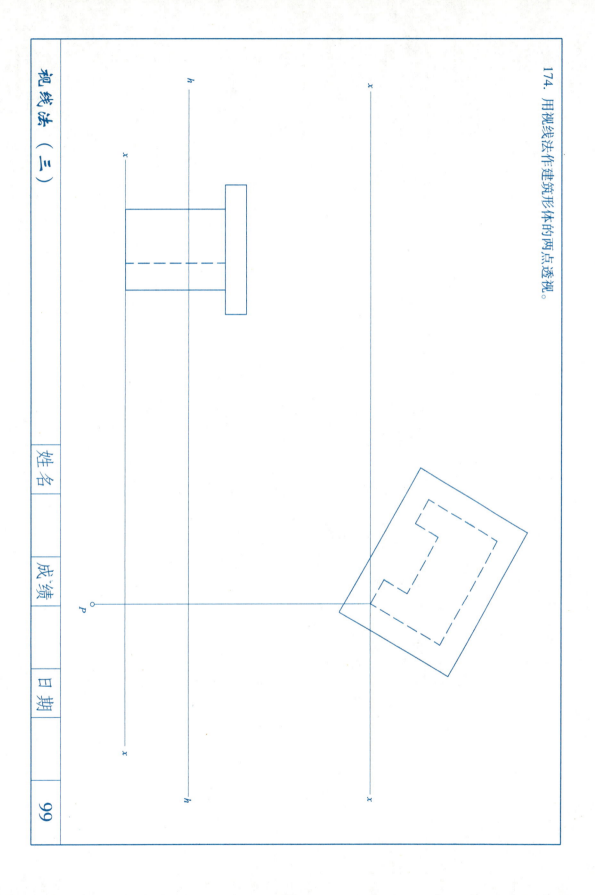

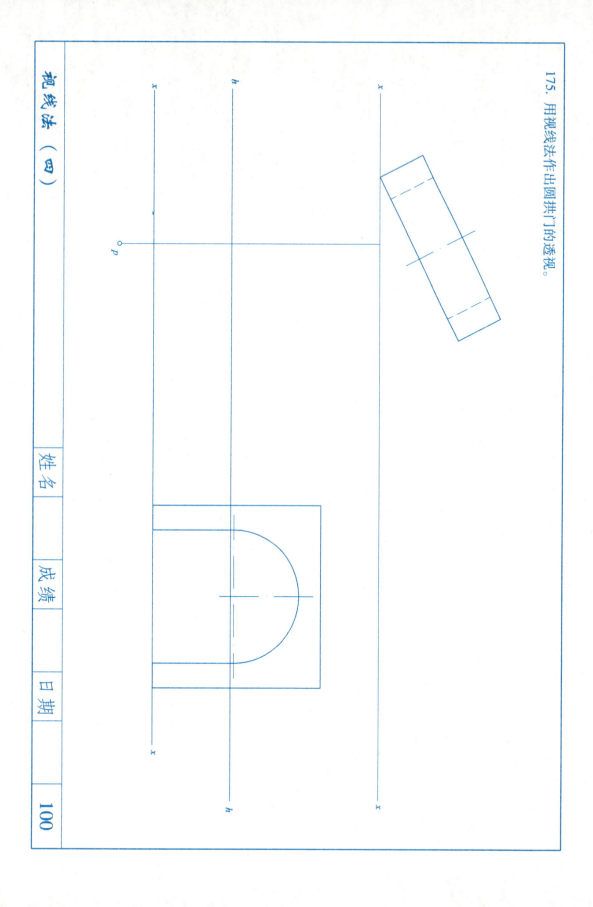

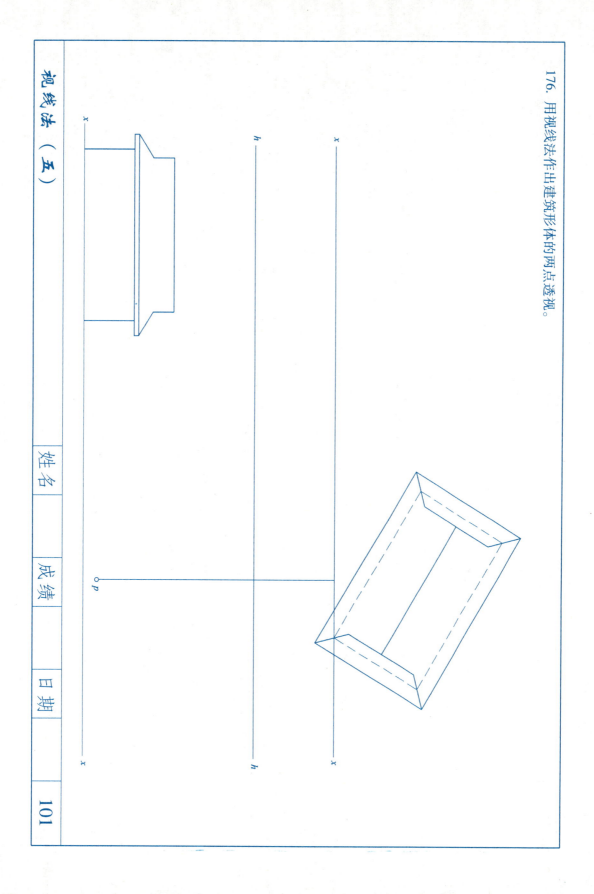

177. 作出建筑物在无灭光光线下的透视阴影。

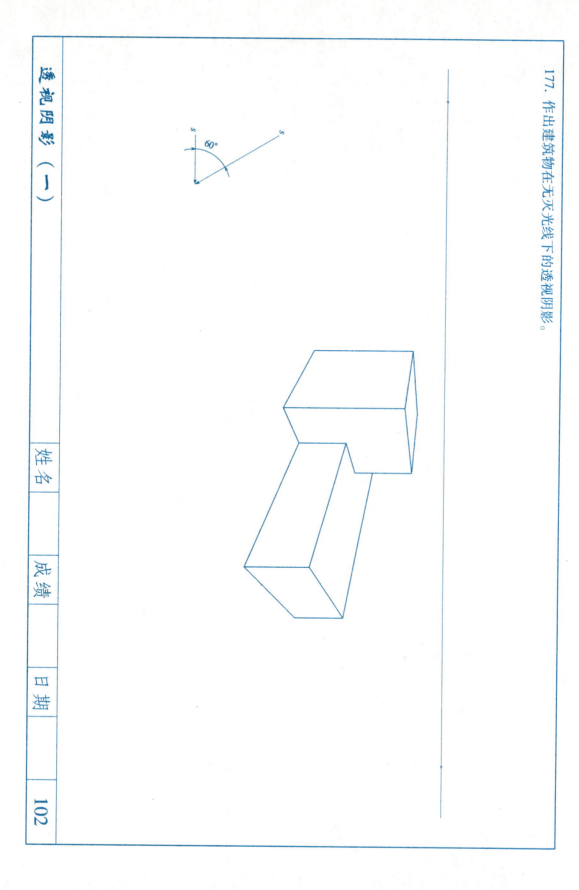

透视阴影（一）

102

178. 作出雨篷、门洞、台阶在光源 S-s 下的透视阴影。

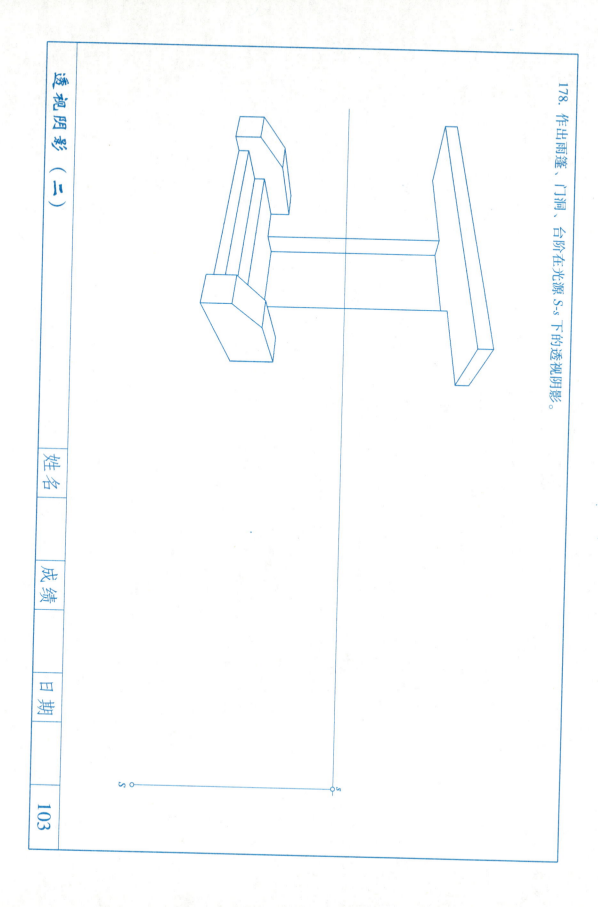

透视阴影（二）

103

179. 求作小房的水中倒影。

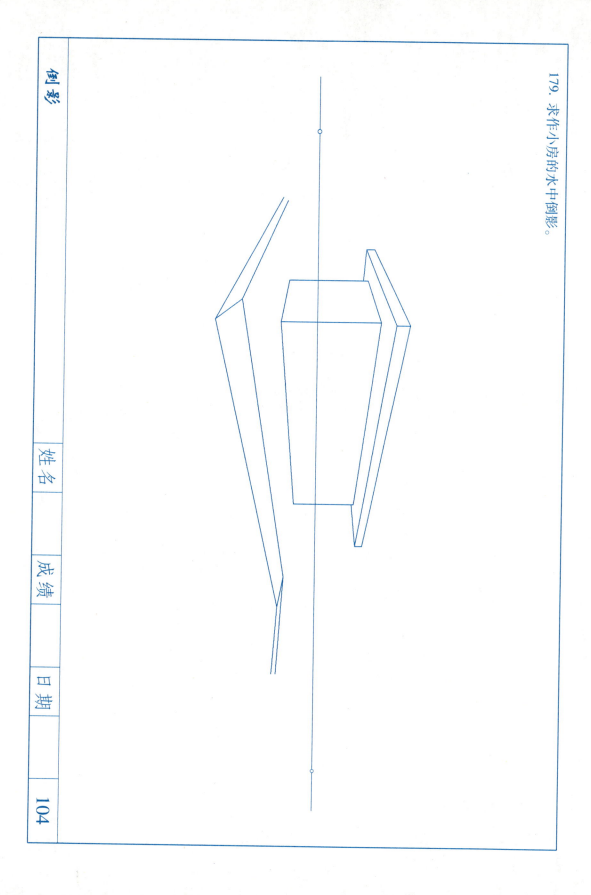

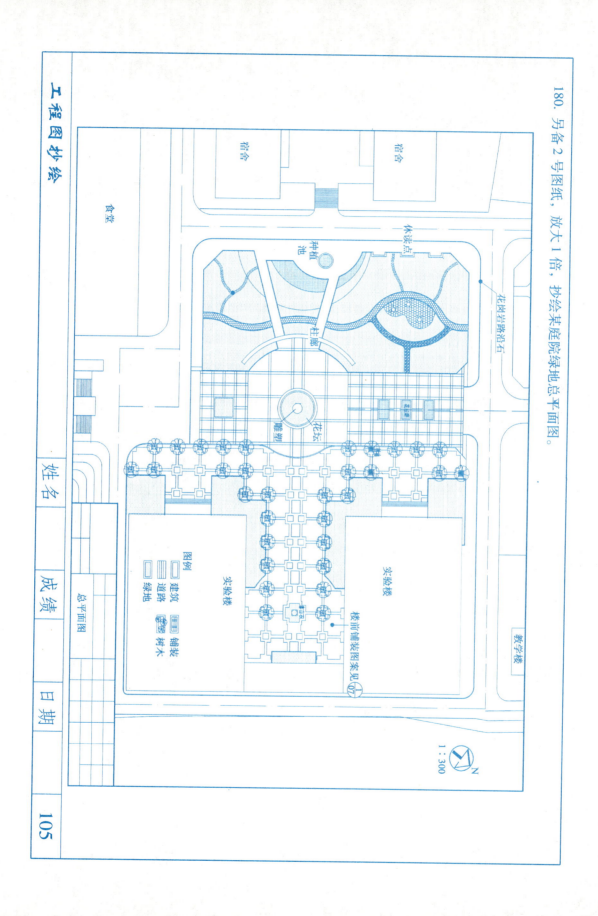